現代の軍事戦略入門

増補新版

陸海空からPKO、サイバー、核、宇宙まで

エリノア・スローン 著
奥山真司・平山茂敏 訳

芙蓉書房出版

日本の読者のみなさまへ

みなさんが私の著書である『現代の軍事戦略入門』に引き続き関心を持っていただいていることを、私は非常に名誉なことと感じている。増補新版（第二版）となる本書は、それまでの内容を全般的にアップデートしたものであり、いくつかの章ではとりわけ新しい戦略の考え方を紹介しつつ、クラッシックな思想家の議論についても加筆し、さらに平和維持や安定化任務などを扱った新たな章を一つ加え、実践的な価値を高めるためにさらに多くのコラムを付け加えた。

初版を出版した直後から戦略思想に関する議論は急速に進んでおり、同時に専門家たちからは古典的な戦略思想に対する有益な批判も行われた。結果として、本書の内容には最近の戦略思想と同時に歴史的なものも加えられることになった。「シーパワー」の章には「接近阻止・領域拒否」（A2／AD）戦略についての紹介、「ランドパワー」の章には特殊部隊の使用についての検証が加えられた。「エアパワー」の章ではウィリアム・ミッチェルの古典的な戦略思想が登場し、リビア介入後のエアパワーの使用や価値についての新しい見方、そしてドローン（無人航空機）を基盤とした戦い方についての戦略思想が紹介されている。「非正規戦」の章では、ダグラス・ポーチやジアン・ジェンティールのような対反乱作戦理論の批判者たちの戦略思想を紹介し、「統合理論と軍事トランスフォーメーション」の章ではセオ・ファレル、スティーブン・ピーター・ローゼン、そしてスティーブン・ビドルの研究なども含めて議論を拡大している。「サイバー戦争」の章ではNATOや中国、そして初版の時点では認められていたサイバー戦争の概念などについて意義を唱えた学者たちによる、最近の戦略思想について検証している。「核戦力と抑止」

の章においてはバーナード・ブロディやトマス・シェリングなどの古典的な戦略思想、そして初版でも登場した学者たちのこの分野における新しいアイディアを取り入れている。

初版を完成させた時点で時間の関係から書ききれなかった章があった。それが平和維持、安定化任務、そして人道的介入についての戦略思想に関する章であった。本書に加わったこの完全に新しい章（第6章）では、広い意味で「平和維持」と呼ばれる任務に関する戦略思想の発展の経緯を検証しており、冷戦時代の最初の導入から、冷戦後の最初の数十年間の時期に明らかになった、数多くの変化、難問、そして矛盾について扱っている。またここでは安定化任務の登場と発展についても検証しており、人道的介入の是非に関する議論も取り上げている。

冷戦から三〇年目に入っても戦略思想は進化し続けるだろう。たとえば「接近阻止・領域拒否」という概念――アメリカの兵力が作戦区域に進入してくることを防ぎ、この戦域で自由に行動させないようにすること――は、すでに最初に提案されたものより拡大されてきている。元々は中国とそのシーパワーに注目が集まっていたが、この分野の戦略思想はそれ以外のアメリカに対する挑戦者たち、とりわけロシアやイランまで含めたものとして考えられるようになったのだ。この「接近阻止・領域拒否」の挑戦や、より広くいえば国家を行為主体《アクター》とした競争の復活という問題を克服するために、アメリカは「第三の相殺戦略《サード・オフセット・ストラテジー》」に取り組み始めた。最新分野の戦略思想としては、潜在的な敵に対抗するための、ロボットや自律システム、人工知能、そして小型化に関するものが出てきた。一九八〇年代のアメリカは、ソ連の量的な面での軍事的優位を「オフセット」（相殺）するために、後に「軍事における革命」（RMA）と呼ばれるようになったテクノロジーの開発を追求したが、現在もまさに同じように、宇宙や海のアセット（戦力資源）に対する大国からの迫りくる挑戦を「オフセット」するための新しいテクノロジーを追求している（ちなみに最初のオフセットは一九五〇年代の核兵器であると言われている)。

第三の相殺戦略に関する構成要素のうちのいくつかには、すでに独自の戦略思想が必要であることが判明している。とりわけ注目されかつ懸念されているのは、自律・半自律兵器(すなわちロボットなど)の開発とその活用である。なぜなら武力の行使に関する命令系統(チェーン)における人間の部分的、もしくは全般的な排除によって、規範的な問題が問われはじめたからだ。この分野の戦略思想に関してはすでに重要なものが出てきているのだが、倫理に関する問題だけでなく、戦略的安定性におけるインパクトのように、実に多くの問題がなげかけられており、まだその答えは出ていない。

他にも未来の戦略思想にとって重要な分野としては「ハイブリッド戦争」を中心としたものがあり、これはツールとしての通常戦と非正規的戦、そして広くは政治、経済、社会、そして情報的なツールを同じ戦場の中で連携させて使用するものだ。増補改訂版である本書ではハイブリッド戦争の概念を簡潔に議論しており、これは二〇〇六年のレバノン侵攻におけるヒズボラの作戦の実行の仕方を説明する中で最初に注目されたものだ。近年になってからハイブリット戦争周辺の戦略思想は劇的な進化を遂げており、以前は非国家主体《ノンステートアクター》の行動を説明するだけのものだったのにもかかわらず、今日ではむしろ国家が主導する大国の行動という文脈において説明されたり分析されるものが支配的になっているほどだ。したがって、NATOとその同盟国たちはロシアがハイブリット戦争をバルト三国で、中国が南シナ海において(この場合はグレーゾーン紛争という広義のものがむしろ一般的だが)実行していると考えている。ちなみにロシア型のハイブリット戦争のイメージは西側に由来するものとして考えられるものだ。

ハイブリット戦争を仕掛ける側は大規模な通常戦争を発生させずに目的を達成しようとするものであり、しかもサイバー戦争はこの点において理想的なツールであるために、ハイブリット戦争とサイバー戦争には強いつながりがあることがわかる。実際のところ、サイバー関連の活動はハイブリット戦争の議論において中心的なものとなりつつあり、これはサイバー戦争に関する戦略思想も進化しつつあることを意味している。ハイブリット戦争という現象（これは本当に「新しい」のかどうかで議論を呼ぶものだが）は、西側の政府が学者や専門家からこれに対してどのように対処すればいいのか意見を求めていることから、抑止に関する現代の戦略思想のいくつかの点についても議論を進める役割を果たしている。

最後に、われわれは将来、スペースパワーに関する戦略思想が増加するはずだと予測することができる。それは宇宙から陸上への戦力投射――スペースランド・バトルなど――かもしれないし、宇宙空間そのものが戦いのドメイン（領域）となるものかもしれない。いずれにせよ、本書でも記しているように「スペースパワーの戦略思想において最も革新的なブレイクスルーは、おそらく宇宙空間での戦闘作戦における分野において起こるであろう」し、これは今後も変わらないはずだ。

孫子の言葉を引用するまでもなく、戦争は「国の大事」であり、くれぐれも軽々しく考えるべきものではない。ところが時として、軍事力の使用の脅し、もしくはその実際の使用は必須になることがあるのだ。私は日本の読者たちが、本書を「政治目的の推進や達成のために軍事的なツールをどのように使えば最適なのか」という問題を考えるために現代の戦略思想を参考にする際に、今後も価値ある本として認め続けてもらうことを望んでいる。

二〇一九年一月　　オタワにて

エリノア・スローン

現代の軍事戦略入門【増補新版】　目次

まえがき：戦略と戦略思想

数年前のことだが、私が修士課程のゼミで孫子やクラウゼヴィッツ、マハン、そしてドゥーエなどの戦略思想について講義したあとに、一人の院生が私にある質問をしてきたことがあった。その質問とは「最近はどうなんですか？　現代には戦略思想家はいないんですか？」というものであった。この質問が、本書を書くきっかけとなった。一九四三年にエドワード・ミード・アール（Edward Meade Earle）は『新戦略の創始者：マキャベリからヒトラーまで』（*Makers of Modern Strategy: Military Thought from Machiavelli to Hitler*）という、過去四世紀にわたる戦略思想をカバーした論文を集めた本を出版したが、これは後に現代における「古典」的な扱いをされるようになった。その四〇年後の一九八六年に、ピーター・パレット（Peter Paret）は旧版を大胆に修正して『現代戦略思想の系譜：マキャベリから核時代まで』（*Makers of Modern Strategy from Machiavelli to the Nuclear Age*）を出版して、冷戦後半までの戦略思想をカバーした。その後の二五年の間には、軍事戦略のある一面に特化した多くの著作や論文が発表されたが、戦争のすべての分野について現代の戦略思想を概観した本というのは一冊も出版されていない。その穴を埋めるために二〇一二年に出版されたのが、本書の初版となる『現代の軍事戦略入門』（*Modern Military Strategy: An Introduction*）であった。そこでの狙いは、あくまでも冷戦後の時期に焦点を当てたものであり、そのため、一九八〇年代後半から二〇一〇年代初めまでに出てきた戦略思想を中心に検証していた。その第二版となる本書は、元になった第一版をアップデートするとともに、さらに拡張したものである。

軍事力の行使は、現代においても国家の最も重要な行為の一つであり続けている。今日の国民政府は国民に対して様々な責務を負っているのだが、あらゆる国家にとってそもそもの、かつ最も根本的な役割は、やはり国民に対して安全を提供することにあるのだ。今日において、国民の安全に対して影響を与える問題の多くは非軍事的な性格のものであったり、広範囲にわたる文民による活動を必要とするものだ。ところが本質的に軍事的な性格を帯びたものや軍事的な対処を必要とするものに対しては戦略的な思想が必須であることは変わりはない。戦争や紛争が発生すれば、文民や軍人の指導者たちは政策目的のためにいかに軍事的手段を使うのが最適なのかを知りたがるものだ。このため、われわれは戦争の遂行や軍事力の行使に関わる戦略思想を考えなければならないのである。

クラウゼヴィッツの「戦争とは、他の手段による政策の継続である」という定義は広く知られたものだ。そして戦略とは、戦争と政策をつなげるリンクであり、それによって戦争を使って政治目標を達成することが追求される。たしかにいくつかの著作については、戦略を軍事だけでなく政策的手段を含んだものであると、より幅広い解釈を行っているものもあった。しかし、それをすると、我々の議論の対象は戦略自体ではなく、「大戦略《グランド・ストラテジー》」であるということになる。バジル・リデルハート卿（Sir Basil Liddell Hart）が論じたように、大戦略の役割は「国家、もしくは国家の集団の持つあらゆる資源を、戦争の政治的な目的の達成のために調整して指向すること」である。[*1] さらに広範囲に拡大したものとして、「大戦略は如何に最適な形で安全保障をもたらすかについての国家の理論」であり、すべての上に位置する大戦略の下には「軍事、政治、そして／または経済の戦略が存在する」と論じる人もいる。[*2] このような広い視点には多大なメリットがあり、国家の採用する対外政策や安全保障政策全体を説明する際の助けになることも多い。つまりこれは、価値のある大きな視点なのだ。しかしこれは本書で焦点を当てるべきテーマではない。むしろ本書では、すでに述べたような、戦略とは「軍事的な目的と、そこから拡大させた戦争の政治的な目的を達成するための軍事力の使用である」という見方を出発点としている。[*3]

戦略思想というのは重要である。その理由は、それがわれわれの生きる不確実で変化しやすい世界に対していかに対処していけばよいのかを教えてくれるからであり、国家の安全保障政策における、現代における軍事力の役割についての理解を助けてくれるからだ。戦略思想とは、政府の声明や原則、そして見方などを含めて「軍事的なツール」をどのように使うべきかという人々のアイディアに影響を与えるものだ。これらのアイデアは実際の行動に変換されるべきものであるが、同時にそれらの実際の行動とのつながりについて過剰に注目すべきものではない。なぜならそれらは時代と場所が異なる場では無意味なものとみなされる危険があるからだ。ここでの問題は、実用性と持続可能な適合性との間の適切なバランスを見つけることにある。

「戦略思想家としてふさわしい人間」についての問題に関してだが、もっとも初歩的なレベルから考えれば、われわれはまず軍人と民間人のどちらのアイディアを求めているのかを自分自身に問わなければならない。前者であると主張する人の中には、「戦略や軍事関係の分野で一般的に名が知られているほぼすべての〝専門家〟と言われる人々は、民間の研究者やコンサルタント、それにジャーナリストである。これは皮肉であり残念なことだ……戦略の分野において影響力を発揮するためには、軍は自らの戦略思想家を生み出さなければならない」と論じる人もいる。[*4] その一方で、「重要なことを述べる民間の専門家たちは、大抵の場合は軍人たちからの〝受け〟が良い」ことが多く、将来の予測については現役の軍人たちよりも正確である、と主張する人もいる。[*5] したがって、現代の戦略家たちは軍・民のどちらから出てきてもかまわないと言えよう。それよりも問題なのは、どのようなタイプであれ「戦略家」そのものの数が少ないことである。つまり「戦略の理論家になれる可能性のある人が活躍できる分野というのは非常に限られている。なぜなら兵士は学者になる訓練は受けていないし、民間人は戦略を理論化することにあまり心地よさを感じていない。しかも職業としての戦略は、政治と軍事の両分野の中間に属するもの」なのだ。[*6] 現代の戦略思想家を探求する中で、本書では軍事戦略家とその実践者、民間の戦略家や学者、さらには冷戦以降の数十年の間に現代の戦争の遂行について書いている軍や民間の歴史家たち、そして実用性と持続的な適合性の間のバランスを見つけるような一定のレベルの特定性・一般性のある声明や原則を提示した人々を対象としている。

分かり易さを優先させるため、本書は軍事の機能別に章を分けている。

第1章の「シーパワー」では、冷戦期の外洋における広域海洋戦略思想から、冷戦後の沿岸地域における「海から」(from the sea) 陸への作戦の強調、さらには沿岸地域や海上交通線（ＳＬＯＣｓ）という二つの領域に対する同時対処への関心や、外洋や沿岸域において展開されている「接近阻止・領域拒否」（Ａ２／ＡＤ）の戦略に対してどのように対抗すべきかという最近の関心まで扱っている。

第2章の「ランドパワー」は、国家同士の地上における戦闘について焦点を当てており、冷戦期の後半に最初に登場した「エアランド・バトル」に注目し、これが後に米軍の先見的なコンセプトになり、二〇〇三年のイラク戦争で応用されていったプロセスの流れを見ることによって、地上の戦争の考え方を説明している。またこの章では二〇〇〇年から二〇一〇年代において役割を拡大してきた特殊部隊についても注目している。

第3章はエアパワーの価値とその使い方についての戦略思考を検証する。現代のエアパワーを巡る議論は一九九一年の湾岸戦争で活発となり、二〇一一年のリビア空爆へと続き、二〇一四年から始まったいわゆる「イスラム国」（ＩＳ）に対する航空作戦で再び注目を集めた。更にここにはロボット戦や無人機（ドローン）についての戦略思想も見ていくことになる。

第4章は「核戦力と抑止」であり、いわば戦争の「伝統的」な面を扱う本書の最後の章になるが、抑止における現代の核兵器の役割や、「ならずもの国家」やテロリストのような新たな行為主体《アクター》たちの観点から、「脅し」をどのように信憑性のあるものにするかという最善の手段を考える戦略思考を強調している。

次の章から、本書の焦点は「非国家主体《ノンステートアクター》」に移る。

第5章のテーマは現在の紛争において最も流行している「非正規戦」（**irregular war**）であり、これは少なくとも一つの国家と、それに対抗する非国家組織との戦いが含まれる。この章では反乱と対反乱作戦についての戦略思考や、「第四世代の戦い」（**fourth-generation warfare**）、「非三位一体戦争」（**non-trinitarian war**）、そして「新しい戦争」（**new war**）や、さらに最近の「ハイブリッド戦争」などのコンセプトの検証が含まれている。

第6章では平和維持活動や安定化任務、そして人道的介入などの分野における戦略思想を検証している。ここでは国際社会が冷戦終結後の四半世紀の間にこの分野で劇的に学習効果を上げていることや、それと関連する平和構築、全政府アプローチ、そして包括的アプローチのようなアイディアにも注目している。

ここから本書はその視点を戦争とテクノロジーの関係に置いた三つ目のセクションに入る。

第7章は先進的な軍事技術から産まれた、統合理論や軍事トランスフォーメーションという概念を検証していく。重要な副次的なテーマとしては「軍事における革命」(Revolution in Military Affairs：RMA)や「システムのためのシステム」(system of systems)、「ネットワーク中心の戦い」(network-centric warfare: NCW)、「軍事トランスフォーメーション」(Military Transformation)、そして「効果ベースの作戦」(effect-based operation: EBO)が含まれる。軍事面でのイノベーションに関する戦略思想をこのセクションに含めた理由は、それが技術の変化とリンクしたものであると称されたり、また、そのように議論されたりしているからだ。

第8章は「サイバー戦争」を中心に論じている。このテーマは一九九〇年代中頃に一度議論が盛り上がったが、二〇〇〇年代後半から二〇一〇年代にかけて、戦略面での注目や懸念が爆発的に拡大している。第9章はスペースパワーの戦略思想について論じている。ここではすでに比較的長期にわたって議論されているテーマである「宇宙戦力の強化」(space force enhancement)や「スペース・コントロール」、そして宇宙空間で行われる戦争や、宇宙から地上へ向かって行われる戦争についての、最近出てきたばかりの(少なくとも公開されている情報による)アイディアを見ていく。

私は各章で、それぞれの分野における現代の重要な戦略思想家たちを列挙しつつ、その分野で確認できるテーマについて戦略思想を検証するという、二つのことを同時に行っている。この二つのアプローチのバランスは各章でそれぞれ異なるのだが、それはそれぞれの戦いの次元において最も適切であると証明されているものの事情が異なるからだ。また、いくつかの章ではそのテーマに関する歴史的な背景を理解してもらうために、最初に古典的な戦略家たちの議論(主に第二次大戦以前のもの)についての簡単な説明から入っている。各章の多くのテーマについて冷戦期に書かれた膨大な数の文献については、特定の地政学的状況に依存していたり、あらゆる場所で入手可能であることを踏まえて、あえて軽く触れるだけに留めている。第5章では冷戦期の文献を検証しているが、これは冷戦の終結がその戦争の仕方にほとんど影響を与えていないからである。平和維持活動についての第6章も冷戦期の議論から始めているが、これはこの分野の新しい戦略思想は一九四〇年代や一九五〇年代に始まった議論を踏まえた方が理解しやすいからだ。その他にも、いくつかのテーマではその性質から文献がほぼ冷戦後の時代に集中しており、それ以前の文献がまったく存在しなかったり、ほとんどまとまっていなかったりする場合もある。各章の終わりでは、冷戦後の最初の四半世紀の戦略思想から明らかになった、それぞれカギとなるテーマや教訓をまとめている。

註

1 Basil H. Liddell Hart, *Strategy: The Indirect Approach* (London: Faber & Faber Ltd, 1954), 335-336.（B・H・リデルハート著、市川良一訳『戦略論：間接的アプローチ』下巻、原書房、二〇一〇年、二五八頁）

2 Barry R. Posen, *The Sources of Military Doctrine* (Ithaca, NY: Cornell University Press, 1984), 13.

3 Peter Paret, *'Introduction,' in Peter Paret, Ed., Makers of Modern Strategy from Machiavelli to the Nuclear Age* (Princeton, NJ: Princeton University Press, 1986), 3.（ピーター・パレット編著、防衛大学校・戦略の変遷研究会訳『現代戦略思想の系譜：マキャベリから核時代まで』ダイヤモンド社、一九八九年、v頁）

4 Gregory D. Foster, 'Research, Writing, and the Mind of the Strategist,' *Joint Force Quarterly*(Spring 1996), 115.

5 Bernard Brodie, *War and Politics* (New York: MacMillan Publishing Co., Inc., 1973), 437, 473.

6 Colin S. Gray, *Modern Strategy* (Oxford: Oxford University Press, 1999), 114.（コリン・グレイ著、奥山真司訳『現代の戦略』中央公論新社、二〇一五年、一八四頁）

【参考文献】

Earle, Edward Mead, ed. *Makers of Modern Strategy: Military Thought from Machiavelli to Hitler* (Princeton, NJ: Princeton University Press, 1943).（エドワード・ミード・アール編著、山田積昭ほか訳『新戦略の創始者：マキャベリからヒトラーまで』上下巻、原書房、二〇一一年）

Gray, Colin S. *Modern Strategy* (Oxford: Oxford University Press, 1999).（コリン・グレイ著、奥山真司訳『現代の戦略』中央公論新社、二〇一五年）

Handel, Michael I. *Masters of War: Classical Strategic Thought* (London: Frank Cass, 2001).

Mahnken, Thomas C. 'The Evolution of Strategy ... But What About Policy?', *Journal of Strategic Studies* 34:4 (2011), 483-487.

Paret, Peter, ed. *Makers of Modern Strategy from Machiavelli to the Nuclear Age* (Princeton, NJ: Princeton University Press, 1986).（ピーター・パレット編著、防衛大学校・戦略の変遷研究会訳『現代戦略思想の系譜：マキャベリから核時代まで』ダイヤモンド社、一九八九年）

Strachan, Hew. 'Strategy and Contingency', *International Affairs* 87:6 (2011), 1281-1296.

part *1*

伝統的な戦略の次元

第1章 ❖ シーパワー

控えめでありながら至る所に存在するシーパワー（seapoer）は、大多数の国家の繁栄と安全保障を維持する上で、おそらく最も基本的な軍事力である。これは、海軍力というものが、陸軍力や空軍力と違って、現在のわれわれが生きている時代の支配的な「グローバル化」という現象と、密接な形でつながっているからだ。現代の海洋戦略論の権威であるイギリスのジェフリー・ティル（Geoffrey Till）によれば、「ランドパワーやエアパワーと違って、シーパワーというのはグローバル化の進行の中心にある」ものなのだ。[*1]

ここで言う「グローバル化」とは、増大する世界の相互的なつながりを意味しており、遠い場所での出来事が自国にますます直接的な影響を与える（その反対もあるが）という事実を言い表したものだ。ところがこの現象自体は、特に目新しいわけではない。最初の大規模な「グローバル化時代」は一八七〇年から一九一四年頃まで続いており、この時代はシーパワーという概念の「父」であるアルフレッド・セイヤー・マハン（Alfred Thayer Mahan）を生み出した。彼の理論は、実質的に海軍力についての「外洋版」的なビジョンであった。これはつまり、海軍が自国の海岸からはるか沖合で行動し、海上貿易のルートを確保するためにそれぞれが対抗し合う、というものだ。ところがこの黎明期《れいめいき》において、すでにジュリアン・スタッフォード・コーベット卿（Sir Julian Stafford Corbett）による異なったビジョンも提示されている。このビジョンとは「海軍力を沿岸で作戦する陸軍の活動を支援するために利用せよ」というものだ。シーパワーの戦略家として歴史上最も著名なマハンとコーベットのアイディアというのは、国家安全保障政策における海軍の役割について現代的な考察を加える際に、とても有益なフレームワーク（枠組み）を提供している。

アルフレッド・セイヤー・マハン[*2]

アルフレッド・セイヤー・マハンは米海軍の士官として南北戦争に従軍したが、この戦争の後も二〇年以上にわたって米海軍で働き続けている。一八八六年には海軍での最後の任務として、ロードアイランド州のニューポートにある米海軍大学で、海軍史と戦略の講師、そして後にはその学長を務めている。彼は着任後旺盛な執筆活動を開始したのだが、その名を本格的に有名にしたのは、自分の講義録を下敷きにして書いた、シーパワーについての二つの著作であった。その著作とは、『海上権力史論』（一八九〇年）と『フランス革命と帝国におけるシーパワーの影響』（一八九二年）である。この二冊はそれぞれ一六六〇年から一七八三年、そして一七九三年から一八一二年までの歴史をカバーしていたのだが、その狙いは歴史の流れと国家の繁栄における「シーパワーの影響」を検証することにあった。[*3]マハンは自分の結論を著作の冒頭で提示しており、たとえば一冊目の著書では序論の部分で「海上の支配権は勝者側にあった」と述べている。[*4]残りの部分は様々な海戦の歴史についての記述であり、マハン自身が「優越した海軍力が明確に影響を及ぼしたことが明らかにされた史例を集積して」いる。[*5] 残念なことに、この一連の著作には結論をまとめたような章がなく、マハンは元々の理論へ散発的に言及するに留まっている。したがって、この「海上権力シリーズ」を貫く全体的な議論を説明するという仕事は、他者に任されることになった。『現代戦略思想の系譜』(*Makers of Modern Strategy*: 一九八六年版)の中で、フィリップ・クロール(Philip A. Crowl)は、「マハンのこれらの著作の中心的なテーマは、きわめてシンプルなものであった。それは、一六八八年からナポレオン凋落《ちょうらく》まで続いた英仏間の長期的な闘争においては、いずれの時期でも海軍力の強さによる海の支配、もしくはその欠如が、戦いの趨勢《すうせい》を決したということだ」と記している。[*6]

マハンが思い描いている「シーパワー」には、実質的に二つの意味があった。一つはどちらかといえば狭義のもので、もう一つはより広義のものである。双方とも海を「重要な貿易ルートとなる広大なハイウェイ」として想定している。最初の意味において中心的な存在になっているのはそのまま「海軍の能力」であり、これは「武力によって海洋ないしはその一部分を支配する海上の軍事力」という意味である。[*7] 二つ目の、より広い意味におけるシーパワーというのは「平和的かつ広範な通商に基づくもの」であるために、①生産、②海運、③植民地と市場などを含んだものである。[*8] シーパワー(海洋)国家は、製品を生産して海外と取引きしなければならないのであり、この取引は海上輸送を通じて行わなければならず、さらに大切なのは「平和的な通商に従事する商船を守るため」に「軍艦」を使いながら、「その通商路に沿って[存在する]……基地」——これはマハンの生きていた時代では、植民地的な領地のこと——の安全を維持して、アクセスを確保しなければならないという点であった。[*9] この言葉については、現代の定義においても狭い意味と広い意味の両方の解釈がなされている。たとえばサム・タングレディ(Sam Tangredi)によれば、シーパワーというのは戦時における海軍の作戦行動を含んでいるだけでなく、国際貿易と商業のコントロールや、海洋資源の利用とコントロール、そして外交、抑止、政治的影響力を発揮する道具として、海軍を平時に利用するものであるという。[*10]

マハンによれば、海軍戦略の目標とは、そもそもシーパワーをサポートして増強するためのものであり、そしてシーパワーの目的は、それによって「制海《シーコントロール》」(sea control)を可能にすることにあった。後者は自国の利用と利益のために、貿易が行われる世界の「公共財」としての海を常にオープンな状態に維持し、戦時においては敵国に使わせないようにすることを意味している。現在のイギリスの海洋ドクトリンはこのような方針に沿いながら「制海《シーコントロール》」を、「自分たちの目的のために、特定の海域や特定の期間に海洋を利用する行動の自由を持ち、そして必要とあらば敵による海洋利用を拒否したり制限することができる状態のこと」であると定義している。[*11]ところが本章でも見ていくように「制海《シーコントロール》」という概念は、ポスト冷戦時代に微妙な変化をしてきた。たとえばジェフリー・ティルは二〇〇〇年代なかばに「制海《シーコントロール》というのは、グローバル化した世界においては〝自国が利用するために海の安全を確保する〟というよりは、むしろ〝敵を除くあらゆる存在のために、海という利用可能なシステムの安全を確保する〟という意味合いが強い」と述べている。[*12]

もちろんマハン自身は海上交通が時には海賊によって脅威を受けることがあることを認めていたのだが、彼のシーパワーの歴史に関する見方では、主に公海上で行われていた「国家同士の争い」というものが想定されていた。ここで必須であったのは、敵の艦隊を公海から追い出すための圧倒的なパワー(power)であった。このパワーは主力艦、つまりは装甲された戦艦によって発揮されるものであったが、マハンはこれが少数の巨艦により編成された艦隊なのか、それとも数を多く揃えた中型の艦船により編成された艦隊なのかという点については結論を出していない。加えて、彼は地上部隊を支援するための沿岸作戦における海軍力の使用をあまり重視していないのだが、これは彼が南北戦争に従軍していたときにその効果のなさを実際に目撃していたことにも原因があるといえる。この点についてクロールは、「マハンがとにかく強調しているのは、艦隊の主な任務は敵艦隊と交戦することにある、という点だ」と述べている。[*13]

ジュリアン・コーベット卿

学者たちの間では以前から、マハンの考えの中には海から地上への戦力投射《パワー・プロジェクション》や、戦時には陸軍と海軍が相互依存関係にあることなどが考慮されていない点が重大な欠点だと指摘されていた。海軍、陸軍、そして空軍が連携する「統合《ジョイント》」戦は冷戦期から重要だったが、二一世紀に入ると西側社会ではほとんどスローガンのようなものになっている。このため、「統合《ジョイント》」戦についての初期の思想を学ぶために、二〇世紀初頭の二人目の海軍戦略家であるジュリアン・コーベット卿について見ていくことにする。

マハンと同年代を生きたイギリスの学者であるコーベットは、民間人の海軍史家としてイギリスの海軍大学で講義を行っている。主著は一九一一年に発表した『海洋戦略の諸原則』（*Some Principles of Maritime Strategy*）であり、この本では様々な概念が検証されていて、たとえば海における「戦力の集中」や「決戦」という概念（彼はこの両方とも否定していた）、「海上交通」、「制海権」、「海上封鎖」、そして「制限戦争」など、実に幅広い議論が含まれている。ところがここで最も重要な彼の議論は、現代にも応用可能な「遠征的な戦い」という文脈における、海軍力と地上戦力の統合に関するものである。

コーベットの提唱した重要な概念としてまず挙げられるのは、彼の言う「協同的な戦い」（**combined warfare**）についての議論だ。これは今日では「統合戦」（**joint warfare**）と呼ばれているものだが、彼自身の主著のタイトルにも使われている「海洋戦略」(maritime strategy)という言葉にもそれを見ることができる。「海洋戦略」というのは「海軍戦略」(naval strategy)を含んだものであり、その性質からより広い範囲の事象を扱っている。コーベットにとって「海洋戦略」とは、海が重要な要素となるあらゆる戦争において必須となるものだ。ところがこの戦略には必然的に海以外の要素も含まれてくる。なぜなら彼が指摘するように、「ある戦争が海軍の作戦行動のみによって決定されることはほぼ不可能だ……なぜなら人間は海ではなく、陸の上に住んでいる」からだ。[*14] 彼の見解によれば、「海洋戦略の最重要事項というのは、戦争計画における陸軍と海軍の相関関係を決定すること」にある。[*15] これに対して「海軍戦略」は、地上部隊の行動に関連して艦隊が活動する海洋戦略の単なる一部である。[*16]

海軍力が単独で戦争の勝敗を決することができないのと同様に、ランドパワーも海軍の適切な支援なしでは効力を発揮できない。部隊を友好国の領土に運ぶような任務でない限り、海軍は単純に部隊を運ぶこと以上の役割を求められるからだ。コーベットは「海外にある敵国の領土内で行動する陸軍というのは不完全な有機的組織体であり、海軍の人々の支援がなければ最も効果的な形で打撃を加えることができない」と主張している。「孤立無援の状態では、陸軍は敵国の岸に上陸できないし、補給もできず、撤退もままならず、上陸部隊の最も有利な点を活用することができない」というのだ。[*17] ある専門家は、コーベットにとって「戦争に決着をつけるためには……軍隊は岸に上陸できなければならないし、この作戦行動が最も効果的に行われるのは海からのもの」であると結論づけている。[*18]

コーベットはたしかに「統合・協同」作戦について論じているが、それについての彼の分析箇所は比較的短い。実際のところ、『海洋戦略の諸原則』のほとんどはそれ以外の概念についての議論に費やされており、アメリカの海軍大学は、コーベットの統合作戦についての貢献は「部分的な示唆を与えた程度である」と判断している。[*19] ところが彼の分析はマハンのアイディアと対照的な違いを見せており、それがゆえにコーベットのアイディアは、冷戦後のシーパワーの分野における戦略思想の発展を分析する際に、有効な思考のフレームワークを確立するための貢献をしたのである。

冷戦後の最初の一〇年間の議論（一九九〇～二〇〇〇年）

海軍戦略

冷戦の終わりとソ連の崩壊によって、時代を担う圧倒的なシーパワーとなったアメリカは、マハンが予言したように、主にランドパワーを基盤にしたロシアとその衛星国たちを圧倒するようになった。ところがソ連は冷戦期を通じて、シーパワー面でも大きな存在であった。アメリカの海軍ドクトリンや戦略は、制海《シーコントロール》と戦力投射《パワー・プロジェクション》という二つの面における能力、そしてそのためのシナリオやオペレーションを中心に置いて構成されていた。西側の海軍は、北米とヨーロッパの間の海上交通線を維持し、ソ連の海軍の出口と大洋の間のチョークポイントでパトロールを行い、中国との関係改善を支援（米太平洋艦隊の存在から、中国はソ連と何らかの対立が生じた場合には西側が助けにまわってくれると確信していた）しつつ、さらにはソ連軍と戦っているアフガニスタンの武装勢力への武器供給の際に役割を果たしたのだ（なぜなら供給物資はまず海路を通じてパキスタンへと輸送され、そこから陸路でアフガニスタンに運ばれたからだ）。カーター政権は、権力を握るとすぐに戦力投射部隊の価値について疑問をさしはさみ、制海《シーコントロール》に焦点を当てた「シープラン二〇〇〇」（Seaplan 2000）を作成して、戦力投射任務の優先順位を格下げした。ところがレーガン政権はこの流れを反転させ、まずノルウェー海における攻撃や決戦を行うことによって制海《シーコントロール》を行い、その次に海上からソ連の地上の目標に対して海上から戦力投射を行うことに焦点を当て始めた。野心的で高価であり、ソ連の内部崩壊の一因となったとされたこの新しい戦略は、地上の要素を含めることによって、単なる海軍戦略《ネイヴァル・ストラテジー》ではなく、海洋戦略《マリタイム・ストラテジー》となったのである。[*20]

その後、劇的に新しい安全保障環境に直面したアメリカの海軍戦略は、一九九〇年代に大きな変化をとげることになった。この時代に出てきた全般的な懸念として挙げられるのは、破綻国家や民族紛争、古くからの民族間憎悪などの復活、人道面での危機、そして大量破壊兵器の拡散のような、安全保障についての予測不可能なリスクであった。西洋諸国の海軍は、戦力投射によって地上戦力を支援し、地上における危機管理を助けるような任務を与えられたのだ。ティルによれば、それに伴う戦略的な焦点のシフトは「海軍は**海で**何をすべきか」ということではなく、「海軍は**海から**何をできるか」という方向に移ってきたのだ。[*21]

新たな戦略面での焦点については、冷戦後の安全保障環境の性質に合わせて米海軍が作成した、初期の戦略文書にも反映されている。たとえば米海軍と海兵隊が共同で作成した一九九二年の「フロム・ザ・シー」(*From the Sea*)と、一九九四年の「フォワード・フロム・ザ・シー」(*Forward ... from the Sea*)の二つは、海軍と海兵隊の双方のビジョンを定義したわけだが、これらはほぼコーベット型の性質を兼ね備えていた。一九九二年の「フロム・ザ・シー」では「広大な海洋での戦闘から、**海から**行われる統合作戦へと根本的に変化させる」方針が明らかにされていた。[*22] それに対して一九九四年の「フォワード・フロム・ザ・シー」では「海軍の新しい方針は、あいかわらず世界にとって決定的に重要な、沿岸海域における**海からの**戦力投入能力に焦点を当てたものである」ことを確認していた。[*23] ここでのアイディアは、マハン的な「制海権」を追求するのではなく、ライバル(ソ連)の崩壊の結果アメリカが享受《きょうじゅ》している「制海権」

をうまく活用せよ、というものであった。

この二つの米海軍文書の暗黙の前提としてあったのは、海で何かが起こっても、結局のところ人間は地上に住んでおり、したがって海軍が戦略的インパクトを与えるためには、少なくとも陸上での活動に一定の影響を及ぼすことができなければならない、という考えであった。さらにいえば、人類の大多数は、あちこちで言及されているように、海の近くや海に到達できる水辺に住んでいるという点だ。これらの要因の組み合わせによって、海軍は「沿岸域」(littoral) で活動しなければならないということになり、これは「フロム・ザ・シー」では(1)岸辺に近い外洋の海域であり、ここは地上の活動を支援するのであればコントロールする必要のあるところ(これは制海《シーコントロール》を陸の近くで行うようなもの)であると同時に、(2)海からの直接攻撃から防御できる岸に近い地上の地域である、と定義されている。ノーマン・フリードマンはこれについて「沿岸域というのは、狭い意味での〝沿岸部〟とは区別すべきものだ……沿岸域の陸側の部分には、世界の人々の住む地域や大都市のほとんどが入る」と述べており、その一方で海側の沿岸域は、国連海洋法条約によって確立された二〇〇海里の排他的経済水域(ＥＥＺ)として捉《とら》えることも可能だとしている。[*24] ところがそれと同時に、海の混乱は地上での出来事にリンクしていることが多く、現在のソマリア沖の海賊がその典型的な例である。結果として、もし海上交通線をオープンな状態に維持することが目標であったとしても、海において船舶を直接守ることよりは、むしろ沿岸域の政情不安や紛争に注目する必要が出てくる。

したがって、米海軍にとっての軍事作戦は沿岸域で行われることになり、彼らはあらゆるタイプの「地域的な問題」に対処すべきだということになる。これには地域の主要国による攻撃という「大きな」危険から発生するものもあれば、それよりもはるかに頻繁《ひんぱん》に発生している、国内で行われる内戦なども含まれてくる。すでに挙げた二つの戦略文書では海に関する数々のコンセプトが論じられているが、それらの多くは「アメリカの近くで何か問題が発生する可能性は低い」という認識に影響を受けて出てきたものばかりである。たとえば最初に挙げられるのは海軍遠征部隊であり、これはコーベットの陸軍の「遠征《エクスペディション》」を支援するための海軍の役割の強調と明らかに呼応したものだ。遠征的な作戦というのは、本土からはるか離れた海外における（地上の）軍事作戦であるため、海軍の遠征作戦では「遠距離に位置する土地」の危機に対処することが意図されている。[*25] 遠征地における戦いは地上で行われるのが確実であるのにたいして、海軍の遠征地における戦いは（海側もしくは陸側の）沿岸域で行われる。ここで重要なのは、現代の「遠征的」という言葉は、時間面における迅速な対処のことを示している。つまりただ単にその場に到着できる能力だけでなく、そこに迅速に到着できなければならないのだ。「フロム・ザ・シー」という文書で述べられているのは、「〝遠征的〟というのは一つの考え方であり、文化であり、軍の作戦を迅速に進めて事態に対処するコミットメントのこと」である。[*26]

「迅速な対処」にたいする海軍側の答えは、「前方プレゼンス」（forward presence）という二つ目のコンセプトだ。これは「フロム・ザ・シー」でも簡潔《かんけつ》に論じられているが、「フォワード・フロム・ザ・シー」のほうでは、「緊急になすべきこと」として強調されている。「前方プレゼンス」とは、「われわれの近年の経験でも強く示されているように、戦争が始まりそうな状況における海軍の最も重要な役割は、前線に近い地域に**エンゲージしていること**」だという。[*27] この前方プレゼンスという作戦行動に必要なものとして、この文書では空母打撃群《くうぼだげきぐん》や水陸両用即応群《すいりくりょうようそくおうぐん》（Amphibious Ready Groups）などが挙げられている。これによって米海軍は、マハンが答えていない「数は少ないが大型の艦船による編成が良いのか、それとも数が多めの中型の艦船による編成が良いのか」という問題に、一つの答えを出していることになる。

もし危機への対処が必要なものであれば、これは「統合」作戦の形をとることになる。そしてこれこそが、ここで強調される三つ目のコンセプトだ。この例としては、海軍と海兵隊が敵の海岸近くにある基地を協働して占拠し、味方の陸軍と空軍を進入させ、戦力投射という意味で、空母の航空戦力を対地攻撃に使うようなことが含まれる。「フォワード・フロム・ザ・シー」で示されているのは、海軍と海兵隊は他軍種である陸軍と空軍と能力と資源を合わせることにより、決定的な軍事力を発生させるべきであるというアイディアだ。[*28] 実際のところ、当時の海兵隊の司令官は、沿岸域における戦いの成功は、他軍種との間で効果的な「統合」戦を行えるかどうかにかかっていることを強調していた。[*29] また、同時期には海軍の戦闘機の訓練プログラムが、精密地上攻撃作戦を行うことを目指した大きな方針転換を経験している。このおかげ

表1・1　ボスニアにおける海軍の地上攻撃作戦

●冷戦終了と共にユーゴスラビアは６つの共和国に分裂した。多くの地域で内戦が発生したが、とくにボスニア共和国内で激しく、この国はさらに民族・文化を背景にした三つの地域へと分裂した。
●NATOと国連は、ボスニアに飛行禁止区域を設定し、人道支援活動を行う国連平和維持軍に近接航空支援を行い、サラエボにおけるクロアチア人とイスラム教徒にたいして砲撃を行うセルビア軍の戦車や迫撃砲を阻止するための戦略攻撃を実行するため、精密誘導爆撃を使ったエアパワーの行使について合意した。1993年の夏までにNATO軍の航空機は、イタリアにある自軍の基地と、アドリア海に進出していた米空母に展開している。
●NATOのエアパワーは1994年と1995年に何度か使用されており、これは結果として1995年夏のボスニア内のセルビア人の拠点や施設にたいする継続的な空爆につながった。そしてデイトン和平協定締結への道が開けるように、民族間の勢力均衡を促した。
●ボスニア内のターゲットにたいする空母の艦載機や、海からの巡航ミサイルによる精密誘導爆撃は、冷戦後の危機管理の手段として、米海軍初の海から（フロム・ザ・シー）の地上のターゲットにたいする大規模な兵力の使用となった。

で空母の艦載機は、戦略爆撃を行う軍事行動全体の一部である、地上のターゲットにたいする「統合」攻撃作戦への参加が可能となった。[*30] 表１・１は、このような作戦の一例を示している。

　したがって、「フロム・ザ・シー」と「フォワード・フロム・ザ・シー」という海軍の戦略文書は、一九九〇年代のシーパワーの分野における戦略思考を推し進める上で大きな役割を果たした。その中心にあったのは、海洋的な（そしてコーベット型の）意味における「遠征的な戦い」であり、そこで必要になってくるのは外洋や沿岸域における制海《シーコントロール》、地上への戦力投射《パワー・プロジェクション》（これには部隊の運搬や精密攻撃などを含む）などであった。ところがこれらは既存の戦力資源《アセット》に先端テクノロジーを導入することによって実行可能になるものなのだろうか？　それとも、新たな艦船やアプローチが必要となるのだろうか？

　一九九八年に、当時のアーサー・セブロウスキー（**Arthur Cebrowski**）海軍中将が率いる一団の海軍士官たちが、「米海軍の新しい戦略の狙いには、一連の新しい戦力資源《アセット》が必要である」と論じ始めた。学術に傾倒した海軍提督として、彼はかつてのマハンのように、米海軍大学の学長となり、シーパワーに深い関心を抱いていた。彼は地上から発射され、技術的にも高度になりつつある対艦巡航ミサイルによって、冷戦時代の名残りで沿岸域の制海《シーコントロール》の確立を期待されている、大きな艦船や空母などがリスクにさらされるようになったと主張した。沿岸域向けの小規模な海軍でさえ、とくにディーゼル電気式の通常動力型潜水艦を持っている国は、米海軍を沿岸部に近づかせずにそのアクセスを困難にさせることもできるのだ。改革者たちにとって、マハンが答えていない艦隊の構成についての答えは、大きな多用途水上戦闘艦ではなく、むしろ多数で構成される小さくて安価なプラットフォームの方だった。この「ストリートファイター」（**Streetfighter**）と呼ばれた小艦船は、独立して広範囲な活動、たとえば麻薬の密輸取締りや対海賊、それに対テロの警戒活動から人道支援や災害援助の作戦のサポートまで可能であるのと同時に、緊密に統合された「ネットワークを中心とした」部隊になることによって、その戦闘効率を劇的に向上させることも可能だというのだ。

セブロウスキーは「ネットワーク中心の戦い」(the network-centric warfare: NCW)の父であると考えられている。これは戦争の遂行が根本的に「統合化」されたビジョンのことであり、したがって第7章でも議論されることになる。「プラットフォーム中心の戦い」(platform-centric warfare)というのは、特定の軍事プラットフォーム(大きく性能の高い戦車など)の個別の能力に焦点を当てているが、NCWは多くのプラットフォーム(おそらく小型で能力もやや劣る)を先端テクノロジーでリンクすることによって生み出される戦闘力が、その考えの中心に据えられている。このコンセプトが海に関連する軍種の方に適用されると「小さくて高速で多数」の艦船ということになり、「大きな艦船や主要兵器を避け、分散されて変化しつづけそして順応性の高い、瞬間的に情報が共有されている軍事力」ということになる。[*31] この取り組みを具現化したものが「ストリートファイター」であり、またこれは冷戦後の戦略環境において必須となる「沿岸域の戦い」に対応したものだ。

一九四〇年代初期から巨大空母のようなプラットフォームを中心に構成されてきた海軍にたいして、小型でネットワーク化された艦船を売り込むのは困難であることはすでに証明済みだ。ところがこのアイデアそのものは、大きくて能力の高い「沿岸戦闘艦」(Littoral Combat Ship: LCS)という形で生き残っている。そもそもLCSは、紛争の可能性の高い海岸近くの水域で、機雷や潜水艦、それに高速攻撃用ボートなどに対処することを狙って設計されたものだ。識者の中には、二〇〇二年に米国防総省がLCSのコンセプトの存続を決定したことによって、米海軍の上層部がセブロウスキーの新しい考えを受け入れたと論じるものもいる。つまり米海軍のリーダーたちは「沿岸水域へのアクセスを基盤にした統合軍」という未来像を支持したのであり、空母を中心とした戦闘艦隊から、空母と艦船、それに潜水艦などを密接にネットワーク化させた艦隊へと再編することを承認したというのだ。[*32]

このアイディアは、中国の海軍力が二一世紀の最初の一〇年間に拡大したこともあって、段々と厳しい目にさらされている。すでに二つのタイプのＬＣＳが同時に選択され、すでにそれぞれ数隻の建造が開始されたが、米海軍は二〇一五年には国家を相手とした高強度の戦いに適したフリゲート艦を優先して、ＬＣＳの方は数を減らすことを決定している。つまり中国の能力に直面したときに、ＬＣＳの生存の可能性への懸念が増大したのだ。ＬＣＳの未来が微妙になっているという事実は、大国間戦争の可能性（これについては以下を参照のこと）に対して再び対処せざるを得なくなったという、具体的な戦略環境の変化そのものを表しているのだ。

二〇〇〇年代

アメリカのシーパワーについてのある分析には、「米海軍は百年間続けてきたマハン式のシーパワーのドクトリンを、一九九二年に放棄している。これが今後何年続くのかはまだわからない」というコメントがある。[*33] もちろんこの状態は、たった一五年間だけしか続かなかったとも言える。二〇〇七年にマハン式のアイディアは修正された形で復活しており、これは後に海軍作戦部長、そして統合参謀本部議長になった、マイケル・マレン（Michael Mullen）海軍大将のアイディアを知的源泉とした、新しい戦略として結実している。マレンによれば、シーパワーというのは統合沿岸域戦において、陸側に戦力投射《パワー・プロジェクション》するだけのものではなかった。もちろんこの任務は重要ではあるが、シーパワーをより拡大的な視点から見ると、戦力投射は全体の中のたった一部の機能でしかないからだ。マハンにとって問題だったのは、マハンの言う

「外洋」か、コーベットの言う「沿岸域」のどちらかに優先順位をつけることではなく、むしろ「海洋」というたった一つの領域が存在し、これこそが加速化するグローバル化の遍在的な性格によってもたらされたものだというのだ。

このような環境においては戦闘を闘うこともたしかに必要かもしれないが、シーレーンの安全確保や人道支援など、それ以外の活動も重要であることになる。さらにいえば、実際には戦争に至らなくても、対処を必要とするような危機的な状況をもたらす脅威のシナリオは数多く存在する。マレンは二〇〇六年に、「私があなたがたに最初に与える課題は、古い考え方を捨てろということです……その古い考えとは、〝海洋戦略の存在意義は海での戦争に勝利することであり、勝利の後はどうにでもなる〟というものです……ところがグローバル化した均一な世界では、勝った後の問題のほうがはるかに重要なのです」と論じている。[*34] たとえば海賊行為であるが、これはすでに「他人の問題だとみなすことはできなくなっており……グローバルな安全保障における脅威となっております。なぜならその問題は、国際的な犯罪ネットワークとの関係を深めていたり、危険な貨物を密輸したり、不可欠な貿易の流れを妨害したりするからです」と述べている。[*35] 海の安全確保は、すべての国家にとっての国益につながるものであり、自由市場のもたらす恩恵はすべての人々に与えられるべきだというのだ。このような考え方というのは、前述したような制海《シーコントロール》についての変化した理解に自然とつながることになる。マレンの見解では、「あらゆる国々の経済面での絶頂期というのは、世界の海がたった一国によってコントロールされている時ではなく、すべての国々にとっての安全かつ自由な航行が確保された時に訪れる」という。[*36]

ところが世界中に及ぶ支配的影響や影響力の行使は、米海軍の手に余るものだ。したがってここで必須なものとして論じられたのは、他国の協力を呼び込めるような形の取り組みであった。二〇〇六年にマレンは、自身が「一〇〇〇隻海軍」(the 1,000 ship navy) と呼ぶ海軍コンセプトを提唱しており、これは文字通りそのままの数の艦船を建造するというものではなく、むしろ「自由な形の自己組織化できる海洋パートナー同士のネットワーク」が、公海における脅威の活動そのものを阻止したり逸らしたり、もしくは沿岸域における懸念に対処するために協力し合う、という考えを表したものだ。[*37] 具体的な例としては、マレーシア、インドネシア、そしてシンガポールがマラッカ海峡における海賊やテロリストの動きに対抗するために行うような共同作戦や、国際水域、もしくは(というよりはむしろ)領海近くの水域などで大量破壊兵器を運搬していると疑われた場合には、各国家が自発的に阻止するような「拡散にたいする安全保障構想」(the Proliferation Security Initiative) などが挙げられる。また、他にも二〇〇四年の津波後のインド洋、さらにはアメリカのメキシコ湾のハリケーン・カトリーナの後の人道支援活動、そして二〇〇六年のレバノンの沖合で行われた海への避難作戦などが含まれる。これらはすべて、共通の(人災・天災による)脅威への対処から、公共の利益を守るための、多国籍による非公式な海洋同盟関係を示している。

　マレンのアイディアは、米海軍と米海兵隊、そして珍しいことに米沿岸警備隊も加わって共同で準備した、二〇〇七年秋に発表された公式文書の「二一世紀の海軍力のための協力戦略」(*A Cooperative Strategy for 21st Century Seapower*) の中にも見てとることができる。この戦略は、マレンの見解に沿った形の「海洋環境」という拡張する概念を前提としたものであった。この文書の中に記されている「海洋領域」には、海岸地域、湾、河口、島嶼《とうしょ》、そして沿岸域が含まれるのだが、さらに加えて、世界の大洋と海とその空域も含まれるとされている。よってこの戦略の範囲は、マハン的なものとコーベット的なものの両方にまたがっており、「**海と地上における行動**と活動に影響を与えるためのシーパワーの使用」をはっきりと肯定しているのだ。[*38]

この「協力戦略」で貫かれていた統一的なテーマは、「戦争を防ぐことは戦争に勝利することと同じくらい重要である」ということであった。[*39] そこでの狙いは、「地球の四分の三を覆《おお》い、すべての国々をつなげているグローバルシステムの血液」となっている海洋領域を混乱させるような戦争の発生を、阻止、もしくは防止することにある。ここでの焦点は、「システムそのもの」と「システムの安全」であり、特定のユニットや構成要素の安全ではなかった。海軍や沿岸警備隊などの任務には、「海を選択的にコントロールし、地上へと戦力を投射し、友軍と民間人を敵の攻撃から守ること」も含まれていた。特に注力されていたのは、海賊行為やテロ、兵器の拡散、そして麻薬の密輸など、海の秩序にたいする脅威を緩和することである。これらをタイミング良く同時に行うためには永続的にプレゼンスを維持できる海洋戦力や、グローバルな準備態勢が必要であった。さらにいえば、マレンの当初の「一〇〇〇隻海軍」のビジョンや、後に「グローバル海洋パートナーシップ・イニシアチブ」と改名されたものには、結局のところ、様々な国々との協力が必要だったのだ。表1・2には、マレンの概念に該当するような数々の作戦が示されている。

もちろん二〇〇七年版の「協力戦略」には批判がなかったわけではない。ロバート・ワーク（Robert Work）はこの戦略の統一的なテーマについて疑問を投げかけており、「戦争の予防が戦争の勝利と同じくらいに重要」というのは「戦争の予防は戦争に勝利するよりも**好ましい**」こととは違う、と批判していた。[*40] ワークの見立てでは、戦争に勝利することよりも大事なことは**他にない**という明確な主張と共に、後者のほうが好ましいものであることになる。[*41] この問題の核心は、この新しい戦略が、「近代」のままの世界に提出された「ポスト近代」の文章であるという点にあったのかも知れない。ジェフリー・ティルは二〇〇七年にこの戦略が発表された時期に、海軍と国家を「ポスト近代」（post-modern）と「近代」（modern）

表1･2　ソマリア沖の海賊対策

●2000年代半ばからのソマリア沖での海賊の増大に対処するため、国連世界食糧計画（UNWFP）はケニヤからソマリアまで人道支援物資を届ける貨物船の護衛を要請している。
●2008年の国連決議では、この海域を航行するすべての国家の船舶にたいして海賊への武力行使の許可を与えている。
●この時から多国籍で構成された三つの海軍任務部隊が「アフリカの角」の沖やアデン湾に派遣されて継続して活動中であり、ヨーロッパ連合（EU）の分遣隊である「アトランタ作戦」（Operation Atalanta）、北大西洋条約機構（NATO）の常設海洋部隊である「オーシャン・シールド作戦」（Operation Ocean Shield）、そして米軍の指揮下にある広範囲にわたる国際的な試みである「第151合同任務部隊」（Combined Joint Task Force 151）の３つである。
●ここに参加しているすべての艦船には、かなり広範囲な海域での対海賊任務が課せられており、中国、インド、日本などのいくつかの国々の海軍も、それぞれの国家の指揮の元にこの海域で活動している。
●同じ任務を多国籍のプレイヤーがこなす状況というのは、2007年版の「協力戦略」にあるような「海洋パートナーたちが共同で公海上の脅威に対処する自律的なネットワーク」というビジョンによく当てはまっている。
●合同の任務部隊はそれなりの成功を収めている。世界食糧計画の輸送計画は成功し、戦略的に重要なアデン湾での海賊行為は著しく減少したからだ。
●ところが海賊対策全般をみると、これは原因を取り除くというよりも、症状を緩和しただけとも言えるのであり、海賊行為を止めるというよりも、彼らをさらに外の海へ押し出してしまった。結局のところ、これらの海洋面での脅威にたいする長期的な解決法は、地上にある国家をうまく機能させて、海賊とその家族たちの生活を改善できるかどうかにかかっているのだ。

に区別すべきであるという有益な分類を行っている。「ポスト近代国」の海軍は、とくに沿岸域で制海《シーコントロール》を追求し、遠征的な作戦を遂行し、そしてシステムそのものに注視して、自国だけでなく世界にとって利益となる全般的に良好な秩序と、グローバル化を推進するという。それとは対照的に、「近代国」の海軍は「グローバル化が自国の安全に及ぼしている影響にたいしてより用心深く……そして世界の貿易システムの維持のために他国と協力することにはより消極的である」というのだ。＊42 ティルによれば、国家が自らの国防や直接的な国益ばかりに注視して、システムそのものの状況については考えていないように見える証拠が豊富にあるという。そしてこれが示しているのは、艦隊同士の対決を含む、マハン的な制海《シーコントロール》の概念を伴《ともな》う未来だ。

二〇一〇年代

「二一世紀の海軍力のための協力戦略」は二〇一五年に同じタイトルのまま中身が改定されたが、その文章の雰囲気はかなり変わっている。改定されるまでの間に、ロシアと中国の海軍力とドクトリンは大きく変化していた。ロシアはノルウェー海やバルト海、黒海や地中海東部のような欧州の地政戦略的な海域において、艦船と潜水艦を含む海軍全体を増強している。そしてＮＡＴＯから感じる脅威に対応するために、ロシアはその戦略を、まるで冷戦期と同じような形で、北米と欧州の間の海上交通線を阻止することも含んだものに変えたのである。二〇〇〇年代後半から始まった中国の野心的な海軍近代化計画には、新しい艦船、揚陸艦、哨戒用航空機（patrol aircraft）、空母、それに潜水艦の獲得が含まれている。これらは台湾沖合の防衛だけでなく、南シナ海における権益の主張を防護したり、フィリピン海で米海軍を寄せ付けないために使うものだ。この二つのケースにおける戦略と構想は、接近阻止・領域拒否（Ａ２／Ａ

D）というフレーズでとらえられている（表1・3を参照）。
　これに対するアメリカの反応は、戦闘とハードパワーの考え方への回帰である。マハンとコーベットという二人の思想は二〇一五年版の「協力戦略」でも散見することができるし、国家安全保障という観点から、以前のもの（たとえば二〇〇七年版）と比べてもその記述は多くなっている。戦略核抑止をのぞけば、米海軍の決定的な役割というのは「制海《シーコントロール》」、戦力投射《パワー・プロジェクション》、海洋安全保障、そして全領域アクセスにあると記されている。そしてマハンの思想の中心にある海上交通線の「制海《シーコントロール》」は、いまだにその決定的重要性を失っていない。また、二〇〇七年版では「グローバルな海を基盤とした、全世界の人々にとって安全かつ自由な貿易体制を守る」という意味でのシステム的な形で示されていたものが、二〇一五年版では様々な外洋プラットフォームが「敵海軍の破壊や敵の海上貿易の抑圧、そして重要なシーレーンの防護」のために必須であると記されている。[*43]
　同様に、コーベット的な「陸上への戦力投射《パワー・プロジェクション》」について言えば、二〇〇七年版で中心的な存在だった沿岸域への「人道支援・災害対処」（ＨＡＤＲ）が、いまや戦力投射能力に付随する二次的なものとなっている。その代わりに強調されたのが、領域拒否環境にある地域に対する戦力投射能力の確保である。このうち、海軍の戦力投射能力には、陸上のターゲットに対する物理的《キネティック》攻撃、地上部隊に対する海からの火力支援、後方・兵站支援をシーベイシングにすること、そして艦船から陸への水陸両用作戦などが含まれる。[*44]海洋安全保障には、海賊への対処、テロリズム、兵器の拡散、そして越境犯罪、さらには海上交通線が妨害されない状態の維持など、ありとあらゆる海軍の活動が含まれている。これはアメリカとその同盟国や友好国たちの協力が可能となる、最重要分野であると引き続き示されている。「協力戦略」で戦略抑止よりも前のリストの筆頭に提示された「全領域アクセス」（all-domain access）という新たな概念が意味してい

表1・3　接近阻止・領域拒否戦略への対抗策

●冷戦後の15年間、アメリカはどこからも脅威を受けることなく基地や空母を活動させることができた
●ところが2000年代後半には世界の多くの地域でこれが段々と不可能となり、とりわけこれが目立ってきたのはアジア太平洋地域である
●専門家たちは接近阻止（米軍が戦域に侵入してくるのを防ぐこと）と領域拒否（当該戦域における米軍の行動の自由を限定すること）の戦略は、中国にとってアメリカの圧倒的な優位にある力に対抗するための一つの手段であることに気づきはじめた
●中国は海軍と、米軍とこれまでにない射程距離で対決するためのテクノロジーに投資を続けており、これには危機が発生した際に米海軍が台湾に到来するのを阻止するためのプラットフォーム、つまり対艦巡航ミサイルや対艦弾道ミサイル、対艦爆撃機、潜水艦、そして高速哨戒艇などが含まれる。
●このような潜在的な敵が行ってくる戦略を、アメリカでは A2/AD という略称で呼んでおり、これへの対抗策を考えている
●アメリカ側は A2/AD に対抗するために、特定のプラットフォーム（例：ジョイント・ストライク・ファイター）やドクトリン（エアシー・バトル：現在は「国際公共財におけるアクセスと機動のための統合構想」と改名）を開発中である
●ロシアも西ヨーロッパ地域で A2/AD 戦略を追求していると見られている
●2015年版の「協力戦略」では、現在進行中の A2/AD 能力の開発と配備について「係争地域に対して作戦行動を効果的に行うのに十分な自由を確保しつつ戦力投射するための能力が決定的に重要」であると認めている

以下を参照：United States Navy, Marine Corps & Coast Guard. *A Cooperative Strategy for 21st Century Seapower* (Washington, DC: Department of Defense, 2015), 19.

るのは、「効果的に活動するのに十分な自由をもって係争地域に戦力投射《パワー・プロジェクション》するための能力」である。そしてこれは、戦略的な地域が段々と国家や非国家主体《ノンステートアクター》によって係争の度合いを高めていることに対する直接的な反応となっている。[*45] 全体的にいえば、二〇一五年版は米国の国益を守るためのシーパワーの使用において、「力」の側面を前面に押し出したものとなっている。[*46]

まとめ

このように、冷戦後のシーパワーの戦略思想には、ほんの一握りの学者や専門家、そして米海軍の戦略文書を作成した実務家たちしか関わっていないことがわかる。このアイディアは、シーパワーの歴史の中で最も有名な戦略家であるアルフレッド・セイヤー・マハンやジュリアン・コーベットの考えを現代化し、洗練化し、その枠を広げることにつながった。海洋面における冷戦後の戦略思想というのは、この二人のどちらかの考え方に傾きつつも、ある程度は両者の考えを取り入れながら、国家の安全保障におけるシーパワーの役割を精緻化《せいちか》してきたのだ。つまり、シーパワーの主な目的は、沿岸域と外洋の**両方で**制海《シーコントロール》を可能にすることにあり、沿岸域での有効な戦闘には効果的な「統合戦」が必要になることや、沿岸域の制海《シーコントロール》は国家間紛争の経過に重大なインパクトを与え、ここのコントロールは人道・災害派遣任務への海軍による効果的な支援のためには必要であることや、遠隔地で起こった危機に対処するためには、海軍による遠征的な戦いができなければならず、海軍の前方展開的なプレゼンスによって促進されるものであること、そして広い海洋における制海《シーコントロール》は、貿易のためにシーレーンを開放しておくために必要であるということ、そしてシーパワーは最重要係争海域へのアクセスを確保するために必要であるということだ。

冷戦後のほとんどの期間（これには九・一一事件後の時期も含む）におけるシーパワーの理論化の作業は、沿岸域と陸上にたいするシーパワーの影響を考察するものがほとんどであった。ソ連の崩壊によるアメリカのオープンな海のコントロールが実現している現在の環境下では、マハンのテーマであった艦隊同士の戦術というのはほとんど意味をなさなくなっている。ところが二〇〇〇年代後半からは公海上の海賊や増大する中国の外洋艦隊のような脅威や競争者が再び台頭しつつある。一極状態が多極状態に道を譲《ゆず》りつつある現在のトレンド――これはすでにジェフリー・ティルの戦略思想にも反映されているし、二〇〇七年版だけでなく二〇一五年版の「協力戦略」にも暗示されているが――は、現代のシーパワーの戦略思想の枠組みを広げたのだ。次章では冷戦後のランドパワーの戦略思考について検証していく。

【質問】

1　マハンとコーベットの主な戦略的アイディアとはどのようなものであり、これらのアイディアはどう違うのだろうか？

2　アメリカの海軍戦略の中でポスト冷戦時代初期における変化の本質はどのようなものであり、戦略におけるその変化を促すことになった背景にある要因とはどのようなものであったのか？

3　二〇〇〇年代におけるアメリカの海軍戦略の変化の本質とは何であり、その戦略における変化の最大の要因となっているものは何か？

4　二〇一〇年代におけるアメリカの海軍戦略の変化の本質とは何であり、その戦略における変化（もしくは修正）の最大の要因となっているものは何か？

5　今日における大国の海軍の活動の本質は、マハンもしくはコーベットのアイディアで最もうまく説明できるか？

6　A２／ADに関する戦いは、マハンとコーベットの戦略思想にどのような関連性を持っているのだろうか？

註

1 Geoffrey Till, 'New Directions in Maritime Strategy? Implications for the U.S. Navy,' *Naval War College Review* 60: 4 (Autumn 2007), 30.

2 マハンの著作についてのより詳細な研究については、Margaret Tuttle Sprout, 'Mahan: Evangelist of Sea Power,' in Edward Mead Earle, ed., *Makers of Modern Strategy: Military Thought from Machiavelli to Hitler* (Princeton, NJ: Princeton University Press, 1943)[マーガレット・スプラウト著「第十七章：シーパワーの伝道者、マハン」エドワード・ミード＝アール編、山田穂積ほか訳『新戦略の創始者：マキャベリからヒトラーまで』下巻、原書房、二〇一一年]; Philip A. Crowl, 'Alfred Thayer Mahan: The Naval Historian,' in Peter Paret, ed., *Makers of Modern Strategy from Machiavelli to the Nuclear Age* (Princeton, NJ: Princeton University Press, 1986)[フィリップ・A・クロール著「海戦史研究家アルフレッド・セイヤー・マハン」、ピーター・パレット編著『現代戦略思想の系譜：クラウゼヴィッツから核時代まで』ダイヤモンド社、一九八九年]; and Jon Sumida, *Inventing Grand Strategy and Teaching Command: The Classic Works of Alfred Thayer Mahan Reconsidered* (Washington, DC: Johns Hopkins University Press, 1999).（訳註：ちなみにマハンの実際の読みはメイハンである。）

3 A. Thayer. Mahan, *The Influence of Sea Power upon History 1660-1783* (New York: Dover Publications, 1987),v-vi.[アルフレッド・T・マハン著、北村謙一訳『海上権力史論』原書房、二〇〇八年、三頁]

4 Ibid., iv. [マハン著『海上権力史論』二頁]

5 Ibid., iii. [マハン著『海上権力史論』一頁]

6 Crowl, 451.〔クロール著「マハン」三九七頁〕

7 Mahan, 28.〔マハン著『海上権力史論』四六頁〕

8 Ibid., 28, 50, 71.〔マハン著『海上権力史論』四六頁、七三～七四頁、一〇〇～一〇一頁〕

9 Ibid., 28, 82.〔マハン著『海上権力史論』四六頁、一一六頁〕

10 Sam J. Tangredi, 'Globalization and Sea Power: Overview and Context,' in Sam J. Tangredi, *Globalization and Maritime Power* (Washington, DC: National Defense University Press, 2002), 3.

11 J. J. Widen, 'Julian Corbett and the Current British Maritime Doctrine,' *Comparative Strategy* 28: 2 (March/April 2009), 176.

12 Till, 31.

13 Crowl, 458.〔クロール著「マハン」四〇三頁〕

14 Julian S. Corbett, *Some Principles of Maritime Strategy* (New York: Longmans, Green and Co., 1911), 14.〔ジュリアン・スタッフォード・コーベット著、矢吹啓訳『コーベット海洋戦略の諸原則』原書房、二〇一六年、六九頁〕

15 Ibid.〔コーベット著『海洋戦略』六九頁〕

16 Ibid., 13.〔コーベット著『海洋戦略』六九頁〕

17 Ibid., 300-301.〔コーベット著『海洋戦略』四二九頁〕

18 Widen, 172.

19 US Naval War College, Strategy and Policy Course Outline, Spring 2011.

20 冷戦期のシーパワーに関する重要な研究としては、George Baer, *One Hundred Years of Seapower: The US Navy, 1890-1990* (Stanford, CA: Stanford University Press, 1994); Bernard Brodie, *A Guide to Naval Strategy* (New York, NY Praeger, 1965); Norman Friedman, *Seapower as Strategy: Navies and National Interests* (Annapolis, MD: Naval Institute Press, 2001); and Wayne Hughes, *Fleet Tactics: Theory and Practice* (1986).などが挙げられる。他にも R. Castex, *Strategic Theories* (1993, original 1935); and Colin S.

Gray, *The Navy in the Post-Cold War World* (University Park, PA: The Pensylvania State University Press, 1994). などを参照のこと。

21 Till, 32.

22 US Navy, *From the Sea: Preparing the Naval Service for the 21st Century*, reprinted in John B. Hattendorf, ed., *U.S. Naval Strategy in the 1990s* (Newport, RI: Naval War College Press, 2006), 90.

23 US Navy, *Forward ... from the Sea* (Washington, DC: Department of the Navy, 1994), 8. 太字は引用者による。

24 Friedman, 220.

25 US Navy, *From the Sea*, 90.

26 Ibid.

27 US Navy, *Forward ... from the Sea*, 1. 太字は引用者による。

28 Ibid., 8.

29 Carl E. Mundy, 'Thunder and Lightning,' *Joint Force Quarterly* (Spring 1994), 50.

30 Benjamin Lambeth, 'Air Force-Navy Integration in Strike Warfare,' *Naval War College Review* 61: 1 (Winter 2008), 32-33.

31 Christopher P. Cavas, 'Cebrowksi's Legacy: Think Outside the Pentagon,' *Defense News*, November 21, 2005, 8.

32 Robert O. Work, 'Small Combat Ships and the Future of the Navy,' *Issues in Science and Technology* (Autumn 2004), 63-64.

33 George Baer, *One Hundred Years of Seapower: The US Navy, 1890-1990* (Stanford, CA: Stanford University Press, 1994), 451.

34 Stephen Trimble, 'US Seeks Wider Seapower Definition,' *Jane's Navy International*, July 1, 2006.

35 Michael Mullen, 'A Global Network of Nations for a Free and Secure Maritime Commons,' in John B. Hattendorf, ed., *Seventeenth International Seapower Symposium: Report of the Proceedings 19-23*

September 2005 (Newport, RI: U.S. Naval War College, 2006), 4.

36 Trimble.

37 以下からの引用：Christopher P. Cavas, 'Spanning the Globe: U.S. Floats Fleet Cooperation Concept to Allies,' *Defense News*, January 8, 2007, 11.

38 US Navy, Marine Corps & Coast Guard, *A Cooperative Strategy for 21st Century Seapower* (Washington, DC: The Pentagon, 2007. この文書には頁番号がない。

39 この節のすべての引用は ibid. から

40 Robert A. Work and Jan van Tol, *A Cooperative Strategy for 21st Century Seapower: An Assessment* (Washington, DC: Center for Strategic and Budgetary Assessments, March 2008), 23-24.

41 Ibid., 24. 太字は原文ママ。

42 Geoffrey Till, 'Seapower: A Guide for the Twenty-First Century(London: Routledge, 2009), 14.

43 US Navy, Marine Corps & Coast Guard, *A Cooperative Strategy for 21st Century Seapower* （Washington, DC: The Pentagon, 2015), 22.

44 Ibid., 24.

45 Ibid., 19-26.

46 Geoffrey Till, 'The New U.S. Maritime Strategy: Another View from the Outside', *Naval War College Review* 68:4 (Autumn 2015), 36.

【推奨文献】

Corbett, Julian S. *Some Principles of Maritime Strategy* (New York: Longmans, Green & Co., 1911). [ジュリアン・スタッフォード・コーベット著、矢吹啓訳『コーベット海洋戦略の諸原則』原書房、二〇一六年]

Friedman, Norman. *Seapower as Strategy: Navies and National Interests* (Annapolis, MD: Naval Institute Press, 2001).

Gray, Colin S. *The Navy in the Post-Cold War World* (University Park, PA: The Pennsylvania State University Press, 1994).

Hattendorf, John B., ed. *U.S. Naval Strategy in the 1990s* (Newport, RI: Naval War College Press, 2006).

Mahan, Alfred Thayer. *The Influence of Sea Power Upon History 1660-1783* (New York: Dover Publications, 1987). [アルフレッド・T・マハン著、北村謙一訳『マハン海上権力史論』原書房、二〇〇八年]

Tangredi, Sam J., ed. *Globalization and Maritime Power* (Washington, DC: National Defense University Press, 2002).

Tangredi, Sam J. *Anti-Access Warfare: Countering A2/AD Strategies* (Annapolis, MD: Naval Institute Press, 2013).

Till, Geoffrey. *Seapower: A Guide for the Twenty-First Century* (London: Routledge, 2009).

US Navy. *Forward ... From the Sea* (Washington, DC: Department of the Navy, 1994).

US Navy, Marine Corps & Coast Guard. *A Cooperative Strategy for 21st Century Seapower* (Washington, DC: Department of Defense, 2007).

US Navy, Marine Corps & Coast Guard. *A Cooperative Strategy for 21st Century Seapower* (Washington, DC: Department of Defense, 2015).

Work, Robert O. and Jan van Tol. *A Cooperative Strategy for 21st Century Seapower: An Assessment* (Washington, DC: Center for Strategic and Budgetary Assessments, March 2008).

第2章 ❖ ランドパワー

これまでの人類の歴史における戦略思想の研究は、アルフレッド・セイヤー・マハンがシーパワーの戦略家として登場するまでは、「地上の戦いにおける軍事戦略」とほぼ同じ意味を持っていた。ここではまず、軍事関連の文献をそれほど読まない人でも聞いたことのある二人の思想家の名前を挙げることができる。一人目は孫子（Sun Tzu）だ。孫子は紀元前五世紀の「春秋戦国時代」に生きた中国の将軍で、『孫子兵法』を書いた人物である。二人目はナポレオン戦争に従軍したカール・フォン・クラウゼヴィッツ（Carl von Clausewitz）というプロイセンの将軍で、彼の『戦争論』は死後に出版されたものだ。他にも、それほど有名ではないが、戦略思想の本には必ずその思想についての記述が出てくる二人の人物がいる。一人はアントワーヌ・アンリ・ジョミニ（Antoine Henri Jomini）男爵である。彼はスイス人でありながら、フランス軍とロシア軍の両方に将軍として（ナポレオンの参謀としても）従軍した経験がある。彼の『戦争概論』は、様々な形でナポレオン流の戦い方を立証したものであると言える。もう一人はバジル・ヘンリー・リデルハート（Basil Henry Liddell Hart）卿であり、第一次大戦中は陸軍大尉として英陸軍に従軍し、一九二〇年代に退役してから軍事作家となった。この著作の中には『戦略論：間接的アプローチ』と名付けられたものも含まれる。

これらの著作の中には――とくに孫子の『孫子兵法』だが――非正規戦や、さらには人生のその他の活動にも役立つ部分もあるが、それでも全般的に言えば、彼らの思想は「通常戦」（核などを使わない通常兵器のみによる在来型の戦い：conventional warfare）に関するものであるといえよう。たしかにその定義には様々なものがあるが、通常戦というのは一般的に、二つないしそれ以上の行為主体《アクター》（通常は国家）間による、ほぼ同じように組織された軍事組織同士の戦いで、その狙いは敵軍の破壊にあると理解されている。その反対に「非正規戦」（irregular warfare）では、少なくとも一方は、非国家主体《ノンステートアクター》という物質的に弱いとはいえ場所を特定するのがしばしば難しい側であり、強い側と対峙《たいじ》している。彼らには敵の殲滅《せんめつ》（しかもこれは不可能）ではなく、国民のコントロールを目指しているという特徴がある。もちろん彼らの使う手段や手法はそれぞれ異なる――即席爆発装置（ＩＥＤ）の使用は現在の「弱者の戦略」の中で最も多く見られる――のだが、それでもこの二つの戦いの主な違いは、その全体的な狙いにある。

非正規戦に対処するのは議論の余地はあるが、より困難であり、少なくともそれは通常戦に比べて複雑なものだ。たとえばジョミニは、この分野について原則を示すのではなく、それよりも「国家は内戦や宗教的な〝考え方の戦争〟に巻き込まれるのをはじめから避けるべきだ」と助言している。[*1] ところがこのような助言の正しさは、第二次大戦以降の時代にはとても従えるようなものではなくなっており、冷戦後や九・一一事件後の時代にいたっては、それがさらに難しくなっている。非正規戦に適する戦略の考え方については、本書の第5章でさらに詳しく議論されているのでそちらを参照していただきたい。とにかく通常戦というのは、大量破壊兵器、つまり核兵器や生物・化学兵器などが使われる非通常戦

(unconventional warfare) と対比して考えることもできる。核兵器やその他の大量破壊兵器に関する戦略思想については、本書の第4章でも議論されている。

本章では、通常戦におけるランドパワーの戦略思想について検証していく。ここでは孫子、リデルハート、クラウゼヴィッツ、そしてジョミニたちの主な思想を簡単に説明するところから始める。彼らの戦略思想、とくにクラウゼヴィッツをはじめとするものは、あらゆるところで議論されたり分析されたりしている。最初の狙いは、第二次世界大戦後すぐの時期までの通常戦におけるランドパワーの戦略思想の特質をおおまかに説明するというシンプルなものだ。その後に本章では、冷戦時代の後半に出てきたいくつかの思想を議論していくが、とくに注目すべきは「エアランド・バトル」である。そして最後に、冷戦後の通常戦におけるランドパワーの戦略思想を詳細に見ていくことになる。

冷戦後の二〇年間の最初の一〇年間は、治安の安定化や対反乱任務などが支配的であった。その中心となっていたのが、ボスニア、アフガニスタン、そしてイラク（二〇〇三年のイラク侵攻は、冷戦終結期の一九九一年の湾岸戦争と並んで、この時代における数少ない本物の〝通常〟戦争であった）のようなケースである。それでもそこには通常戦における軍事力行使の戦略思考は存在していたし、ポスト冷戦の時代における通常戦のランドパワーの使用について、きわめて重要な洞察が示されていた。

孫子

孫子[*2]は自身の著作である『孫子兵法』の冒頭で「戦争は国家の命運を決する重大事である。よって軍の死生をわける戦場や、国家の存亡をわける進路の選択は、くれぐれも明察しなければならない」と主張している。「間接的」なアプローチの支持者である孫子は、戦場で戦う際には欺騙《ぎへん》と策略を使うよう準備し、その目標の達成のためには、なるべく戦闘の量は減らす――理想的には全く戦わない――ことだと将軍たちに助言している。彼は最初の章で「すべての戦いは、詭道《きどう》（敵を騙す行為）である」と論じており、したがって「本当は作戦行動が可能であっても、敵にたいしては、とてもそうした作戦行動は不可能であるように見せかける。本当は自軍がある効果的な運用のできる状態にあっても、敵にたいしては、そうした効果的運用ができない状態にあるかのように見せかける。また、実際は目的地に近づいていながら、敵にたいしては、まだ目的地から遠く離れているかのように見せかける。実際は目的地から遠く離れているにも関わらず、敵にたいしては、既に目的地に近づいたかのように見せかける。このように、いつも敵に偽りの状態を示す方法によって、敵が利益を欲しがっているときは、その利益を餌《えさ》に敵軍の戦力を奪い取る。敵の戦力が充実しているときは、敵の攻撃に備えて防禦《ぼうぎょ》を固める。敵の戦力が強大なときは、敵軍との接触を回避する。敵が怒り狂っているときは、わざと挑発して敵の態勢をかき乱す。敵が謙虚なときはそれを驕《おご》りたかぶらせる。敵が安楽であるときはそれを疲労させよ」と主張するのだ。したがって、策略はこの戦略にとって極めて重要な要素であることになる。欺騙《ぎへん》を成功させるためには、指揮官は「迂回路を直進の近道にすることができ……迂回路を取りながら、敵を利益で誘い出（せるのは）……直接的戦略と間接的戦略を理解する人間」である必要がある、と論じるのだ。

孫子は軍事行動の目標が、敵軍の殲滅や都市・農村の破壊にあるとは考えなかった。むしろ究極の目的は「天下を無傷のまま手に入れること」であり、理想的には「戦わずして敵を屈服させること」なのだ。つまり「一般的に戦争では、敵国を無傷のまま手に入れるのが最上の策で、敵国を破滅させるのは次善の策である……したがって、百回戦闘して百回勝利を収めるのは、最善の方策ではない。戦わずに敵の軍事力を屈服させることこそ、最善の方策」だという。戦術レベルにおいても彼は欺騙《ぎへん》と策略を称揚しているが、戦略レベルでは敵のアプローチ全体を最初に攻撃せよと言っている。そのため、「軍事力の最高の運用法は、敵の戦略を未然に打ち破ることである。その次は敵国と友好国との同盟関係を断ち切ることである。その次は敵軍を撃破することである。最も劣るのは敵の城塞都市を攻撃することである。城塞都市を攻めるという方法は、他に手段がなくてやむを得ずに行われるもの」だと主張する。その他にも、孫子は戦争における精神的影響と、リーダーシップの重要性を指摘している。将軍が効果的に指揮するためには、知恵、誠実さ、人間味、勇気、厳正さを見せなければならず、これらが戦争で兵士が自分を信頼してついてくるのに必要な尊敬を与えるというのだ。

バジル・ヘンリー・リデルハート卿

孫子を強く尊敬していたバジル・ヘンリー・リデルハート卿は、第一次及び第二次世界大戦後に著した著作において、西洋で孫子のアプローチについての知識が広まっていたら「両世界大戦でそこまでダメージを被《こうむ》る必要はなかったのかもしれない」[*3]と感じていたと記している。リデルハートのアイディアと著作の数は膨大なものであり、そのうちかなりの部分は機械化（装甲化・自動車化）された戦争についての理論面の発展を中心としたものである。ところが本書での主な関心は、彼が孫子の通常戦の戦略思想を「間接的アプローチ」として戦略・戦術レベルの両方で洗練させた点にある。リデルハートは戦略レベルにおいて、「軍事戦略の目的は、敵の抵抗の可能性を可能な限り減らすことにある」と論じている。彼によれば、戦略家の本当の狙いは、戦略的状況が極めて優位であって、それ自体で戦争を決することがなくても、戦闘の継続が決定的な結果をもたらすことが明らかな状態を求めることだというのだ。つまりこのアプローチを使えば敵対関係は制限されることになると彼は論じている。「たとえ決戦がゴールだとしても、戦略の目的は、この決戦を最も有利な状況下において生起させるというものである。そしてその状況がわれにとって有利であればあるほど、それに比例して戦闘は少なくなる」というのだ。彼は孫子と似たような言葉を使いながら「戦略の完成とは、何も苛烈《かれつ》な戦いを起こすことなく事態を決着に持ち込むということである」と述べている。[*4]

戦術レベルでは、敵の抵抗を減少させるために、運動と奇襲の利用が必要になってくる。リデルハートにとって運動というのは物理的な領域のことであり、奇襲というのは心理的な領域のものであった。そしてこの二つの要素が互いに作用して、運動が奇襲をつくり出し、奇襲がまた運動の推進力を生み出すのである。物理的にいえば、このアプローチでは敵の最少抵抗線をとるべきであることになる。これはクラウゼヴィッツとは異なる手法であり、ジョミニ（以下で詳しく述べる）に至ってはまさに正反対のものであるが、リデルハートは「戦争を主に優勢な兵力の集中が重要である……とする傾向」に反対する助言を行っている。[*5]決定的な地点で優勢な兵力を集中させても、その地点で相手の士気が下がっていなければ、その兵力が十分発揮されることは稀《まれ》だからだ。

リデルハートは「撹乱《かくらん》」（**dislocation**）という用語を導入している。彼によれば、これは物理的な領域において敵に圧力を加えて正面を変えさせることや、敵軍を分断したり、補給を危機に陥れたり、撤退経路を脅かすことなどの組み合わせによってつくられる。ところが心理学の分野では、撹乱というのはこれらの物理的効果について、司令官の頭の中につくられる印象の結果なのだ。敵が「不利になった」と自覚するのが突然であったり、自分たちが相手の動きに対応できなくなってしまえば、この印象はますます強くなる。リデルハートは「心理的撹乱は、基本的に〝しまった！〟と感じるところから発生する」[*6]と論じている。彼にとって、物理的な要素と心理的な要素が合わさった時に、戦略は初めて本物の「間接的アプローチ」、すなわち、敵のバランスの撹乱を狙ったアプローチになるのである。

カール・フォン・クラウゼヴィッツ

孫子とリデルハートの戦略思想は、カール・フォン・クラウゼヴィッツ（Carl von Clausewitz）のものと対比することができるだろう。[*7] 孫子とリデルハートが間接的アプローチによる通常戦の戦略を主唱していたのに対して、クラウゼヴィッツの思想は「直接的アプローチ」による通常戦の戦略を主張していると考えられている。彼の著作は「暴力が戦争のエッセンスである」と主張するところから始まっており、戦争は暴力行為であり、それには流血と蛮行《ばんこう》を含み、敵の破壊への衝動がその中心にあるというのだ。クラウゼヴィッツは「さて、博愛主義者たちは、敵に必要以上の損傷を与えることなく巧妙に武装を解かせたり屈服させたりするやり方があって、それこそが戦争術の求めてきた真の方向性であると考えたがるだろう。たしかにこの説はいかにももっともらしく見えはする。しかしわれわれはその誤りを断固として粉砕《ふんさい》しなければならない」と述べている。

クラウゼヴィッツによれば、戦いの本質にはいくつかの重要な、無形で実態のない、もしくは主観的な要因が含まれるという。例えばチャンスと運というのは、戦争の大きな部分を占めることになる。孫子は計算についても語るが、クラウゼヴィッツは「人間行為のうち、戦争が最もカルタ（トランプ）遊びに似ているといわれる所以《ゆえん》もここにある」と論じている。情報の不確実性も同様だ。彼は「戦争中に得られた多くの情報は相互に矛盾しており、誤報はそれ以上に多く、さらに他のものといえど大部分は何らかの意味で不確実である」と記している。クラウゼヴィッツ自身はこの用語を使っていないのだが、情報の欠陥や不確実性について、今日ではこれが「戦争の霧」(fog of war)として理解されている。これにはクラウゼヴィッツの有名な概念である「摩擦《まさつ》」(friction)を加えなければならないだろう。戦争の遂行というのは、多くの部品によって構成された精緻な機械を動かすことと似ており、それぞれの部品が別の部品と関わっていて、それが摩擦とチャンスにつながるというのだ。結果として、そこから出てくる結果を予測したり計測したりすることは不可能であることになり、紙の上では簡単につくれるそのような組み合わせも、いざ実行するとなると非常に大きな努力を必要とすることになる。彼は「この摩擦……こそ、一見容易なものをして、現実においては困難ならしめる原因なのである……ある意味で、現実の戦争と机上の戦争を一般的に区別する概念である」と論じている。

クラウゼヴィッツにとって、戦争とは敵の抵抗力に直接作用し、最終的に武装解除させるため、暴力の最大限の行使を必要とするものであった。ところが彼は後に戦いにおける「比率性」(proportionality)という思想を導入しており、双方の政治的要求の程度が武力の使用の度合いを決定すべきであると論じている。交戦者同士は「いわば手近な原則にしたがって行動し、その政治的目標を達成するに足るだけの兵力を用《もち》い、それに足るだけの軍事的目標をたてるに至る」のだ。したがって「戦争を始めるにあたっては、いや合理的に始めるにあたっては、戦争によって何を達成し、戦争のうちで何を獲得するつもりなのかがはっきりしていなければならない」ということになるのだ。彼の見方では、「政治的意図は目的であり、戦争はあくまでも手段だからである。目的のない手段などとはおよそ考えられない」のだ。この論理《ロジック》はクラウゼヴィッツの中でも最もよく知られている、「戦争とは他の手段をまじえて行う政治的関係の継続以外の何ものでもない」という言葉に直接結びついている。

また戦略レベルにおいても、クラウゼヴィッツは戦いというものに「国民」、「司令官と軍隊」、そして「政府」という三つの力が相互作用として働く、いわゆる「三位一体」を構成していると述べている。彼はこれを以下のように説明している。第一に、国民の間に根源的な暴力、憎悪、敵愾心が存在する。これらは、国民にそなわっている盲目的自然衝動のことだ。第二に、軍隊の指揮官の勇気と才能、彼の創造的な精神、そしてそれを取り巻くチャンスや蓋然性《がいぜんせい》などがある。第三に、戦争が政治的な道具として、政府の政治的な狙いや戦争の使用に従属することがある。この三つの要素は、常に互いの関係性を変化させており、戦争の成り行きに影響を与えるという。

クラウゼヴィッツは実際の戦争の遂行の際には「二つの基本原則が全ての戦略レベルの計画を総括し、他の一切の原則の規範《きはん》の役目を果たしている」と分析している。そしてその二つの原則とは、「最大限の集中」と「最大限のスピード」である。クラウゼヴィッツにとって、二次的かつ補助的な戦域というのは意味のないものであった。戦争が決定されるのは常に主戦場であり、それ以外の不必要な時間の浪費や迂《う》回《かい》というのは、単なる戦力の無駄使いであった。「前後左右への無数の迂回——つまりこれは機動という意味だが——を全く排斥する」のである。

このような集中とスピードの目標として、クラウゼヴィッツは戦いにおける「重心」、すなわち敵の「全体を担う力と運動の中心」に注目するよう主張している。戦闘で勝利するためには、敵の「重心」を見極めて、そこにすべてのエネルギーを集中させていかなければならない。クラウゼヴィッツは自身の経験から、そのほとんどの場合、「重心」は敵軍の中にあることが多く、次に敵の首都、そして敵の同盟国にあると考えていた。ところが現代においては、その「重心」を他のところにも目にすることができる。

たとえばベトナム戦争の時のアメリカの「重心」は、自国民の間と大学のキャンパスの中に見ることができたのだ。

その他にもクラウゼヴィッツは「軍事的天才」という概念を打ち出している。彼は軍事的なリーダーとして不可欠な才能には「頭脳」と「性格」があり、この二つを併せ持っていなければ駄目だとしている。この二つには、個人的な危機に直面したときの勇気や、疑念に打ち克《か》つ決断力、そしてある程度の沈着さが必要であるという。孫子と比べてクラウゼヴィッツが全体的に強調しているのは単純さと直接性であり、策略や計算ではない。

アントワーヌ・アンリ・ジョミニ

主に哲学的なクラウゼヴィッツのアプローチとは対照的に、アントワーヌ・アンリ・ジョミニ[*8]の戦略思想は、より科学的で、ほぼ数学的であると言っても良いくらいの性格を備えている。科学と理性が支配的であった一八世紀の啓蒙主義の時代精神に影響を受けたジョミニは、それに従えば戦争で最も成功するはずのいくつかの原理を発見しようとしていた。彼は数多くの戦役を検証しているのだが、最も重要な事例として注目していたのは、彼自身が実際に自分の目で目撃し、いくつかの重要な教訓を教えてくれた、ナポレオン戦争であった。彼の何年間にもわたる理論研究は『戦争概論』の中に集約されており、これは一八三八年（クラウゼヴィッツの『戦争論』の数年後）に出版されている。この中でジョミニは、ナポレオン式の戦争を分析し、実に効率よく体系化している。

ジョミニは、戦争の実践というのは、ほぼすべての戦闘に適用できる、いくつかの一般的な法則のまとまりに凝縮できるものであると考えていた。彼は『戦争概論』の中で、「およそ兵学には、もしこれを無視すれば危険に陥るが、反対にこれに従えばほとんどの場合勝利の栄冠を得るであろう若干の基本原理が存在する」と論じている。第一に、ジョミニはクラウゼヴィッツのように「戦力集中の原則」を強調している。彼がそれ以降の格言の中で詳細に論じたのは、この「戦争で勝利するためには、戦力を一連の戦場の決勝点（decisive point）に集中させること」というアイディアであり、このためには「しかるべき時期に十分な力で戦えるように措置しておくこと」が必要であると主張したのだ。ジョミニは内戦に関してはほとんど何も触れていないのだが、この戦いは「敵が遍在しているにもかかわらず、どこにも見えない」状態であり、これが「決勝点」の見極めを難しくしていると述べている。[*9]

第二に、ジョミニは決勝点に兵力を集中させるためには味方の部隊を「内線作戦線」に沿って位置させなければならないとしている。ジョミニは敵軍を二つに分断するよう試みるべきだとしており、これによってまとまっている時よりも相手を弱くすることができるとしている。自分たちのほうが中間に位置——つまり「内線」で作戦——していれば、味方の軍はまず敵の一方に痛撃を加え、さらに次の敵を叩くというように、各個撃破できるのだ。彼はこれこそが一七九〇年代のナポレオンのアプローチであったと分析している。ジョミニはこれをまとめて、「もし**戦いの術**というものが〝作戦区域内の決勝点に自分たちの可能最大限の兵力を集中すること〟であるとすれば、作戦線の選定（この目的達成の重要手段としての）は、会戦計画策定上の基本重要事項として考えることができる」と述べている。

クラウゼヴィッツとは違って、ジョミニは自分が主として経験した分野である地上戦以外にも関心を広げ、これによって海上における戦いの戦略思想にも貢献している。たとえば彼は、海洋のコントロール（制海）が戦争の結果を決定する上で重要であると論じており、「もし敵の国民が広い海岸線をもって海洋を支配しているか、それともこの種の海洋国と同盟関係にあるとするならば……その抵抗力を数倍にも高めることができる」と述べている。アルフレッド・セイヤー・マハンはジョミニの戦略思想に影響を受けたのだが、それにはジョミニの「内線」の原則や連絡線の重要性、そしてジョミニの戦力の集中に対応する形で、海軍力の集中についてのアイディアも含まれていた。その他にも、このスイス人は水陸両用戦の理論においても目立った貢献をしている。ジョミニの水陸両用戦における一般的な原則である「欺騙《ぎへん》」や「必要な地点の迅速な奪取」のようなアイディアは、第二次大戦後までその重要性を保っていたからだ。[*10]

冷戦時代の通常戦の戦略思想

冷戦期の通常戦におけるランドパワーの戦略思想は、その初期においては核兵器と連携させた運用の考え方が中心であり、その後には全面核戦争を予防することが期待される、戦争がエスカレートする階梯《ラダー》の最初のステップ、いわゆる「柔軟反応」（flexible response）として知られる戦略に関するものとして考えられるようになった。またその頃には、対反乱、低強度紛争、そして解放戦争などについての戦略思考が、中華人民共和国の建国者である毛沢東（Mao Tse-tung）や、フランスの学者であるダヴィッド・ガルーラ（David Galula）などによって発展させられている（第5章を参照）。ここで重要なのは、冷戦後半にかけて、通常戦におけるランドパワーの新しいアイディアが台頭してきたことだ。その中でもとくに「エアランド・バトル」（AirLand battle）というアイディアは、現代の通常戦におけるランドパワー運用の戦略思想の先駆者《せんくしゃ》であった。

一九九三年の『アルビン・トフラーの戦争と平和』（*War and Anti-War*）で、アルビン・トフラーとハイジ・トフラー（Alvin and Heidi Toffler）夫妻は、「エアランド・バトル」が考案された初期の段階から発展、そしてそれが最終的に公式化されるまでの経過を書いている。この概念は、長射程の精密攻撃と戦争の「統合化」を含んだ、冷戦後の戦略思想のさきがけであった。北大西洋条約機構（ＮＡＴＯ）の地上兵力が、ソ連のそれと比較してはるかに劣っていたことや、以前に一九七三年のヨム・キプール戦争（第四次中東戦争）においてイスラエルがゴラン高原で兵力に勝るシリアに劇的な勝利を収めたことを詳しく調べた経験を持っていたことから、ドン・スターリー（Donn Starry）大将は、米陸軍ドクトリンにおける集中の役割について完全に見直すことを推進——というか強制——することを決意した。ちなみにスターリー大将は、一九七〇年代半ばのドイツ駐留米陸軍司令官であり、のちに米国陸軍訓練教義司令部（US Training and Doctrine Command: TRADOC《トラドック》）司令官となった人物である。多数の梯団でドイツの「フルダ・ギャップ」（フルダ渓谷）を突破してくるソ連軍に対抗するため、スターリーはナポレオン以来の主流となっていた「前線」で闘うやり方を変え、敵の第一波の頭上を越えて敵陣深くを直接叩くことを強調した。この縦深攻撃《じゅうしんこうげき》は「敵の司令部、兵站線、通信リンク、そして防空網をノックアウト」して、「後続梯団が戦場に到達する」のを防ぐために使われるという。そしてこのアプローチには「航空部隊と地上部隊の密接な統合が必要となる」[*11]のだ。「エアランド・バトル」は、のちに「エアランド・オペレーション」（AirLand Operations）というコンセプトに格上げされたのだが、これは後続梯団が集結することすら防ぐ任務を新たに加え、強調するためであった。そしてこの概念は、ソ連が崩壊するわずか数ヶ月前の一九九一年八月に、米陸軍の公式ドクトリンとして正式に採用されている。

　より最近の「エアランド・バトル」についての理論面での研究は米空軍によるものであり、新しい「エアランド・バトル」のコンセプトは、スターリーが最初に提唱したものよりも、航空戦力の役割を強調している。米陸軍は単位ごとの兵員数は少ないが部隊の数を増やした旅団戦闘群（Brigade Combat Teams）へと部隊を再編成しており、これらの多くは——精密攻撃を行えるエアパワーに火力を依存するために——軽くて機動性の高い装備を中心に構成されており、以前の重戦車のような防護力は弱くなっている。同じようなパターンがすべての西側諸国の軍事組織でも進行中である。したがって、未来の通常戦における地上部隊は、数の上で優勢で、おそらくは重装備でもある敵と対決することになる可能性がある。現代の「エアランド・バトル」の理論家たちは、この新しい環境では「エアパワーの革新的な応用の仕方が成功の核心になってくる」と論じている。*12 これによってエアパワーは、単なる地上部隊の近接航空支援《きんせつこうくうしえん》や、敵の補給・連絡線の航空阻止だけでなく、敵の地上部隊を直接攻撃するよう提唱されたのだ。これらのシナリオにおけるエアパワーの使用については第3章で論じられているので、ぜひそちらを参照していただきたい。

冷戦終結以降の戦略思想

トフラー夫妻は「未来学者」ではあったが、冷戦後の時代の通常戦のランドパワーの本質に関するアイディアを提唱した、最初の人物たちであった。彼らは知識集約型経済の精密性の向上に沿った形で、戦闘行為の「脱集中化《だつしゅうちゅうか》」（de-massification）がおこるだろうと論じた。これは、産業革命やナポレオン戦争と共に二〇〇年以上前から始まった大規模集団化した戦いとは、正反対の流れだ。ナポレオンによって確立した師団単位の部隊編成は、小規模な部隊へと変化し、より強力な火力を備えた柔軟な編成になるというのだ。トフラー夫妻は一九九三年に、「過去においては一万五〇〇〇人ほどで構成される一つの完全編成師団が総がかりでやっていた仕事を、四〇〇〇人から五〇〇〇人の隊員による資本集約型の脱近代（第三の波）的旅団によって引き受けることのできる時代が近づきつつある」と論じている。[13] 戦争の質が変化して、次第に知的能力が求められるようになっているために、部隊そのものの教育水準も上げて、今までよりも高い技術的専門性が必要になってくるというのだ。

「脱集中化」は、軍種間の統合の深化とともに、冷戦後初期に推進された、陸上の通常戦における重要な概念である。これらの考えのほとんどは「軍事における革命」（Revolution in Military Affairs : RMA）として知られる、大きな考え方の枠組みの中から出てきたものである（第7章を参照）。ここで注目すべきは、元米陸軍士官で、現在は「戦略予算評価センター」（Center for Strategic Budgget Assessment: CSBA）の代表であるアンドリュー・クレピネヴィッチ（Andrew Krepinevich）のような、軍人兼学者たちが提示した地上部隊のイメージである。クレピネヴィッチは、一九九二年にペンタゴンの「総合評価局」（Office of Net Assessment）のために書いた分析や、その後の二〇年間にわたる研究の中で、ランドパワーに関するいくつもの分析を行っている。[14]

それらの分析の中では、まず機動力が戦力の土台となると示されている。今後の地上部隊は、重戦車よりも、機動性の高い「長距離目視システム」（extended line-of-sight systems）としての装甲車とヘリコプターによる編成が中心になる。そしてこのような部隊というのは、実質的には過去の部隊のように敵に近接（close with）し、伝統的な「前線」で撃破するようなことは少なくなるのだ。長射程精密誘導攻撃も同様に重要になるだろう。同等の交戦者同士の戦闘においては、空や海を基盤にした装備からの、より長射程の攻撃が次第に決定的な要素になりつつある。それと同時に、境界がますます曖昧《あいまい》になった空中、陸上、そして海洋での作戦が互いに融合してゆく。これをいいかえれば、軍事作戦は「統合《ジョイント》」（joint）的になるということであり、ランドパワーを支援するためにエアパワーとシーパワーが使われるという形で、陸海空の三軍（アメリカの場合は四軍）のすべてが関与することになるだろう。他にも、軍事作戦が逐次的《ちくじてき》ではなく、同時的に行われるという傾向がますます強まっており、これはのちに「分散型」(dispersed) 作戦という概念で説明されるようになっている。そして米陸軍の分散・ネットワーク化された能力の発展が、将来の軍事面での優越のために決定的に重要になると論じている。

その他の学術研究でも、このようなアイディアのいくつかが反映されており、さらにそれに新しい要素を加えたものが提唱されている。たとえばもう一人の軍人兼学者であるダグラス・マグレガー (Douglas Macgregor) は、一九九〇年代に書いた論文の中で、「脱集中化」の概念に沿った形で「先進的な曲射・直射火器システムを備えた小規模の諸兵科連合部隊が、今までよりも広い範囲の戦域を支配するようになるだろう」という議論を行っている。[*15] 将来の戦闘環境において「師団構造というものが本当に適切な戦闘編成なのかどうか」という点に明白な疑問を呈しつつ、マクレガーは「脱集中化」した地上部隊をどのように編成すべきなのかを詳細に説明している。彼によれば、米陸軍は「その規模ゆえに扱いづらい大規模動員や、大量の火力を集中させる冷戦時代の編成」に頼るよりは、機動的戦闘団に再編成されるべきであり、これによって「アメリカのスタンド・オフ式のエアパワーと協力させることで、はるかに効果的なものにすることができる」というのだ。[*16] この効果というのは、発表当時では議論を呼ぶものであったが、戦闘組織の一単位を既存の師団編成よりも小規模にしながら、全体的な数を多くすることができると主張していた。そして新しいテクノロジーによって遠距離の索敵《さくてき》や交戦が可能になり、はるかに広範囲の地域の支配が可能になるとしたのだ。[*17] 部隊そのものは小規模で自己完結させるべきであり、他軍種と統合できる、特化したモジュールによって構成されるべきであるという議論を進めている。さらに「伝統的な陸海空ごとの戦役の区別はもう時代遅れである」ということだけでなく、戦略、作戦、戦術という三つの戦争のレベルに分かれた概念的枠組みも、それと同様に時代遅れであると論じている。将来的にはテクノロジーが戦場の時間と空間を変化させ、戦争の三つのレベルは実質的にたった一つのレベルへと収束されていくと論じている。[*18]

米軍のビジョン

このようなテーマや考え方などは、一九九〇年代後半から二〇〇〇年代初めにかけて発表された、いくつかの米軍の公式文書の中にも見ることができる。たとえば一九九六年に発表された「ジョイント・ビジョン二〇一〇」(*Joint Vision 2010*)、一九九九年に発表された「米陸軍ビジョン」(*the US Army Vision*)、そしてその後に発表された「オブジェクティブ・フォース・コンセプトについての白書」(*White Paper on Concepts for the Objective Force*) は、おそらくこの時期におけるランドパワーの戦略思想として、最も包括的に詳細を述べている。中でも「ジョイント・ビジョン二〇一〇」は、アメリカの四軍——陸軍、海軍、空軍、海兵隊——にたいする指針を示していたが、その多くは特に地上での作戦に関連したものであった。

これらの文書で示された戦いの特徴の一つは、地上部隊の作戦が「線形《リニア》」(**linear**) なものから「非線形《ノンリニア》」(**non-linear**) なものへ移っているという認識であり、過去のものよりもはるかに機動性を備えた部隊が、戦場全体に分散した状態にあるというものであった。「分散化と機動性の拡大は攻撃面では可能になる」と論じられており、その理由として「ジョイント・ビジョン二〇一〇」は「個々の火力装備や兵士が、より高い殺傷力やより広い行動範囲をもつことになる」からであるとしている。[*19] これはつまり、地上部隊が海上部隊や航空部隊と共同することでより敏捷性《びんしょうせい》を得ることができ、さらなる分散化も可能になるということだ。「米陸軍ビジョン」も、有人・無人（人工衛星と無人航空機）のセンサーから情報を入手することで、戦闘部隊が地理的に分散しつつ、極めて高い殺傷能力をもつ活動を同時進行で行うような、最先端のテクノロジーの役割を強調している。「オブジェクティブ・フォース・コンセプト」では、非線形な作戦について論じられており、これは時間、空間、そして目的が「区分化」され、さらに本質的な面からも統合化されつつある姿が想定されていた。[*20] この文書によれば、作戦は分散化されて「不連続」（non-contiguous）となり、部隊は戦場全体に「分配」されていながらも同時に運用されることになっていた。これは敵軍を段階的に「押し返す」ような「過去の、殲滅戦を基礎とした段階的で線形な作戦」とは対照的な、「敵軍全体を航空・地上双方からの同時の攻撃にさらす」アプローチだというのだ。[*21]

この新たな構想では、集中の効果は密集した部隊ではなく、分散化された部隊による集中砲火によって達成されるものであった。ジョミニは戦場の決勝点に適切なタイミングで十分なエネルギーを持つ自軍の主力を集中させることを説いたのであるが、「ジョイント・ビジョン二〇一〇」では、米軍が「次第に集中の効果──決定的な時間と場所に戦闘力を必要なだけ集中させるということ──を挙げることができるようになっており、しかも物理的に部隊を集中させる必要が少なくなっている」と述べている。[*22]「部隊を集中させずに集中の効果をあげる」という発想は「オブジェクティブ・フォース・コンセプト」でも繰返し述べられており、ここでも「脱集中化」が、小規模だがより能力の高まった部隊の創出という形で達成されると述べられている。[*23] したがって米陸軍のトランスフォーメーション計画は、二〇一〇年代初頭までに、従来の一〇個師団を、基本単位となる三三個旅団戦闘団（アフガニスタン後の縮小が始まる前は四五個が目標だった）で構成される「オブジェクティブ・フォース」とする、米陸軍のトランスフォーメーションのプロセスとして軌道に乗ったのだ。この頃から米国以外の大国も、小規模で機動性が高く、展開しや

表2･1 ロシアと中国の陸軍の編成における変化

主要国の陸軍はこの10年間で、冷戦時代の大規模で配置が固定的な地上部隊から小規模で機動性が高く展開しやすい地上部隊への再編成を経験、もしくは再編成の渦中にある。

●ジョージア（グルジア）に対する2008年の介入は、ロシアの陸軍の再編をさらに加速させることになった。ロシア陸軍はジョージア陸軍に対峙する際に多くの問題に直面したのだが、その理由はまず動員に時間がかかりすぎており、しかも部隊に対する適切な指揮が行われなかった。ロシア政府は、小規模で機動的な部隊によって組織された、職業軍人からなる即応力の高い地上部隊という迅速に行動できる軍事能力が必要であると決心した。

●2015年までにロシアの旧ソ連式の23個の師団は、40個の高い即応性を持った戦闘旅団に再構成され、しかも各旅団は徴兵よりも、より多くの職業軍人で充足されている。この再編は紙の上でのロシア軍全体の戦力を大きく減少させることになったが、その能力は高まっている。

●特定の紛争が契機となったわけではないが、中国も地上兵力について似たような改革を行っている。ここ数年で中国は陸軍の規模を次第に減少させており、2015年にはソ連型の原型をあまりとどめない新しい陸軍の指揮機構への改革を含んだ合理化計画が公表され、その一環として、さらなる規模の縮小も宣言された。

●その合間に人民解放軍は師団から旅団を中心とした編成につくりかえている最中である。これは「全体的な戦闘力を増加させることによって戦力効果を増す」という考えに則ったものだ。

参照文献：Gustav Gressel, *Russia's Quiet Military Revolution* (London: European Council on Foreign Relations, October 2015); Department of Defense, *Annual Report to Congress: Military and Security Developments Involving the People's Republic of China* (Washington, DC: Department of Defense, April 2015).

すい地上部隊という考えを真似しはじめている（表２・１を参照）。

「ジョイント・ビジョン二〇一〇」では、他にも新しいテクノロジーがより下位の部隊の能力を向上させ、以前は作戦レベルや戦略レベルの上級部隊指揮官しか使えなかったような高度な能力を発揮できるようになるということが論じられている。この主張に沿う形で、「オブジェクティブ・フォース・コンセプト」は、新しいセンサーや指揮統制に関するテクノロジーが「（すべてのレベルにおける）共通の状況理解」を可能にすると指摘しており、全体的な効果として「戦争における戦略、作戦、戦術レベルが圧縮され、戦術レベルが戦略的な帰結における重要性を増す」ことになるとしている。[*24]

地上兵力の展開能力の向上も、とりわけ米陸軍の文書の中で強調されているものだ。「米陸軍ビジョン」の発表の席での説明でもあったように、未来の地上兵力というのは、攻撃能力を落とすことなく、軽装備の部隊と同じように「展開可能」なものになるという。実際の説明では、「テクノロジーによって、われわれは軽装備部隊と重装備部隊の区別を消滅させていくであろう」と述べられている。[*25]「オブジェクティブ・フォース・コンセプト」で提唱された「迅速に展開可能」という概念は、この時代によく見かける他の表現として、本質的に「遠征的」（expeditionary）な地上兵力という用語によっても捉《とら》えることができる。この発想は、陸上部隊が戦域内だけで機動力があり、敏捷、そして融通性があるだけではまだ物足りないという見解を反映したものであり、地上部隊は比較的短い期間、つまり数日から数週間の間に戦域へと到達可能でなければならないというのだ。

「ジョイント・ビジョン二〇一〇」の特異な点は、「全範囲支配力《フルスペクトラム・ドミナンス》」（full spectrum dominance）を提唱したことだ。ここでの議論は、米陸軍は同等の交戦者に対する伝統的な通常戦におけるランドパワーとしての作戦だけでなく、「軍事作戦のすべての領域、つまり人道支援や平和（維持・構築）作戦からはじまって、最も強度の高い紛争まで」他を圧倒できるような存在になることを目指さなければならない、というものであった。[*26] 後に「ジョイント・ビジョン二〇二〇」で述べられたように作戦の範囲というのは、大規模な戦域での戦争から地域紛争、そして小規模な不測事態や「平和と戦争の間にあるような曖昧な状況」における、平和維持活動や平和執行、それに人道支援などが含まれる。[*27] このような狙いが示唆していることについては、第6章の平和維持と人道的介入の戦略思想についての説明箇所で議論しているので、そちらも参照していただきたい。

総じて言えば、この時期にアメリカの陸軍や統合軍の構想に現れてきたランドパワーの姿というのは、孫子の巧妙な策略と、クラウゼヴィッツのより本能的な戦いのイメージを混ぜあわせたようなものであった。未来の地上部隊による作戦の特徴は、「有利な位置に立つために機動し、敵兵器の射程外から敵と交戦し、精密火力と機動によって敵を撃破すること」[*28] にある。ところが戦闘は本質的に「残酷」なままであり、遠距離からの戦闘だけでは不十分かもしれない。そのような状況下での「勝利を約束する唯一の方法は、ブーツを履いた歩兵が……奴らの聖域に押し入って敵を撃破すること」[*29] なのだ。

ブーツ・オン・ザ・グラウンド

「ジョイント・ビジョン二〇一〇」は、今後の世界を予兆するものとして、多くの軍事的な任務には物理的プレゼンスが必要になることを賢明に警告していた。歴史家で軍事戦略家であるロバート・スケールズ少将は、冷戦後の時代における戦いでは、他のあらゆる時代と同じように「ブーツ・オン・ザ・グラウンド」（戦場の兵士）が引き続き必要になることを、その当時から強調していた陸軍の高級将校のうちの一人であった。一九九〇年代後半に米陸軍大学の校長を務めていた時にスケールズは「テクノロジーと高度精密兵器が現場の戦闘部隊の地位に取って代わる」という最近の議論への懸念を表明している。彼の主張によれば、軍の規模や編成についての議論は、究極的な意味では「未来の戦争の本質」についての議論であった。新しいテクノロジーのおかげで、味方の軍ははるか遠い場所から「地上戦の大混乱の中で生命のリスクをさらすことなく」敵を撃破できるようになるという予測は、相手国家にたいする通常戦の戦闘がいまだに領域の支配をめぐるものであり、またテロリストや非国家主体《ノンステートアクター》たちを倒すにはその国民のコントロールが要求されるという事実を無視しているという。さらにはこの二つの任務は、そもそもランドパワーへの依存度が高いものなのだ。未来の戦争はたしかに「非線形」のものになるだろう。しかしその「非線形」というのは「元来カオス的なもの」であり、クラウゼヴィッツによって指摘されたように、戦争の様相は予測できない形で変化するという偶然性のあるゲームと同じなのだ。*30

二〇〇一年から二〇〇二年にかけてのアフガニスタン戦争と、二〇〇三年のイラク戦争の直後に、スケールズはテクノロジーが通常兵器によるランドパワーの様相にインパクトを与えたことについては認めている。実際の軍事作戦は、戦略思想家たちが以前から指摘していた通りに、分散化された「非線形」なものになりつつあり、ウォーゲーム（兵棋演習）を行うことによって判明したのは、兵士たちが味方の部隊全てと敵のほとんどの部隊の位置を認識できたという、最新テクノロジーの劇的な効果であり、これはつまり「圧倒的な状況認識」を与えたということだ。スケールズ自身が思い返しているように、「視認（できる距離での接触）を維持する必要性から解放されることによって、デジタル化した旅団の支配領域は四倍以上に広がったのであり……線的な陣形はばらばらになり始めた……敵を遠距離から発見することができることによって、賢明な司令官ははるかに離れた場所から敵と交戦することができるようになった。近接戦闘は〝近接〟しなくなってきた」のである。*31 また、精密攻撃のテクノロジーは、戦場における行動のテンポとスピードを増加させる効果を持っていた。なぜならプラットフォーム（訳注：戦闘機のような火力投射手段全般のこと）は、以前と比べて弾薬などを大量に運ばなくてもよくなったからだ。

孫子の戦略思想に沿った形で、スケールズは現代の兵士たちには知性と間接性が必要であると強調した。スケールズの議論によれば、過去の直接的で行動指向のリーダーシップとは対照的に、今日の戦いの本質は「間接的なリーダーシップ」を必要としており、これは「接触による直接的なものではなく、リアルタイムで考え、企図によって戦場に影響を与える能力」だというのだ。[*32] 彼は現在の軍事組織には戦場で実行力を発揮できる、いわば優れた「戦術家」ばかりを出世させる傾向があり、その反対に実際に求められているのは、戦争の複雑性というものを理解している士官であると嘆《なげ》いている。[*33] よって本当に求められているのは、戦略レベルの兵術の理解を末端《まったん》の兵士にまで行き渡らせることであり、そのために素早い思考や創造力というものを教えこむことなのだ。「このため、戦争というのは、これまでにないほど頭脳ゲームになっている。戦争……は同盟を結成することと同様……相手の意図を読むことや、信頼を構築すること、反対意見を説得すること、そして認識を管理すること」が、火力とテクノロジーと同じくらいに勝利の要件となっているのだ。[*34] したがって、クラウゼヴィッツのいう「軍事的天才」や、孫子が効果的な指揮のため将軍に求めた資質のような能力は、今日においては——トフラー夫妻が予測したように——下級将校や下士官にまで何度も繰り返し教えこむ必要があるのだ。

二〇〇三年のイラク戦争（表2・2を参照）は、通常戦のランドパワーに関するいくつもの重要な手がかりを与えることになった。そしてそれらの多くは、それ以前の戦略思考と似たようなものであった。実際の戦闘で判明したのは、以前よりもはるかに航空部隊と地上部隊の間の相互依存関係、つまり「統合」が進んだことだ。そこからは小規模だが独立して戦える旅団サイズの部隊の必要性が示唆され、「現代の

表2・2　2003年のイラク戦争

●2003年のイラク戦争では、今日の戦略思想家たちによって指摘されているような、通常の地上戦の遂行についての多くの課題が浮かび上がってきた。
●この戦争は、2003年3月20日の夕方に、米軍がクウェートから国境を越えてイラクの監視所を攻撃したことによって始まった。事態の経過は迅速に進み、18時間以内に米陸軍第３歩兵師団が６万の兵をバグダッドから100マイル以内の位置まで移動させた。これはこの規模の部隊にとってはまったく前例のない移動距離であった。
●その師団は３つの旅団戦闘集団に分けられており、各チームは極めて機動性の高い自己完結的な近接戦闘部隊であるが、冷戦期における完全編成師団と同等の範囲の地域を支配できる能力を兼ね備えていた。イラク戦争における多国籍軍の陸上部隊全体の規模もかなり小さくなっていたが、この理由としては、兵器の精密性と殺傷力が劇的に上がったこともある。
●流行の戦略思考とは対照的に、重戦車は紛争においていまだに重要な役割を果たしている。しかしそれらは精密誘導ミサイルを備えた無数の対戦車ヘリによって掩護されていたのであり、さらには戦闘兵を数百マイルも運んで敵領土内の奥を攻撃することができる輸送ヘリとの協同によるものである。典型的な「統合」作戦であったイラク戦争では、多国籍軍の航空部隊による地上部隊の支援が大きく目立っていた。
●またこの戦争では前例のないレベルで特殊作戦部隊が活躍をしており、しかもこのような部隊と従来の地上部隊が協同したのだ。
●もちろん2003年のイラク戦争にも失敗がないわけではなかった。ご自慢の最先端の状況認識テクノロジーはあるイラク軍部隊の本当の規模を見誤ったし、また米軍側の司令官が最新情報を得ていても、それを最前線の部隊に適時に伝えることができなかったりしている。
●全体的に言えば、イラク戦争は、迅速かつ機敏で決定的なものであり、決定的で圧倒的なテクノロジーを多くの分散した場所で同時的に使っている。このほとんどは、現代の通常戦のランドパワーについての戦略思想の中で示されたものである。体制転換（レジーム・チェンジ）を目標として始まったイラク戦争は、バグダッドが多国籍軍側の手によって陥落した2003年4月に終了した。
● フセイン政権の終焉は「低強度の紛争」というまったく新しいステージの幕開けとなった。そしてこの紛争には、非正規戦の戦略思想の適用が必要となってきたのだ。

戦場は希薄化し拡大しつづけている、という分析を後押しした」のである。他にも、そこではイラクの最高司令部に「全方位から攻撃されている」と感じさせることを狙って、作戦行動における「同時性」への取り組みが始まった。さらには戦場における機動性とスピードの決定的な必要性や、部隊には変化する状況にたいして素早く順応できる「敏捷性」が必要になったことが示された。

それと同時に、イラク戦争では火力の正確性が効果の正確性を保証するものではないことも強調された。この「火力中心の戦い」の新しい時代でも、遠距離から集中の効果を達成するには限界がありそうだ。そしてこの限界のおかげで、クラウゼヴィッツが「摩擦」と呼んだものを解消することができないだろう。スケールズが述べたように「ネットワークがいかに効果のあるものであっても、分散した場所から調整して火力を集中させる際には、摩擦、混乱、そして遅延などが発生せざるをえない」からだ。[*35] 結局のところ、イラク戦争の経験から判明したのは、先進的なテクノロジーであっても、戦場における摩擦を悪化させたり強めたりすることもあるということだったのだ。

学者のスティーブン・ビドル（Stephen Biddle）はイラク戦争の成果、そして変化しつつある戦争のやり方の性質について、彼自身が「近代システム的な軍事力の行使」（modern system force employment）と呼ぶ観点から分析している。これが最初に現れたのは第一次世界大戦の時なのだが、ビドルによれば「近代システム」とは、戦術レベルにおける援護《えんご》、隠蔽《いんぺい》、分散、制圧、小規模部隊の独立機動、そして諸兵科連合や、作戦レベルにおける縦深、予備部隊、そして差動的な集中などを使った、緊密に相互作用的な複合体であるという。[*36] これが意味しているのは、攻撃部隊が敵への露出を避けるために援護や隠蔽、そして分散や機動を使う、一つのシステムであるということだ。同時に、攻撃する部隊が露出するのであれば、野戦砲による制圧火力（そして後にはエアパワーとの統合作戦）と共に、諸兵科連合作戦を通じて支援されるべきであるということだ。

ビドルによれば、戦場におけるテクノロジー面での圧倒的な事実として存在するのは、兵器の致死性が上がっているということであり、この現実がその「近代システム」の発展を促したのだ。[*37] したがって、それと同時に出てきた目標は、この致死性の向上による地上兵力の脆弱性《ぜいじゃくせい》をいかに減少させるかであり、これは現在でも変わらない。第一次世界大戦の四年間にわたる膠着状態における試行錯誤のプロセスを通じて最後に克服されたのは、数世紀にわたって規範となっていた直線に並ぶ集団的な攻撃であり、これが「近代システム」の適用へとかわったのだ。ここで最も重要なのは、複雑な間接火力を統制し、それを小規模の歩兵部隊の動きといかに連携させるかという点であった。後の戦争や現在においても、この考え方は通常戦における地上兵力や特殊部隊に対する近接航空支援《きんせつこうくうしえん》などを通じて、さらにレベルアップされている。

この「近代システム」は極めて複雑で、その実行は難しい。これをマスターできた側は部隊を守ることができるが、できない側は近代兵器の火力の前に味方の部隊をさらしてしまうことになる。だからこそ二〇〇三年のイラク戦争で、アメリカは味方の兵力をイラクの火力から守る形で使用したのであり、イラクはアメリカの兵器の火力の前に味方の部隊をなすすべもなく晒《さら》してしまう形で使ってしまったのだ。端的にいえば、究極の致死性を持つ兵器が存在する現代の環境において、クラウゼヴィッツ式の直接的な戦い方を越えて、孫子式のさらに複雑な間接的アプローチに移行しない軍隊は、敗北する運命にあるのだ。

特殊部隊

この時期の戦争のやり方における驚異的な進化のうちの一つが、特殊部隊と通常部隊が戦術レベルで統合されたその度合の高さである。米軍によれば、特殊作戦というのは「敵対的、拒絶的、もしくは政治的に微妙な環境において、軍事的、外交的、情報的、そして、もしくは経済的な目的を達成するために、広い意味で通常の部隊が要求されることのない軍事力を使った作戦を遂行するために使われる兵力」と定義されている。[*38] このような兵力は第二次世界大戦に源流を持つ。「理想的」な通常兵力の構成——歩兵、機甲、砲兵——には一定の限界があることを認めたリーダーたちは、情報収集や、補給線を妨害するための破壊工作のような任務を遂行する特殊な部隊を創設した。後の冷戦期に特殊部隊は現地の部隊や住民たちと共に敵対的な政府に対する直接的な行動を起こす作戦の遂行のために使われている。[*39]

　ところが特殊部隊の時代が「本格的に到来」したのは二〇〇一年から二〇〇二年にかけてのアフガニスタン戦争の最中であった。[*40] 従来のものとは性格の異なるアフガニスタン内の敵に対処するために、アメリカは通常兵器による精密誘導攻撃を誘導する目的で特殊部隊を展開している。また、特殊部隊は現地の地上兵力と密接に連携したり、タリバンやアルカイダの要塞化された拠点を一掃するために機動的な攻撃部隊として活動したりしている。アフガニスタンにおける有用性や活躍のおかげで、アメリカの司令官たちはイラクにも特殊部隊を展開するようになり、米陸軍と密接に連携して、偵察を行ったり、現地住民からの最新情報を通常部隊に提供したりしている。また特殊部隊には独自の作戦を行う権限も与えられており、スカッド・ミサイルの発射台や大量破壊兵器の探索、さらには北部のクルド人部隊の指揮などの活動を行っている。このような任務では立場が逆転しており、通常部隊側が近接航空支援の提供などによって特殊部隊側の支援や協力に回っているのだ。

　特殊部隊は二〇〇〇年代を通じてアフガニスタンに展開していたが、後にリビアにも展開している。現在ではイラクやシリアにも配備されており、これはいわゆる「イスラム国《ISIL》」の脅威に対処するためである。

特殊部隊の魅力は明白だ。彼らは決定的な任務を、全軍の中の最小限度の人数やコストで行うという潜在性を持っているからだ。これは国家のリーダーたちにとっては、とりわけ致命的な国益に脅威を及ぼさないような状況――政治的に大規模な部隊を動かすための支持が国民から得られない場合、もしくはその危機の管理において大規模な部隊を動かすことが悪手《あくしゅ》となる場合など――に対処する際には魅力的なものとなる。

ランドパワーの戦略思想という文脈から見てみると、特殊部隊は大規模な軍勢や決戦を強調するジョミニやクラウゼヴィッツ式の戦いの伝統とは、本質的に異なるものであることが明らかになる。実際のところ、特殊部隊の利点は、孫子の戦略思想のいくつかの格言とかなり馴染むものであると言える。[*41] 孫子は「奇」と「正」の戦い方が違うと論じており、敵が最も予想していないところに「奇」策を使うことによって驚かせるべきだという。彼の奇襲の原則は、とりわけ特殊部隊に関連性を持つものだ。なぜなら火力の持続力が限られている特殊部隊は任務の達成においてサプライズに依存しているからだ。戦略・戦術的な目的のための情報収集や、急速に展開する状況下で敵に順応して対処するというのも特殊部隊の強みであり、これも孫子の戦略思想で説かれていることだ。最後に、特殊部隊は任務の達成のために欺騙《ぎへん》を使わなければならず、これも孫子の思想の中心にあるものだ。全般的に言って、特殊部隊を活用しようとするトレンドは、ジョミニやクラウゼヴィッツから孫子の考えやアプローチへの転換と言える。

まとめ

冷戦終了後の最初の二〇年間には、アンドリュー・クレピネヴィッチやダグラス・マグレガー、そしてロバート・スケールズのような学者的な頭脳を持つ実践家たち、そして民間人の学者であるスティーブン

・ビドルなどが、通常戦のランドパワーの使用に関する戦略思考という重大な問題に取り組んだ。それ以外にも、ペンタゴンや米陸軍の発表した公式政府文書によって注目すべき貢献がなされた。

これらを総合的に見ると、冷戦後の通常戦におけるランドパワーの戦略思想で明らかになったのは、以下のようないくつもの要則である。第一に、通常ランドパワーは、小規模でより機動性が高く、戦場では分散しながらも、情報テクノロジーを通じて互いにリンクされている部隊が、最も効率よく運用されることになるという点だ。第二に、通常戦における地上戦は、本質的に非線形の、同時性と同期性をもつ作戦によって特徴づけられることになるということだ。第三に集中の効果は、情報と精密テクノロジーの使用によって達成されるため、地上部隊の占有面積（そして脆弱性）を減らせることになる。第四に、通常戦における地上戦は「統合」的な活動であり、陸上部隊は統合部隊の他の構成要素と密接にリンクされるべきだという点だ。第五に、先進的なテクノロジーは地上部隊の司令官が「丘の向こう側を見る」能力を劇的に向上させるが、それらは戦争の「霧」と「摩擦」を消滅させることはできないという点である。第六は、意思決定は末端の部隊にまで任されることになり、下級将校や下士官のレベルに至るまで、戦いを戦略レベルで理解することの重要性が要求されるようになるという点だ。

冷戦後の時代、とくに九・一一事件の後、そして二〇一〇年代にも引き続き起こっている紛争は、ランドパワーについての戦略思考の焦点を、非正規戦と対反乱作戦に移すことになった。リデルハートは敵を精神的に弱めることの重要性を強調したのであり、戦争を単なる優勢な戦力を集中させることとして扱う傾向について警告していたのだが、結果的にこれらの教訓の多くは、九・一一事件後の対反乱作戦の遂行の際に再び学び直されることになった。この戦略思想については、本書の第5章でも詳しく検証する。しかし次章ではまず先に、エアパワーの使用に関する戦略思想を見て行くことにしよう。

【問題】

1　クラウゼヴィッツと孫子の戦略思想の主な教えはどのようなものか？　そしてこの二人の戦略思想の違いはどのようなものなのか？

2　リデルハートの戦略思想は孫子のそれとどのような関連性を持っているのか？

3　クラウゼヴィッツとジョミニの戦略思想の主な違いはどのような点にあるのか？

4　一九九〇年代と二〇〇〇年代に認識された、地上戦の性質について予期されていた変化のいくつかの要点とは一体どのようなものか？

5　変化しつつある地上戦の性質は、アフガニスタンでの戦争（二〇〇一〜二〇〇二年）とイラク（二〇〇三年）で、どのような形で、そしてどのくらいの割合で反映されていた？

6　特殊部隊の使用の増加は、変化しつつある地上戦の性質とどのようなつながりを持っているのか？

7　クラウゼヴィッツと孫子のアイディアは、現代の地上戦のアプローチを最も適切に説明できているのだろうか？

註

1　John Shy, 'Jomini,' in Peter Paret, ed., *Makers of Modern Strategy from Machiavelli to the Nuclear Age* (Princeton, NJ: Princeton University Press, 1986), 170-71.［ジョン・シャイ著「ジョミニ」、ピーター・パレット編著『現代戦略思想の系譜：マキャベリから核時代まで』ダイヤモンド社、一九八九年、一五四頁］

2　この部分の引用は以下の文献の各箇所を参照のこと。　Sun Tzu, *The Art of War*, trans. Samuel B. Griffiths (New York: Oxford University Press, 1963), 66-69, 77-79, 102.［サミュエル・B・グリフィス著『孫子　戦争の技術』日経ＢＰ社、二〇一四年、一五二〜一五七頁、一七九〜一八二頁、二四四頁］

3 B. H. Liddell Hart, "Foreword," in Griffiths, v. [同上、八頁]

4 B. H. Liddell Hart, *Strategy: The Indirect Approach* (London: Faber and Faber Limited, 1954), 338-39.[リデルハート著、森沢亀鶴訳『戦略論：間接的アプローチ』下巻、原書房、一九八六年、二六二頁]

5 Ibid., 342. [同上、二六八頁]

6 Ibid., 340. [同上、二六六頁]

7 この部分の引用は以下の文献の各箇所を参照のこと。Carl von Clausewitz, *On War*, ed. Michael Howard and Peter Paret (Princeton, NJ: Princeton University Press, 1976), 75, 86-87, 89, 100-103, 117, 119-21, 579, 585, 595, 605, 617 and 624. [クラウゼヴィッツ著『戦争論』中公文庫ほか]

8 この部分の引用は以下の文献の各箇所を参照のこと。Antoine Henri Jomini, *The Art of War*, ed. J. D. Hittle (Harrisburg, PA: Military Service Publishing Company, 1947), 43, 50, 67, 79 and 81.[ジョミニ著、佐藤徳太郎訳『戦争概論』中央公論新社、二〇〇一年、一八～一九頁、三二～三三頁、六六～六七頁、八三～八八頁]

9 J. Mohan Malik, 'The Evolution of Strategic Thought,' in Craig A. Snyder, ed., *Contemporary Security and Strategy* (New York: Routledge, 1999), 23-24.

10 J.D. Hittle, 'Introduction' to Antoine Henri Jomini, *The Art of War*, translated by J.D. Hittle (Harrisburg, PA: Military Service Publishing Company, 1947), 28.

11 Alvin Toffler and Heidi Toffler, *War and Anti-war* (New York: Warner Books, 1973), 60.[アルヴィン・トフラー&ハイジ・トフラー著、徳山二郎訳『アルビン・トフラーの戦争と平和：二一世紀日本への警鐘』フジテレビ出版、一九九三年]

12 Ellwood P. Hinman IV, 'Counterair and Counterland Concepts for the 21st Century,' *Joint Force Quarterly* (Spring 2008), 91.

13 Toffler and Toffler, *War and Anti-war*, 83, 89.[トフラー著『アルビン・トフラーの戦争と平和』一一九頁]

14 Andrew F. Krepinevich, *The Military Technical Revolution: A Preliminary Assessment* (Washington, DC: Center for Strategic and Budgetary Assesssments, 1992[released in 2002]) ; Andrew F. Krepinevich,

Transforming the Legions: The Army and the Future of Land Warfare (Washington, DC: Center for Strategic and Budgetary Assessments, 2004).

15 Douglas A. Macgregor, 'Future Battle: The Merging Levels of War,' *Parameters* (Winter 1992-93), 41.

16 Douglas A. Macgregor, *Breaking the Phalanx: A New Design for Landpower in the 21st Century* (Westport, CT: Praeger, 1997), 4, 62.

17 Ibid., 74.

18 Macgregor, 'Future Battle,' 33.

19 US Joint Chiefs of Staff, '*Joint Vision 2010*: America's Military Preparing for Tomorrow,' *Joint Force Quarterly* (Summer 1996), 40.

20 US Army White Paper, *Concepts for the Objective Force* (Washington, DC: US Army, November 2001), 3.

21 Ibid., 13.

22 *Joint Vision 2010*, 42.

23 US Army White Paper, 9, 13.

24 Ibid., 4.

25 The, *Army Vision* Briefing, www.army.mil/armyvision/armyvis.htm accessed January 30, 2001, 現在はアクセスできない。

26 *Joint Vision 2010*, 46.

27 US Joint Chiefs of Staff, *Joint Vision 2020* (Washington, DC: Joint Chiefs of Staff, 2000), 3.

28 Ibid., v.

29 Ibid.

30 Paul van Riper and Robert H. Scales, Jr., 'Preparing for War in the 21st Century,' *Parameters* (Autumn 1997).

31 Robert H. Scales, Jr., *Yellow Smoke: The Future of Land Warfare for America's Military* (Lanham, MD:

Rowman & Littlefield Publishers, Inc., 2003), 10.

32 Ibid., 13.

33 Robert H. Scales, Jr., 'Return of the Jedi,' *Armed Forces Journal* (October 2009).

34 Robert H. Scales, 'The Second Learning Revolution,' in Anthony D. McIvor, ed., *Rethinking the Principles of War* (Annapolis, MD: Naval Institute Press, 2005), 43.

35 Scales, *Yellow Smoke*, 3, 23.

36 Stephen Biddle, *Military Power: Explaining Victory and Defeat in Modern Battle* (Princeton, NJ: Princeton University Press, 2004), 3.

37 Ibid., 2.

38 以下からの引用。 Adam Leong KoK Wey, 'Principles of Special Operations: Learning from Sun Tzu and Frontinus', *Comparative Strategy* 33:2 (2014), 132.

39 Matthew Johnson, 'The Growing Relevance of Special Operations Forces in U.S. Military Strategy', *Comparative Strategy* 25:4 (2006). 以下も参照のこと。 Alastair Finlan, 'Warfare by Other Means: Special Forces, Terrorism and Grand Strategy', *Small Wars and Insurgencies* 14:1 (2003).

40 Stephen J. Cimbala, 'Transformation in Concept and Policy', *Joint Force Quarterly* (Summer 2005), 28.

41 Wey, 133-138.

【参考文献】

Biddle, Stephen. *Military Power: Explaining Victory and Defeat in Modern Battle* (Princeton, NJ: Princeton University Press, 2004).

von Clausewitz, Carl. *On War*, ed. Michael Howard and Peter Paret (Princeton, NJ: Princeton University Press, 1976), Books 1 & 8. [クラウゼヴィッツ著『戦争論』第一篇と第八篇、中公文庫ほか]

Gordon, Michael R. and Bernard E. *Trainor. Cobra II: The Inside Story of the Invasion and Occupation of Iraq*

(New York: Pantheon Books, 2006).

Jomini, Antoine Henri. *The Art of War*, ed. J. D. Hittle (Harrisburg, PA: Military Service Publishing Company, 1947).[ジョミニ著『戦争概論』中央公論新社、二〇〇一年]

Krepinevich, Andrew F. *Transforming the Legions: The Army and the Future of Land Warfare* (Washington, DC: Center for Strategic and Budgetary Assessments, 2004).

Liddell Hart, B. H. *Strategy: The Indirect Approach* (London: Faber and Faber Limited, 1954).[リデルハート著『戦略論：間接的アプローチ』]

Macgregor, Douglas A. *Breaking the Phalanx: A New Design for Landpower in the 21st Century* (Westport, CT: Praeger, 1997).

Macgregor, Douglas A. *Transformation Under Fire: Revolutionizing how America Fights* (Westport, CT: Praeger Publishers, 2003).

Murray, Williamson and Robert H. Scales, Jr. *The Iraq War: A Military History* (Cambridge, MA: Harvard University Press, 2003).

Scales, Robert H., Jr. *Yellow Smoke: The Future of Land Warfare for America's Military* (Lanham, MD: Rowman & Littlefield Publishers, Inc., 2003).

Sun Tzu. *The Art of War*, trans. Samuel B. Griffiths (New York: Oxford University Press, 1963). [サミュエル・B・グリフィス著、漆嶋稔訳『孫子　戦争の技術』日経BP社、二〇一四年]

Toffler, Alvin and Heidi Toffler. *War and Anti-war* (New York: Warner Books, 1993).[アルビン・トフラー&ハイジ・トフラー著『アルビン・トフラーの戦争と平和：二十一世紀日本への警鐘』フジテレビ出版、一九九三年]

United States Joint Chiefs of Staff. '*Joint Vision 2010*: America's Military Preparing for Tomorrow', *Joint Force Quarterly* (Summer 1996): 34-49.

Wey, Adam Leong KoK. 'Principles of Special Operations: Learning from Sun Tzu and Frontinus', *Comparative Strategy* 33:2 (2014), 131-144.

第3章 ❖ エアパワー

エアパワー（航空戦力）とその理論は、登場してからまだ百年ほどしかたっていないが、すでに説得力を持った多彩な議論の切り口を提供している。二〇世紀の最初の一〇年間における戦いの「第三次元」（訳注：第一は陸、第二は海）の台頭は、戦いにおけるエアパワーの役割、可能性、潜在性などについて、理論化を目指す議論を巻き起こした。初期のエアパワーの理論家として最も有名なのは、イタリアの将軍ジュリオ・ドゥーエ（Guilio Douhet）とアメリカの将軍であったウィリアム・ミッチェル（William Mitchell）である。ドゥーエのビジョンは、本質的に革新的で野心的なものであり、「エアパワーはあまりにも強力なために他の軍種の戦い方にとって代わってしまうだろう」というものであった。ミッチェルの考えはそれよりも限定的なものであり、エアパワーをその他の戦いにとって代えるべきものではなくて、むしろ統合させるべき重要な戦闘領域《ドメイン》の一つとみなしていた。ドゥーエの示した重要な要則の多くは第二次世界大戦で誤りであると証明されてしまったのだが、その一方でミッチェルの視点のいくつかは引き続き支持され、そのまま現代の米空軍のドクトリンの土台となっている。

冷戦期は核戦略の議論が支配的であったため、通常兵器によるエアパワーの理論はほとんど注目されなかった。ところが一九九一年の湾岸戦争以降、ドゥーエのいくつかのアイディアの正しさが証明されたような状況となり、冷戦後には通常兵器によりエアパワーが使用されるケースがいくつも出てきた。これらがエアパワーの役割や有用性についての戦略思想の大きな進歩につながったのである。

本章では、空の次元における現代の戦略思想を検証していく。最初はジュリオ・ドゥーエとウィリアム・ミッチェルの主な考えを紹介しながら、それに対するいくつかの批判を見ていく。その次に、エアパワーの新しいアイディアについて検証するが、そのうちのいくつかはドゥーエやミッチェルの枠組みを通して分析することができる。ただしその多くは、本当に斬新なものだ。

冷戦後のエアパワーの理論家として著名な人物たちは、全員が民間の学者なのだが、そのうちの何人かは従軍経験を持っている。その代表格は、スティーブン・ビドル（Stephen Biddle）、ジェームス・コルム（James Corum）、ベンジャミン・ランベス（Benjamin Lambeth）、そしてロバート・ペイプ（Robert Pape）などである。本章では最後に、無人機による精密誘導兵力という最新のエアパワーについての戦略思想を簡単に触れて締めくくっている。

ジュリオ・ドゥーエ

一九二〇年代にイタリア陸軍の将軍であったジュリオ・ドゥーエは[*1]、エアパワーの「有望性」とでも呼べるものを、最も早く、そして熱心に提唱した人物である。この「有望性」とは、要するに「エアパワー単独で戦争に勝てる（もしくはそれに近い戦果を収める）」という考え方であり、これによって兵士（もしくは水兵）を戦場に送り込む必要性を大幅に減少させ、エアパワーが優勢な側にとっては戦争をほぼ犠牲者の出ないものにしてくれるというものだ。ドゥーエの見方というのは、「軍事的な手段としての航空機というのは、質的にも新しいものであり、陸上や海上における古い形の戦いを、時代遅れ、もしくはその重要性をかなり低下させることになる」という強い信念が前提となっていた。彼の論拠は単純であった。陸軍は変化に富む地形に対峙《たいじ》しなければならないし、海軍は海岸線に行動の影響を受けるが、航空機は「行動と行き先について完全な自由を持っており……地上にいる人間は、空を自由に飛んでいる航空機にたいして何も手出しできない……そもそも戦闘行為を左右したり特徴づけたりする条件などは空における活動に影響を与える力を何も持っていない」からだ。[*2] もちろんこのようなアイディアは発表された当時から批判にさらされており、とくに注目すべきは、ドゥーエ自身が所属していたイタリア軍の上司たちから批判の声が上がったという点だ。したがって、彼のアイディアのおかげで、「エアパワーが独特で革命的なものなのか、それともそれは兵士や水兵が新たに獲得した飛び道具なのかという根本的で答えのない議論」が始まることになった。[*3]

ドゥーエはエアパワーについて数多くの著作を残したが、その中でも一番有名なのは、一九二一年に出版した『制空』（*Command of the Air*）である。これは一九二七年に増補版が出て、後に数カ国語に翻訳された。この本では、「ドゥーエ・モデル」とでも呼ぶべき戦い方が、いくつかの要則と共に提唱されている。その第一の要則は、本の題名をそのまま反映したものであり、「戦闘行為の勝利は〝制空〟を達成することに絶対的に依存している」というものだ。この「制空」だが、現在は「航空優勢《こうくうゆうせい》」（**air supremacy**）という名で呼ぶべきものであろう。[*4] ドゥーエにとっての「制空」とは、「敵の飛行を阻止しながら、自分たちは飛べる能力を維持していること」を意味していた。[*5] しかもドゥーエはこれを絶対的な観点から述べており、制空権を獲得している側は「自国を完全に守ること」が可能だとしており、制空権を獲得していない側は「人間の想像を絶するような攻撃にさらされることになる」としている。[*6] 第二の要則は、国家がどのように制空を達成すべきなのかというテーマを中心に据《す》えたものだ。彼は空中戦についても多少記述しているが、それよりも敵の航空兵力を地上から飛び立たぬうちに破壊したり、航空兵力が装備や物資を調達する企業や工場を爆撃すべきだと説いている。

ところがドゥーエは、国家の「重心」が軍の部隊や軍事施設にあるとは見ていなかった。彼にとって「重心」は相手国の国民であり、これこそがおそくら最も議論を呼ぶ、彼の第三の要則につながる。ドゥーエは圧倒的なエアパワーの攻撃力を、敵国家の人口密集地に向かって使うことを論じた最初の人物である。この視点の背後にある根本的な前提と、そこから出てくる論理的な流れというのは、エアパワーが質的な面で新しい——しかも恐ろしい——性質を持った軍事手段であり、その使用は敵国民にパニックを引き起こし、市民の士気に破滅的な影響を与え、それによって敵政府にたいする反乱を引き起こし、さらに言えば、敵が陸軍と海軍を動員する前に敵国の降伏を引き出して戦争を終わらせることができることになるというのだ。彼は兵士と一般市民を区別しておらず、「航空戦力による攻撃が行われる時代にはすべての市民が戦闘員になる」と主張している。よって攻撃そのものも個別の攻撃ではなく、圧倒的な戦力を使用する大規模攻撃にならざるをえず、産業、商業、そして民間の施設に対して広範囲にわたって爆弾や焼夷弾、そして（驚くべきことに）毒ガス弾を使うべきだというのだ。ドゥーエにとって、空爆における照準の正確性（精密性）というのは考慮すべき点ではなかった。なぜなら、「もし標的があまりにも小さくて高い精密性を求められるようなものである場合は、そもそもはじめから狙っても意味のない標的である」からだ。[*7]

したがってドゥーエは「制空」を、国家の安全保障を確実にするための必要条件であると主張した。彼によれば「**適切な国防のためには、戦争が起こった時に制空権を獲得できるような状態にあることが必要（そして十分）条件である**」のだ。[*8] そういう意味で、彼の分析はマハンとよく似ており、海や空など、とにかく戦闘行為が行われる特定の次元をコントロールしたものが勝者になることを主張したのだ。ドゥーエは、エアパワーがまだ地上戦力の一部として扱われていた時代に、海軍と陸軍の役割の重要度が低下するにしたがって、相対的に大幅に重要度が上昇するはずの独立空軍の創設を熱心に提唱した。もちろん陸海軍には一定の役割があるのだが、それはむしろ防御的なものであり、戦線を維持して敵軍が味方の空軍の施設などを破壊しようとするのを防ぐことにあるのだ。したがって「ドゥーエ・モデル」の最後の要則は、エアパワーは制度的な面だけでなく、他の戦いの次元とは独立した単独のアクターとして戦場で活躍しなければならない、というものであった。ドゥーエは「陸と海での行動を助けたり統合したりする大規模なエアパワー」という意味の「補助的な飛行部隊」の創設には強く反対していた。これは今日における統合戦と呼べるものであろう。[*9] 彼の見方からすれば、エアパワーの強さは戦略的な面にあるわけで、地上部隊や水上部隊を支援するというところにはないことになる。彼によれば、補助的な飛行部隊というのは「無価値で無用で有害である」のだ。なぜならそれは、制空に貢献しないからだ。[*10] つまり空と海、もしくは空と陸の軍種を協同させようとするあらゆる作戦はリソースの無駄使いということになる。

ウィリアム・ミッチェル

ドゥーエと同時代を生きた米陸軍航空隊のウィリアム・ミッチェル（William Mitchell）少将は、ドゥーエと同じように「制空と経済・産業施設にたいするエアパワーの使用によって、敵国を麻痺《まひ》させるべきである」という考えをもっていた。彼は一九二五年に出版された『空軍による防衛』(*Winged Defense*) の中で、「戦争において永続的な勝利を得るためには、敵国の戦争遂行の能力を破壊しなければならない」と主張している。これはつまり「工場や通信・交通手段、食品、さらには農場や燃料や石油施設、それに人々が日常生活を送っている場所までも意味」する。[*11] ところがドゥーエとは違って、ミッチェルは敵の地上・海上部隊を攻撃する重要性を信じていた。彼の戦略思想には、敵の最も重要な地上の拠点を攻撃することの重要性や、敵の地上にある航空機を脅かすこと、そして艦船を攻撃することなどが含まれていた。今日では、政治・経済の中心部にある固定的な軍事・産業・民間施設にたいするエアパワーの使用は、「戦略爆撃」(strategic bombing) という名で知られている。それにたいして、補給線や地上に展開している兵力にたいするエアパワーの使用は「戦域航空攻撃」(theater air attack) として知られている。

ミッチェルにとって航空機の登場は、戦争の遂行にたいしてまったく新しいルールを迫るものであった。[*12] なぜなら戦いはもう直接的な攻撃の連続によって敵の陸上部隊を消耗させる、うんざりするような犠牲の大きいプロセスではなくなったからである。ミッチェルが連合国側の航空部隊を率いて戦った第一次世界大戦のような戦い方はすでに過去のものとなり、敵の奥深く航空部隊が攻撃するようなものがとって代わったというのだ。ちなみにこれは数十年後の「エアランド・バトル」に先駆けたビジョンであった。ミッチェルによれば、陸軍はまだ必要なものであり、それは「すべてが地上で始まり、地上で終わるからだ……戦争におけるいかなる決断も、究極的には地上で起こったことが基になる」と論じている。したがってミッチェルは陸上戦におけるエアパワーの役割や、陸上戦力を含んだ全体的な戦争計画にエアパワーを組み込むことの価値を強調していたのだ。[*13] ところがミッチェルは、潜水艦を除いた水上艦というのは航空機からの爆撃に完全に脆弱であるため、次第に時代遅れになると論じている。彼によれば、「戦争の要素としての水上艦の役割は消えつつある……戦艦に代表されるシーパワーというのはほぼ過去のものとなりつつ」あったのだ。海軍は拡大しつつある航空機の行動半径の外でのみ安全であるため、今後はますます外洋に押し出されることになり、国家の沿岸を守ることが不可能になるという。ミッチェルは「航空機による攻撃は、他の航空機を除けば、誰にも止められない」と論じている。その他にも、ミッチェルはドゥーエと同じく、航空部隊を陸軍から独立させて一つの軍種にすることを熱心に説いていた。

批　判

ドゥーエが論じていたことのほとんどは、第二次世界大戦の実際の様子から、それが間違いであったことが後に証明されてしまった。レーダーの登場によって（さらには対空砲によってそれ以前から）、すでにドゥーエが述べていた航空機の行動と行き先の自由は奪われていた。航空戦力は主に空でお互いを破壊しあうために使われた。また空爆に毒ガスを使おうと考えた国もないし、戦争の勝利には制空や空軍の使用よりもはるかに多くのことが必要だった。そして時の経過とともに、エアパワーの精密性というものが最も有効なものになってきた。おそらく最も明白なのは、ドイツによるロンドン空襲においてイギリスの民間人が見せた爆撃に対する忍耐力についてドゥーエが過小評価をしていた点であり、また空襲がパニックを起こすという点についても過大評価をしていたという点だ。

一方では、ミッチェルは防空システムの発展（自著の『空軍による防衛』ではほぼ効果のないものとして否定していた）を予見できなかった。敵の防空システムの制圧は、あらゆる通常戦にとって最初の、そして決定的な要件となってきた。水上艦も、対空防御システムを搭載し、空母の場合は自ら攻撃機を積むようになり、外洋で航行していても陸上に対して直接インパクトを与えることができる、長射程精密誘導能力まで備えるようになったのだ。結果的に、ミッチェルの「エアパワーはランドパワーと統合される必要がある」という主張はますます支持を集め、一方で水上艦は航空機に脆弱で航空機の行動半径の外で航行せざるを得なくなるという彼の分析は、米海軍と中国の地対艦ミサイルに関して活発に行われている、いわゆるA2／ADの議論の先駆けであったともいえる（これについては第1章を参照）。

ドゥーエとミッチェルはいくつかの予測を明らかにはずしているのだが、それでも多くの面で正しさが証明されている。エアパワーは、すべてではないかもしれないが、そのほとんどの軍事的な任務で、決定的な要素となったからだ。彼らの戦略思想は、エアパワーの役割と価値についての現代の理論における、議論の重要な出発点であり、その理由は、それが現在にも通じる議論のカテゴリー（エアパワーは単独で戦争に勝てるか?）や、現代でもいまだに注目されているテーマ（戦略爆撃、戦術支援）を作ったこと、そして冷戦後の時代におけるエアパワーの理論化における多くの枠組みを形成したという点にある。

冷戦後の最初の一〇年間（一九九〇年代）

冷戦後の最初の一〇年間というのは、ドゥーエの考え、つまり「戦争を〃ほぼ〃もしくは〃完全に〃エアパワー単独で勝利することができる」という理論を証明するような紛争によって始まり、そしてそのような紛争によって終わったように見える。一九九一年の湾岸戦争をCNNの衛星生中継で見た経験のある人は、空からの精密攻撃の圧倒的な攻撃力に畏怖を感じたことを覚えているはずだ。この戦争の直後に行われた検証では、数十年間にわたって追求されてきた空爆の精密性の向上のおかげで、エアパワーが質的な面で新しいレベルに到達し、とうとう戦争における決定力となったのかどうかという点が中心になった。さらに説得力のある議論としては、そのほぼ一〇年後に行われた一九九九年の北大西洋条約機構（NATO）軍のコソボ周辺での空爆が、「エアパワーにとって明白な勝利」となり、おそらく史上初めてエアパワー単独で軍事的・政治的な目的を達成できるようになった、というものだ。[*14] ところが冷戦後の最初の十年間におけるエアパワー理論の発展において最も重要なのは、この戦いの次元の役割と価値について疑問が投げかけられたと同時に、その妥当性が認められたことだ。この一〇年間に、エアパワーの理論の専門家たちは通常兵器によるエアパワーの理論化の作業をさらに厳密に行ったのであり、これによって今までのエアパワーの理論の枠組みをさらに広げている。

ジョン・ワーデン：重心のターゲティングにおけるエアパワーの役割

冷戦後のエアパワーの戦略思想を議論する際の出発点は、アメリカの元空軍大佐であるジョン・ワーデン（John Warden）の理論にある。彼は一九九一年の湾岸戦争の空爆計画を作成した人物であると考えられている。一九九〇年八月にイラクがクウェートを侵攻した際の米空軍の「戦闘概念委員会」の副委員長であったワーデンは、イラクに対する航空機による報復措置計画の作成を命ぜられている。この結果が「瞬雷」（インスタント・サンダー）という戦略であり、ここではイラクの「重心」である、司令部や指揮、統制、通信機構、そして重要なインフラや施設などにたいして、同時多発的な空爆を仕掛けることを狙いとしていた。彼の考えでは、エアパワーというのは「地上戦力を直接攻撃し、死傷者をあまり出さずに敵側を麻痺させ、大規模な地上作戦を回避するもの」であった。もちろん最終的には短期的な地上作戦は必要だったのだが、それでも「砂漠の嵐」(Desert Storm) 作戦の成功の中心には、ワーデンの知的面における貢献があったことが認められている。

　ワーデンがイラクの侵攻へのエアパワーによる対処計画を立案するように命ぜられた時点で、すでに彼はエアパワーの戦略と理論について数年間にわたり取り組んでいた。一九八八年に出版した『航空作戦』(*The Air Campaign*) という本の中で、ワーデンは作戦レベルにおける航空作戦の計画づくりと実行についての自身の考えをまとめており、これには航空優勢や攻勢・防勢作戦、そして航空阻止と地上部隊のための近接航空支援《きんせつこうくうしえん》におけるエアパワーの使用などが含まれていた。彼のアイディアの中でも、とくに近接航空支援はかなり議論を呼ぶものであった。その理由は、彼がエアパワーにたいして中心的な役割や可能性を与えていたからだ。彼は「地上の兵士は、近接航空支援を考えられるほぼすべての状況、つまり追跡から撤退にいたるまで、自分たちに役立つものであることを知ることになるはずだ」と論じている。ところが彼は「ある一定の状況下では、航空作戦は地上作戦よりもはるかに重要度が高くなる」とまで言い切っているのだ。[*15]

　それでも『航空作戦』における考えの明快さのおかげで、ワーデンは「戦闘概念委員会」の副委員長に任命されることになった。この本は、戦争における作戦レベルに焦点を当てたものであったが、ワーデンはすぐにエアパワーの戦略レベルでの活用を考えるようになり、後にこれが彼の独自の戦略思想として名を残すことになった。一九八八年の夏に彼が発表した論文のタイトルは「グローバル戦略の概要」というものであったが、この中でワーデンは、敵のことを「特定の重心にその機能の発揮を依存している〝システム〟であり、もしこの重心をうまく叩くことができれば相手の降伏を達成できる」と論じたのだ。彼はこの重心――これはクラウゼヴィッツの代表的な概念の一つだが――を、五つの戦略の環を持つ(まるで玉ねぎのような）同心円という形で表現している。この「五環モデル」（Five Rings Model）によれば、この同心円の中心にあるのは戦略的に最も重要なものであることになる。これは的の中心、もしくは国家の「指揮系統の環」であり、そこには国の指導部や、カギとなる指揮・統制中枢が含まれている。中心にある環をとり囲む二番目の円について、ワーデンは戦争の遂行のために決定的に重要なインフラとなる、エネルギー、石油、そしてガスなどを当てている。三番目の円もインフラなのだが、それでもその重要度は少し低くなり、橋や道路、そして鉄道などになる。四番目の円は国民や農業、つまり市民と彼らの食料源を当てはめている。そして最後の五番目の円は、戦争において最も重要度の低い、戦場に配備されている軍事力が当てはまるという。[*16]

戦争においては、敵の指導部や指揮統制中枢などをうまく叩いて、敵の譲歩を引き出すのがたしかに理想的かもしれない。これについてロバート・ペイプ（以下の項を参照のこと）やその他の人々は、「斬首《ざんしゅ》」（decapitation）という言葉で表現している。ところがワーデンは、この五つの各円の中にある多数の標的にたいして同時に攻撃を行うことによってその効果は急激に増大し、それによって降伏させることになると論じているのだ。彼は後にこの戦略を「並列攻撃《パラレル・アタック》」と名づけており、この名前が一九九一年の湾岸戦争の直後から使われることになった。ワーデンは一九九五年の論文の中で、「戦略攻撃にとって最も重要なことは、敵のシステムを理解することだ」と論じている。[*17] 敵には数多くの「きわめて重要な標的」があり、それらのうちのかなりの割合を並列的に攻撃できれば、そのダメージは「克服不可能なもの」になるという。もちろんワーデンは「直列的」な戦い――機動と対機動、攻撃と反攻、軍事行動において限界点に到達することなど――が実際の歴史の中に存在するものであったことを認めている。ところがテクノロジーの発展によって、敵の戦略・作戦レベルにおける脆弱性と「重心」に対してほぼ同時に攻撃を行う並列戦が、可能になったというのだ。

ロバート・ペイプ：戦略・作戦レベルにおける拒否戦略の価値

冷戦後のエアパワーの理論家の中で二番目に有名なのはロバート・ペイプだ。彼のアイディアの多くは、ワーデンのものとは正反対に位置している。一九九六年に出版した『勝つための爆撃：戦いにおけるエアパワーと強制』（*Bombing to Win: Airpower and Coercion in Warfare*）の中で、シカゴ大学の教授であるペイプは、強制的な航空作戦を大きく二つに分類している。その二つとは、「戦略爆撃《ストラテジック・ボミング》」と作戦レベルでの「航空阻止」（interdiction）である。前者は政治や経済的な中枢の、固定された軍事、産業、もしくは民間施設を狙ったものだが、彼はその任務をさらに細かく、懲罰《ちょうばつ》（punishment）、拒否（denial）、そして斬首（decapitation）の三つにわけている。懲罰戦略とは、敵国の市民に懲罰を与えるものであり、これによって強制を行おうとする側の要求を飲むようになるまで、抵抗を続ける側が支払う社会的なコストを上げることを狙ったものだ。ペイプによれば、ドゥーエのこの考えが最もよく現れているのが戦略爆撃《ストラテジック・ボミング》であり、これこそが軍事面での強制の考え方を支配してきたものだ。拒否戦略とは、抵抗する側が政治的・領土的な目標を達成する際に必要となる、軍事的能力を発揮させないことを狙うものだ。戦略爆撃による理想的な拒否戦略では、たとえば兵器工場や、戦時生産に使われる決定的に重要な天然資源などを狙うことも含まれる。懲罰と違って、この戦略には兵器の「ピンポイントな正確さ」が必要だ。最後の「斬首」だが、これは新しい形の戦略爆撃であり、兵器の精密性を必要とし、またこれが増したことによって可能となったものだ。斬首戦略の考え方の基底には、敵国の政治の中心にある通信ネットワークや、司令部などの施設、それに石油精製所のような国家の経済インフラの結節点に「現代の国家のアキレス腱があり……もし

【これらの標的を】ノックアウトできれば、その国家はトランプの家のようにもろくも崩れ去る」という理屈がある。[18]

戦略爆撃とは対照的に、作戦レベルの航空阻止《インターディクション》では、拒否だけが行われる。このような任務では、戦場そのものや、戦場への兵站線へ攻撃を集中させることによって、敵が政治的・領土的な目標を達成するのに必要となってくる軍事力そのものを狙うのだ。この場合のエアパワーにとって理想的なターゲット（再びピンポイントな精密性が求められる）には、地上に展開されている敵軍や、戦域レベルにおける指揮、通信、そして兵站などが含まれ、他にも軍事に関する生産拠点と戦闘が行われる戦域の間をつなぐ兵站線《へいたんせん》なども含まれる。このような航空阻止の任務は、敵の後方で行われ、前線の部隊にたいする「近接航空支援」が含まれることもある。このような任務のルーツは第一次世界大戦にまでさかのぼることができる。そしてドゥーエはこのような任務がそもそもはじめから無意味なものであると否定し、その反対にミッチェルは戦争の遂行においてはそれが引き続き重要なものであるとみなし続けたのだ。

ペイプの議論の核心にあるのは、懲罰や斬首を狙った戦略爆撃には効果がなく「無意味である」という主張だ。[19] もちろんエアパワーは戦域レベルの近接航空支援と航空阻止には有益なものだが、戦略爆撃による拒否は、状況によってその効果に差が出るというのだ。懲罰戦略についてのペイプの議論は、ドイツが第二次大戦でイギリスに対して行った空爆で数十年前に出した結論と似たようなものになっている。なぜなら、彼は「起こるはずだと予測されていた（懲罰の）思い付きの連鎖――市民の苦難が世論の怒りにつながり、これが政府にたいする政治的な反発を形成するというもの――はまったく存在しない」と結論づけているからだ。[20] ペイプの主張では、このような懲罰は自国の政府よりも、強制を行っている敵国に対する世論の怒りを発生させる。また、斬首戦略にも効果はない。なぜなら特定の個々のリーダーたちの居場所を突きとめるのは、そもそも困難だからだ。斬首というのは、主にインテリジェンスの問題であり、戦闘効率の話ではない。そして政府を転覆《てんぷく》するのはさらに難しく、もし転覆できたとしても、今までのリーダーよりも（強制を行う側から見て）都合の良い人物に取って代わる保証はないのだ。

拒否戦略を集中的に行う強制エアパワー作戦は、戦争の勝敗の差を生む可能性がある。ところがペイプはこのような作戦が本当に「効果的」であるかについては言及しておらず、それらは「関係がある」か、ただ単に「貢献できるもの」であり、そこには限界がある、という慎重な立場を崩していない。戦略爆撃による拒否戦略は、経済や物的な優越性によって決定される、長期的な消耗戦の場合にだけ役に立つものだという。ペイプは、作戦レベルの航空阻止や、味方の地上戦力のための近接航空支援を使った戦域レベルの拒否戦略の際のエアパワーの価値については肯定的だ。彼は「精密誘導弾の技術革新によって最も利益を得た強制戦略は、戦域航空攻撃である」と論じており、「これは戦域の阻止において最も重要な目標や陸上兵力を支援する際の目標の多くは、直撃を必要とする小さな標的だからだ」と言っている。[*21]これらのターゲットというのは、戦車、装甲人員輸送車、自走砲、通信用掩蔽壕、そして橋のように、空からの精密誘導攻撃によって破壊しやすいものばかりだ。ところがペイプはその数年後のコソボの経験を予言したような形で、そのような攻撃でさえまだ難しいままであると記している（これについては下記を参照のこと）。戦術エアパワーの有効性が増したと言っても、これがランドパワーを最後から二番目の強制力の地位におしのけて、これにとってかわったというわけではないのであり、これはこのレベルのエアパワーだと「**ほとんどの任務を行い、仕上げは地上部隊に任せる**」ということになるのだ。[*22]

ここで注意しなければならないのは、戦域エアパワーの非通常戦における適用性あるいはその不足である。通常戦を行う部隊というのは、大規模に機甲化されたプラットフォーム（戦車や装甲車など）を使い、認識しやすい前線に沿って活動しながら敵軍を破壊しようとするものだが、（国家・非国家組織の両方の）非通常戦を行う部隊というのは、小規模な単位で広範囲に散らばって活動するものであり、決まった前線はなく、市民のコントロールの獲得を狙うのだ。非通常戦の特徴として、ターゲットにできるような兵站線や地上に配備された兵力などはほとんどなく、それらが市民の中に紛れ込んでいるために、それを発見して狙うということが極めて難しいのだ。数年後に起こる議論を予測したような形で、ペイプは「拒否戦略は一般的に、ゲリラよりも、通常の軍隊にたいして成功する可能性が高い」と結論づけている。

ベンジャミン・ランベス：戦略爆撃と架空の議論

エアパワーの専門家として長年活躍しているランド研究所のベンジャミン・ランベス（Benjamin Lambeth）は、ペイプの分析を基礎として、多くの面で似たような議論を行っているが、ペイプの「グラスは半分空である」という見方とは反対に「グラスは半分満たされている」という分析を行っている点が特徴的だ。元々ソ連のエアパワーの専門家だったランベスは、ポスト冷戦時代の初期には一九九一年の湾岸戦争の分析を中心に行っており、その分析を多くの論文にして、それらを最終的に二〇〇〇年に出版された『アメリカのエアパワーの変遷』（*The Transformation of American Airpower*）という本に結実させている。彼が発見したのは、この戦争で最も効果がなかった、斬首／懲罰のための「戦略爆撃」というエアパワーの使い方は、実質的には「架空の議論」であり、ほとんど、もしくはまったく採用されていなかったということだ。

一九九一年の湾岸戦争後のエアパワーに関する議論の多くは、バグダッド内外のイラクの指導層とインフラによって構成される「重心」への攻撃が、どこまで戦争の結果を左右したのかという論点を中心に行われていた。ところがランベスによれば、ペイプが「斬首」と呼ぶようなこの目標は、多国籍軍側のリーダーたちにとくに重要視されていたわけではないという。「重心」に対する攻撃は、この戦争を通じて行われた多国籍軍側の出撃のうちの、たった一〇パーセント未満だったからだ。同時に懲罰的な攻撃の有効性についての議論は、精密誘導兵器の発展のおかげで時代遅れで理論上のものになってしまったのだ。冷戦後の西側諸国の軍隊は、多数の市民にたいする懲罰的な攻撃の追求をやめて、精密攻撃を追求しながら市民の犠牲者を絶対的に最小限のものに留めようとしている。ランベスによれば、ドゥーエのモデルである「市民に高いコストを負わせることが敵の降伏につながる最初のステップだ」という論理は、現在のすべての同盟国の統合軍でも採用されている可能性が「かなり低い」取り組みであるという。ランベスは、「ドゥーエがこのような論理で考えていたのは、彼が書いた当時のエアパワーには、民間のターゲットを無差別に破壊する以外の選択肢がなかったからだ」と述べている。[*23] ところが冷戦後の時代は精密誘導技術の発展のおかげで、以前よりもはるかに多くの選択肢が増えたのだ。

エアパワーと作戦レベルの航空阻止の価値

ランベスとペイプが共に合意しているのは、本章でもすでに強調した分野である。つまり、エアパワーは地上戦力の戦闘におけるコストを下げることができるし、地上戦力を投入する前に戦場における任務のほとんどを終えておくことができる、というものだ。ランベスによれば、湾岸戦争が証明したのは、「エアパワーのおかげで、指揮官は地上戦で自軍の兵士の命を失う予想コストが大幅に下がるまで陸軍が正面攻撃を行う命令を遅らせることができるようになった」という点だ。彼は「これによって今やエアパワーは戦争の形や結果を左右する最大の責務を担うことができるようになったのであり、その他の軍種が、最小限の痛み、努力、そしてコストによって目標を達成する潜在力を有するようになった」と述べている。[*24]これはつまり、「高強度の紛争における現代のランドパワーの主な役割は、勝利を達成することではなく、むしろ単純にそれを確実なものにするだけになった」としている。[*25]

ランベスは一九九一年の湾岸戦争によって始まったエアパワーの議論の要点を、ランドパワーの専門家とエアパワーの推進者の間で行われたものとして、上手くまとめ上げている。ランドパワー側は、戦闘の勝利の確定のためにはまだ「地上の兵士」が必要であると主張しているのだが、エアパワー側は、現代のエアパワーの陸上戦にたいする効果が「限界点を越えて、今までよりもはるかに高い効果を上げるようになった」と論じているという。[*26]彼はその両方の見方に妥当性があると見ているのだが、自身のエアパワーの戦略思考に、ランドパワーの役割を入れることには慎重だ。エアパワー単独では戦争には勝てないし、その問題の本質はエアパワーが「単独で可能か」というところにはないという。むしろランベスの議論の核心にあるのは、テクノロジーの発展によって、エアパワーの潜在的な戦闘力が他の軍種のものと**比べて**劇的に上がったということだ。ランベスは「現代のアメリカのエアパワーの特徴は……それが陸と海の兵力に先駆けて**相対的に**……部隊を集合させずに集合的な能力を達成したということだ」と述べている。[*27]

戦力投射、スタンドオフ攻撃、そして情勢認識におけるエアパワーの役割

湾岸戦争が証明していたのは、エアパワーの進化が以前は指揮官たちにとって不可能だったいくつものことを可能にしたということであり、これには「戦力投射」(power projection)や「スタンドオフ精密攻撃」(stand-off precision strike)、そして「状況認識」(situational awareness)の増大などが含まれるということだ。戦力投射というのは、単に軍隊を本土から離れた場所に移動させ、その場所で維持しつづける能

力を意味する。そしてこれは艦船、つまりアメリカの場合は空母打撃群の活用によって達成できることになる。ところが一九九〇年代に入るとこれが、給油なしにかなりの大量の貨物を長距離輸送可能な新型の戦略輸送機を利用することによっても可能となったのだ。当時発表された米空軍の公式ビジョンである「グローバル・エンゲージメント：二一世紀の空軍のためのビジョン」（*Global Engagement: A Vision for the 21st Century Air Force*）によれば、空軍の戦力投射の特徴というのは、その任務を迅速に行えるという点であり、しかもその期間は、数週間や数ヶ月単位ではなく、数日や数時間単位まで短くなるのだ。したがって米空軍は、その中心的な能力の一つとして「グローバル・アタック」、もしくは世界のどこにでもいつでも短時間で攻撃できる能力を追求することになった。[*28]

エアパワーの進化によってもたらされた二つ目の能力は、「スタンドオフ精密攻撃」である。これは精密度を劇的に上げた兵器——精密誘導弾、もしくはＰＧＭ——によって可能となったものであり、湾岸戦争の時はレーザーによる誘導だったものが、現在は衛星による誘導がはるかに一般的である。ＧＰＳの誘導によるＰＧＭの登場が意味したのは、認識できるほぼすべてのターゲット——もちろんターゲットの認識という任務そのものは難しいままだが——が破壊できるようになったということであった。

最後に、一九九〇年代から現在に至るまでエアパワーにおいて決定的に新しい点とされているのは、「状況認識」、もしくは戦場で何が起こっているのかを見ることのできる能力が与えた、ポジティブなインパクトである。これは、地球観測衛星などと共に導入された無人機や、有人の特殊な航空機などによって可能となったものだ。このような情勢認識の高まりによって、作戦上の状況についての知識がほぼ完全な形で取得可能になっただけでなく、敵軍にたいして同じ情報の取得を拒否することによって「情報優越」が可能になり、これが九〇年代から現在まで米空軍の中核的な能力であると認識されている。

現代におけるジュリオ・ドゥーエの制空権

冷戦後の時代においてエアパワーの使用の増加と使用の自由が可能になったのは、アメリカのエアパワーが、実質的にドゥーエ的な能力、つまり「制空権」、もしくは「航空支配」（air dominance）を獲得したからだ。ランベスは、「アメリカのエアパワーが新たに発見した力の本当の源泉は、空のコントロールを迅速に獲得してそこから進展させ、その支配状態を活用して、敵の（地上にある）さまざまな軍事力の源泉を破壊できるという点にある」と論じている。[29] ただし彼は砂漠における作戦ではターゲットは捕捉しやすかったにもかかわらず、エアパワーの戦術レベルでの限界についても指摘することを忘れていない。たとえばかなりの数のイラク軍の戦車は、多国籍軍側の精密誘導兵器を使ったエアパワーではなく、戦車や攻撃ヘリによって破壊されたからだ。この時期に、米空軍は自らの中核的な能力の一つである航空・宇宙優勢を自覚することになり、これを「空と宇宙を移動する物体にたいするコントロール」と定義し、これによって「攻撃**から**の自由と攻撃**の**自由」が可能になったと述べている。[30] これはまさにドゥーエ式の見方が反映されたものである。アメリカにとって制空権はすでに「前提条件《デフォルト》」であり、どの敵国もアメリカのエアパワーの能力に迫ることはできないため、空中戦についての議論はドゥーエの時代よりも明らかに少なくなった。さらに皮肉なのは、一九九一年の湾岸戦争でアメリカが主導した多国籍軍は、イラク空軍を地上で破壊したのであり、これはまさにドゥーエの主張そのままだったのだ。

　一九九〇年代になると、精密誘導性能の向上や、優れた戦場情報とそれに伴う状況認識の向上、ステルス技術、そして全体的な航空支配といった組み合わせは、エアパワーが戦闘行為において戦略的効果を生み出せるほどまで熟成したことを意味した。これはつまり、エアパワーがいまや本質的に戦争のやり方を劇的に変えてしまうほどのインパクトを持ったということであり、単に敵軍を倒すような戦術レベルや戦場における目標の達成ではなく、国家・政治の目標を直接達成することができるようになった可能性が高い、ということだ。このような考え方は、その他のエアパワーの役割と価値に関する問題と共に、二〇世紀の終わりや九・一一事件の直後の時期に、新たに活発な形で議論されることになった。

一九九九年春に行われたNATO軍によるコソボ周辺における空爆作戦や、二〇〇一年から二〇〇二年にかけてのアフガニスタンにおける戦争、そして二〇〇三年のイラク戦争は、通常兵器によるエアパワーの理論についての議論を巻き起こしている。そのうちのいくつかは、冷戦後の最初の一〇年間ですでに議論されたものであり、エアパワーの戦略的効果を達成する能力や、懲罰の有用性、作戦的な航空阻止の軍事的有効性、そして「斬首」の価値などが焦点となっていた。その他のまったく新しい、もしくはそれまで十分に分析されていなかったアイディアとして目立つものは、現地の武装勢力と西側の地上部隊とのエアパワーの複合的な使用（例：統合作戦）についての議論がある。以前からのアイディアや全く新しい分野についての研究は、共に既存のエアパワーの理論の範囲の拡大に役立った。

エアパワーは戦略的な効果を達成できたのか？

ランベスは自身の湾岸戦争の研究において、他の熱狂的なエアパワーの推進者たちと自分の間に慎重に距離を置いている。彼は「エアパワーだけで戦争に勝てることを示すのは私の意図するところではない……大規模な戦争での成功は、過去と同様に、適切な統合の形におけるすべて軍種の要素の関与を必要とし続ける」と述べている。[*31] ところが彼がこのような意見を表明していたのとほぼ同時期に、一見するとエアパワーが単独で戦争に勝ったように思えるケースが浮上している。それが「アライド・フォース」作戦である。これはセルビアの標的にたいして七八日間かけて行われた空爆であり、しかもNATOは地上部隊を派遣しなかった。これによって何人かの専門家や実務家たちは、この紛争がエアパワーの歴史の転換期となったと見なし、ドゥーエの主張した「エアパワー単独での戦争の勝利」に近づいたと考えたのである。

当然のように、コソボでのエアパワーの明白な有効性を賞賛する声はあったが、冷戦後の時代も後半になると「エアパワーには政治目標を達成する力がある」という主張に対するいくつかの見解——しかもそれらのうちのいくつかはかなり重要なもの——が出てきた。「アライド・フォース」作戦は、たしかに戦闘員の犠牲者を出さなかったという意味で、歴史上最も正確にエアパワーが使用されたものであり、コソボは地上部隊の助けをまったく借りずに、エアパワーが敵のリーダーを屈服させた初めての例である。ところがそれでも、この紛争でエアパワー単独での戦争の勝利が可能になったということにはならない。エアパワーはたしかにこの時に使用された唯一の軍事的手段ではあったが、この時にはミロシェビッチの降伏に関して非常に重要な役割をはたしたいくつかの非戦闘的な要因が挙げられており、たとえばＮＡＴＯ軍による地上戦力投入の脅しや、セルビアのエリートたちへの経済・外交面での圧力、そしてセルビアの政治的孤立状態などが指摘されている。全体的にいえば、ほとんどのエアパワーの理論家たちは、この紛争からすぐの時期に書かれた、以下の二人の専門家の評価に同意するはずだ。それは、「コソボの経験は、空爆だけで敵国家に重要な権益を明け渡すよう強制することができるという一般的な議論をほとんど証明していない[*32]」というものだ。

懲　罰

コソボの経験によって部分的に証明されることになったエアパワーに関する議論の一つが、商業・工業施設に対するする戦略爆撃の有効性である。ドゥーエとミッチェルはともに「敵の物質的な抵抗を破壊する」という意味から、この手段の使用に賛成する議論を展開しているのだが、ペイプは経済の民間セクターを破壊する懲罰戦略を取り上げ、その価値に疑念を抱いた。ところが皮肉なことに、ランベスはコソボの空爆を詳しく検証した著書の中で、「多国籍軍は（一九九一年に）サダム・フセインを屈服させることに失敗しているが、それとは対照的に、ミロシェビッチに懲罰はたしかに**効いた**ように」見えたという。[*33] スティーブン・ビドルはこれについて、「セルビア軍はほぼ無傷なまま残っていたが、電力・交通網は大きな損害を被《こうむ》った……ベルグラードの人々の心を変えたのは、このような経済基盤への脅威だった」と簡潔にまとめている。[*34] 専門家の中には「インフラを含む戦略的な目標への攻撃は、強制の成功に貢献できる」と結論づけている者もいる。

ドゥーエの戦略思想の中でも集中して取り上げられている話題の一つは、エアパワーが敵国の国民の士気にもたらすインパクトであるが、現実から出てきた結果はあいまいなものだ。ＮＡＴＯの空爆はセルビアのナショナリスト的な感情に火をつけることになったし、ミロシェビッチが考慮せねばならなかった程に、国民からの彼への支持にネガティブな影響をあたえた。一九九一年の湾岸戦争を十年後に再考した専門家たちも、同じようにあいまいな結果を発見している。エアパワーはイラク兵士の士気に影響を与えたし、前線の兵士の潰走《かいそう》には貢献した。しかし「五週間にわたる空爆でも、イラクの精鋭部隊たちはまだ戦う意志を持っていた。空爆はイラク軍の士気を叩くことによって彼らを無力化できたわけではない」のだ。[*35]

航空阻止

コソボは作戦レベルでの航空阻止の有益性についても疑問をもたらした。本物のターゲットとそっくりな囮《おとり》をつくるのは極めて容易であり、このおかげでほとんどのセルビア軍の戦車はＮＡＴＯのエアパワーによって破壊されずにすんだのだ。コソボのような山岳地帯で森林に覆われた地域で行動する敵は、その動きを簡単にカモフラージュすることできるのであり、また重車両を伴わずに行動する軽武装の歩兵部隊にたいするエアパワーの有効性というのは、いかなる環境下でも限定的である。これはすでに湾岸戦争でも証明されており、イラク軍の軍事戦力資源《アセット》の多くは多国籍軍のエアパワーではなく、地上部隊によって破壊されている。スティーブン・ビドルは、ペンタゴンが発表した一九九〇年代半ばの調査データを元にして、イラク軍の戦車・装甲車のうちの一〇〇〇台から四〇〇〇台が戦闘から破壊を免れたと推測している。彼によれば、「それとは対照的に、一九四四年七月の時点でのノルマンディーにおけるドイツの戦車は残り五〇〇台を切っていた」というのだ。[*36] これほどの高い生存率《サヴァイバル・レート》というのは、砂漠という比較的容易な作戦環境であったとしても、ターゲットを「見る」ためには、戦車の発する熱源すなわち動きが必要になってくるのであり、これによって動かずに防御を重視する部隊を発見するのは「腹立たしいほどに困難」な可能性があるとしている。[*37]

　二〇〇一年から二〇〇二年にかけてアフガニスタンで行われた「不朽の自由」作戦で判明したのは、冷戦後の最初の十年間の前半にランベスによって提唱された、エアパワーの二つの目立った能力の著しい進化であった。それは「状況認識」と「スタンドオフ攻撃能力」である。これは認識可能なあらゆるターゲットが精密爆撃によって破壊できるということだが、本当の難しさは、そのターゲットの探知のほうにある。コソボにおける戦場認識の多くは、地上からの攻撃の懸念から、高度約三〇〇〇メートル（一万フィート）以下を飛行できなかったパイロットたちによって作成されたものであった。おそらくこのような制限があったため、その後の無人機（ＵＡＶ）や、その他の戦場認識に関する技術の開発が劇的に進むことにつながったと言えるだろう。ランベスは、アフガニスタンにおける戦争が「敵の活動を探索するための包括的なな諜報活動、監視、そして偵察という、戦場をしつこく見下ろすための〝傘〟を使って遂行された」と述べている。そして「この傘は、重複する多重スペクトルセンサーのプラットフォームの集合によって構成されていた」のだ。[*38]

さらに重要なのは、個別のプラットフォームの進化と一緒になった新しい能力は、多くの情報を一元化して一つの絵にすることによって、かつてないほど戦場について明確な状況認識を生み出すことができるようになったという点だ。これらの進化は「継続的監視」(persistent surveillance) と呼ばれる、新しいエアパワーの概念の登場につながっている。[*39] 二〇〇一年から二〇〇二年にかけてのアフガニスタン戦争からは、この概念そのものも持続的に発展した。たとえば二〇〇三年以降の対反乱の任務では、道路上の即席爆発装置 (improvised explosive devices: IED) への警戒から「継続的監視」がかなり重視されるようになっている。また、二〇〇一年から二〇〇二年にかけてのアフガニスタンでの戦争が浮き彫りにしたのは航空拒否・阻止の能力の向上であり、これはスタンドオフ攻撃能力が高まった結果である。「継続的監視」のための装備には精密攻撃能力が付け加えられ、「無人機による戦闘」という新しいエアパワーの概念につながった。そしてこれ以降は、米軍だけではなく、CIAによってもこの戦い方が広範に使用されることになった。

斬首

理論家や実務家たちは、斬首戦略 (decapitation) というエアパワーの概念も再考している。一九九一年の湾岸戦争の研究をベースとしたロバート・ペイプのような学者たちの「斬首戦略《ディキャピテーション》は効果的にあまり意味は無い」という警告にもかかわらず、この概念はその魅力のために、二〇〇三年のイラク侵攻の初期の段階で再び実戦で採用された。劇的に精度を上げた精密誘導兵器のおかげで、アメリカのジョージ・ブッシュ大統領は サダム・フセインを直接攻撃するために予定されていた侵攻開始日を一日早めており、これによってイラク政府を「斬首」することを狙ったのだ。この戦略には「衝撃と畏怖《ショック・アンド・オウ》」(shock and awe: 第7章を参照)という名前が付けられ、ここでのカギ――エアパワー理論ではおなじみの言葉であるが――を握ったのが「フセインさえ取り除けばイラク政権崩壊を引き起こす心理的な衝撃を与えることになる」という考えであった。米国防省の計画は、戦略的に重要なターゲットを攻撃するために殺傷力の高い精密兵器を使用することにより、イラクのトップと、軍の指揮系統のインフラを圧倒し、同時に大規模な破壊や国民の犠牲を避ける、というものだった。

ところが戦争開始直後の指揮系統へのターゲットにたいする無数の攻撃でもフセインを殺害できなかったし、政権を崩壊させることもできなかった。この事実と、「不朽の自由」作戦の初期段階におけるタリバンのリーダーたちを狙った空爆の失敗から証明されたのは、このエアパワーの概念が本当に効果的なものかどうかは依然としてはっきりしないという点だ。このような攻撃は、正確かつタイミングの良い軍事的な情報収集に多くを依存しており、うまく空爆できたとしても、「現在のどの理論も、エアパワーが単独で政権を転覆させたり、それが正しい方向に政策転換するかどうかを予測することができない」ために、それが強制の成功につながるとは言い切れないのだ。[*40] その証拠に、二〇〇三年のイラクにおける印象的な勝利は、エアパワーの使用が地上軍の支援のための戦場のターゲットへと移って初めてもたらされたものだ。結局のところ、地上作戦の支援のために航空機が準備をしているさなかにフセイン政権を転覆させたのは、多国籍軍の地上部隊だったのである。

新しい理論面での境界

地上部隊との組み合わせによるエアパワーの使用とその価値というのは、冷戦後の後半の時代における、エアパワーについての注目すべき、かついくつかの点における新しい分野の議論であるとも言える。二〇〇一年から二〇〇二年にかけてのアフガニスタン戦争では、馬に乗ったアメリカの特殊作戦部隊（SOF）が、レーザー測距器やGPS関連機器を使って、誤差数メートル以内の、非常に正確な空爆を呼び込んでいる。二〇〇三年のイラク戦争でも、エアパワーは友軍の地上部隊と緊密な作戦の連携を行っており、彼らが敵部隊をより効率良く倒すための手助けをしている。それとは対照的に、アメリカは国益的な観点から、「イスラム国」との戦いで地上に部隊を派遣して、パイロットに対するターゲットの選定・誘導を行うようなことはしなかった。批判的な専門家たちは、アメリカ軍の中で、出撃したにもかかわらず爆弾を投下せずに帰還した航空機が多かった理由に、パイロットたちが同盟国側とイスラム国側の戦闘員を見分けることができなかったことを挙げている。[*41]

「統合作戦」は一九九〇年代を通して軍事関係者の議論の論点となっていたが、二〇〇〇年代の戦争において、その実戦での遂行は、質的に新しい段階に突入したと言える。理論家たちは、精密誘導攻撃や監視能力などを含むエアパワーのテクノロジーの進化における革命的なインパクトによって、エアパワーとランドパワーが同時に使われた場合にはさらに効果が上がったことを強調している。ビドルは一〇年前の画期的な研究の中で、「ほとんどの分析は、地上の目標を直接破壊する〝エアパワー〟の能力に注目したものばかりだが、それと同じくらい重要なのは、多国籍軍側が**地上部隊**の能力を**間接的に**上げたという点であろう」と予測している。[*42]

またアフガニスタンやイラクでは、エアパワーは現地の地上部隊と連携する形で機能している。これによって、エアパワーの使用と価値を検証する際の、新しい理論的な枠組みが登場することになった。アフガニスタン式の戦い方のモデルとは、現地の部隊（米軍ではない）とアメリカの特殊作戦部隊、そして精密誘導兵器で武装したエアパワーとの組み合わせによって、戦場の目標を達成するというものだ。アフガニスタンでは、アメリカの特殊作戦部隊とエアパワーが、タリバンとアルカイダを倒すために、北部同盟の一万五千人の兵士たちと共に戦い、イラクではアメリカの特殊作戦部隊とエアパワーが、北部のイラク軍を倒すためにクルド兵と共に戦っている。これと似たような形で、ＮＡＴＯのエアパワーは二〇一一年にリビアの反政府軍を支援するために使われている（表３・１を参照のこと）。

アフガニスタン式の戦い方の台頭は、それが本当に、そして将来的にも価値があるのかという点について、専門家の間で議論を巻き起こすことになった。何人かの学者は、有志連合側のエアパワーがアフガニスタンの北部同盟を本物の戦闘力を持った部隊に変えており、またこれがイラク北部で弱小部隊に決定的な行動力を与えたと指摘している。もちろんいくつかの欠点はあるが、このような観点からすれば、このモデルは価値のある選択肢の一つになる。その理由は、アメリカ側の犠牲を最少化して、紛争後の状況に正統性《レジティマシー》をもたらすことができるからだ。他の学者たちはこのアプローチを批判しているのだが、その理由として、たしかにこれはアフガニスタンの多くの地域でかなりの成果をもたらしているが、それでもトラボラではパキスタン軍やアフガニスタンの武装勢力に依存したために、オサマ・ビンラディンを取り逃がしてしまったという事実を挙げている。何人かの理論家たちは、地上での作戦行動を遂行する際の、現地の武装勢力に依存しすぎる危険性について警告している。なぜならこのような勢力には、与えられた任務を遂行するために必要となるスキルや動機が常にあるわけではないからだ。とくにこの理由としては、

表3・1　リビアにおけるNATOの作戦行動

●リビアの内乱は、この国のリーダーであるカダフィ大佐の政権に忠実な部隊が反乱部隊の蜂起に対して反撃を開始してから勃発した。
●2011年3月に国連安全保障理事会は、カダフィ側の部隊からリビアの市民や人口密集地域を守り、リビア上空の飛行の禁止を強制するために「あらゆる必要な手段」を容認するという決議案を通過させた。
●NATOは軍事的な解決を目指して「ユニファイド・プロテクター」作戦を決定した。公表されていなかったが、当初から狙いとして明らかだったのは、反乱軍の軍事的及び政治的狙いを支援してカダフィ政権を打倒することであった。
●NATOの攻撃目標は漸次広がっていき、最初は飛行禁止区域の履行を制限し、その次に地上の政府軍——これには戦車、大砲、政府側の兵士——に対する精密誘導攻撃が開始され、最後には宮殿や作戦本部、それに通信施設などに対する戦略的な攻撃を含む、戦術的活動に対する分散した攻撃に移っている。
●これらの攻撃のおかげで、反乱軍側は武装面で優れていたカダフィ政権側を打倒するための能力に影響を与えたとされている。しかし全体的にみれば、イギリス、フランス、そしてその他の国々がリビア内の現場に特殊作戦部隊を投入して反乱軍を訓練したり武装させるまで、軍事バランスは反乱軍側に傾くことはなかった。
●だんだんと練度を上げてきた現地の地上部隊を近接航空支援するNATOの精密誘導兵器を使ったエアパワーは、最終的にはカダフィ政権を打倒することになり、これによってアフガニスタン式の戦い方の正しさを証明することになった。

とりわけタリバンのような敵がこれらの戦術に素速く順応してしまうことが挙げられる。このモデルについて検証したビドルは、「タリバンはアメリカの攻撃に対して、ただやられっぱなしだったわけではなく……独自の方法を編み出しており……それと同時に、戦争の性格も変わったのだ」と論じている。[*43]

何人かの専門家はリビア介入に注目し、多国籍軍の「ブーツ・オン・ザ・グラウンド」をほとんど必要せずに、現地の武装勢力と協力する形で遂行する航空機中心の作戦を「航空介入」という用語を使って説明している。[*44]リビア

表3・2　イスラム国に対する空爆作戦

●2014年半ばには数カ国からなるアメリカ主導の有志連合が、イスラム教のカリフ国の建国を目標としてイラクとシリアのかなりの領域をコントロールしていた過激主義の戦闘的な集団である「イスラム国」に対して空爆作戦を開始した。
●この作戦でのエアパワーの使われ方は、現地住民の地上部隊を多国籍軍が支援するというアフガニスタンやリビアの形とは大きく違っている。陸上には多国籍軍が協同作戦を行えるような、組織された友軍が存在しなかったのだ。
●同盟国側は「イスラム国」を直接攻撃するためにエアパワーを使っており、これには指導部や司令部、訓練キャンプ、石油精製所、貯蔵施設、装甲車両、戦車、砲兵部隊、戦闘拠点などが含まれる。
●そのやり方のモデルは1991年の湾岸戦争の時の航空阻止の線に沿ったものであったが、航空作戦の後に多国籍軍の地上部隊を派遣するという意図はなかった。
●制空権は維持できていたが、それでもドゥーエのような形での「エアパワーだけで勝利できる」という考えはなかった。
●より限定的な目的として、エアパワーの使用によってイスラム国を弱体化させ、さらに彼らの活動を制限し、それによって「地域の指導者たちに問題を解決するための時間と場所を与える」ことにあったのだ。

参考文献：Clint Hinote, ‘The Air Campaign Against ISIS: Understanding What Air Strikes Can Do ? and What They Can’t’, Council on Foreign Relations, http://blogs.cfr.org, accessed 7 October 2015.

のシナリオは独特なものであったが、とりわけ「アフガニスタン型」の航空介入アプローチに当てはまるものだった。リビアはヨーロッパや補給基地にも近く、地形的にも空爆に適していたのだが、最も決定的だったのは、良きパートナーとなりそうな組織的でまとまっている反政府勢力による活動が存在していたことだ。このように好条件が重なることは珍しく、たとえばそれらは「イスラム国」に対する航空作戦では存在しなかった（表3・2を参照）。しかしながら、アフガニスタン・モデルは有益なため、将来の国際的な危機管理活動においては考慮の対象になるはずだ。

エアパワーと対反乱作戦

冷戦後の後半期におけるエアパワーの理論に関する重要な分野は、反乱やゲリラの鎮圧の際のエアパワーの役割と価値についての議論だ。九・一一連続テロ事件以降のこの分野におけるエアパワーの戦略思想は、実際に地上で起こった出来事に影響を受けることになった。つまり西側は、アフガニスタンやイラクにおいて明らかに勝利したにもかかわらず、それが長期的な反乱につながり、その任務が安定化作戦や国家再建へと移ったという事情にある。これらの地域で続いた非正規戦や、二〇〇六年のレバノン内のヒズボラに対するイスラエルの戦争は、ゲリラや反乱を根絶するためのエアパワーの使用が、相変わらず難しいものであることを証明した。反乱軍は市民の中に紛れ込み、犠牲者を出さずにエアパワーによる攻撃を実行することを不可能にしてしまう。さらにいえば、反乱軍はその性質上、そもそもエアパワーで狙うだけの価値のある標的を提供することは少ない。エアパワーの理論家であるジェームス・コルムは、産業の中心地や国家軍事司令部、そして大規模な通常兵力部隊のような、「有名なエアパワーの理論家たちのほとんどが好む〝決定的なターゲット〟というのは、ゲリラや反乱軍に対する戦争では存在しない。実際のところ、〝衝撃と畏怖〟や通常兵力部隊の士気を奪うことを狙った航空作戦というのは……小規模戦争では基本的に適用できない」と述べている。[*45]

コルムとレイ・ジョンソン（**Wray Johnson**）は、二〇〇三年に出版した共著『小規模戦争におけるエアパワー』（***Airpower in Small Wars***）の中で、反乱やテロリストに対する対処においてエアパワーにはまだ重要な役割があると結論づけている。無人機のような航空アセットによる状況認識の拡大は、紛争の強度の差に関係なく、いかなる任務の場合でも決定的に重要になってきており、同時にエアパワーの精密誘導攻撃能力は、アフガニスタンにおけるタリバンのようなターゲットの場合のように、いくつかの非正規戦の状況においてはとても効果的であることが証明されている。その証拠に、アフガニスタンとパキスタンの間の国境に沿って、アメリカによるテロの容疑者にたいする攻撃が、時の経過とともに正確になってきているのだ。さらに、精密誘導火器を持たない軽武装の友軍でも、精密誘導のエアパワーに依存することによって敵に損害を与えることができるのだ。全体的にいえば、理論家たちは「ハイテク兵器は、テロリストや反乱軍との戦いにおいては絶対的な解決手段にはならないが、それでも有能な〝戦力多重増強要素〟(force multiplier) を生み出すものである」と結論づけている。同時代の他の理論家たちと同様に、彼らは「エアパワーは地上部隊とうまく協調できた場合に、最大の効果を発揮する」と分析している。[*46]

より最近の専門家たちもこの意見に同意している。エアパワーの対反乱作戦における使用は第二次世界大戦以来の長い歴史を持っているにもかかわらず、反乱の本質からエアパワーが単独で戦略的効果を持つことはないと見なされているからだ。反乱軍のリーダーを殺害したり、補給を阻止したり、反乱側の聖域を攻撃するという意味で、エアパワーは戦術レベルの支援を行うことはできるが、反乱というのは究極的にはきわめて政治的な性質を持つために、より広範囲の戦略との密接な連携が必要となる。対反乱作戦におけるエアパワーの最大の価値は、他軍種と統合された時に、その他の政府の活動を成功させるための安全な条件をつくり出すのに貢献できるという点にある。[*47] さらに、エアパワーは平和支援活動を支援できる（表3・3を参照）。これは特定の敵が存在しないという意味で、対反乱作戦とは区別すべき任務である（第6章を参照）。

表3・3 平和活動におけるエアパワー

●平和維持や安定化作戦のような「平和活動」というのものは、対反乱作戦（そして通常戦）とは敵が認識されていないという点で区別される。介入する側の部隊は武力行使については公平な立場をとり、使用が許されるのは自衛の場合のみである。
●一見するとエアパワーは平和作戦にはそれほど関連性がないようだが、実際にはいくつかの面でその使用は重要になってくる。
●第一に、エアパワーは情報・監視・偵察（ISR）において致命的に重要である。たとえば航空無人機を使用した航空ISRは平和維持側の部隊に情勢認識をもたらし、現地軍や民間人、そして難民たちの情報を教えてくれる。また、無人機は国連平和維持活動に増大する脅威を与えている即席爆発装置（IED）の発見にも使える。国連の任務の多くは人員が慢性的に不足しており、平和維持部隊の隊員たちの目と耳を拡大するという役割を果たすことによって、無人機のようなISR関連のアセットは数多くの人員が果たす役割の代替が可能となっている。
●第二に、エアパワーは機動力の面において致命的に重要になる。平和維持活動が行われている国家というのは典型的にインフラが弱く、このおかげで戦争により被害を受けた地域の全域に展開し、移動するスピードが制限されている。固定翼と回転翼の両航空機は陸上の移動の制限を克服でき、任務の活動範囲や遠隔地への統治を広げることができるのだ。ISRの場合と同じように、機動力のための航空アセットというのは国連平和維持任務における慢性的な人員不足を部分的に補足できる。暴動などが勃発した地域に地上部隊がいない場合には、航空アセットはその現場に部隊を迅速に派遣できるのだ。

参考文献： Erik Lin-Greenberg, ‘Airpower in Peace Operations Re-examined’, *International Peacekeeping* 18:4 (August 2011).

無人機戦における戦略思想

冷戦後の時代、とりわけ九・一一事件以降の時期から、無人機は戦場空間でますます使われるようになっている。無人機はＩＳＲを提供するセンサーを搭載した機材として、一九九〇年代のバルカン戦争、その後の二〇〇〇年代にはアフガニスタンとイラク、そして二〇一〇年代にはイラクとシリアにおけるイスラム国との戦いで使われている。無人機はまず二〇〇一年のアフガニスタンで、既存の無人航空機を改修して対地精密誘導ミサイルを搭載することによって、初めて物理的《キネティック》兵器戦闘プラットフォームとして使用された。これにより、無人戦闘航空機（ＵＣＡＶｓ）を使用した「無人戦闘」が誕生した。これ以降、無人プラットフォームは開発段階から戦闘手段としてデザインされるようになり、イエメンや、パキスタンからアフガニスタンの間にある部族地域のような場所で、標的となったテロリスト容疑者を殺害するために頻繁に使われるようになっている。

無人戦闘航空機に関連する戦略思想はいまだ揺籃《ようらん》期にある。第一世代の無人戦闘航空機は、数千マイル離れた場所にいるパイロットによってコントロールされており、攻撃の決断は人間の手に握られていた。ステルス化されておらず、動きも遅く、多くの人の目には、すでに有人の航空機ができていたことを置き換えただけだと映ったのだ。無人戦闘航空機は、有人の航空機を送り込むにはリスクの高いような地域や、距離やパイロットの疲労によって活動が不適当な地域において精密誘導攻撃を行うことができた。この世代の無人戦闘航空機が戦争の遂行にもたらした最大のインパクトは、友軍にはリスクがないのでリーダーが精密誘導攻撃を許可しやすくなるという点から軍事力の使用の閾値《いきち》が下がったと思われたことだ（ただしこれについては議論になっている）[*48]。その合間にも無人戦闘航空機のドクトリンには対地攻撃に関することや、すでに航空阻止の部分で述べた考え方が含まれており、二つの無人プラットフォーム同士の空中戦に関してはまだ含まれていない。冷戦後や九・一一事件後の特殊な状況を踏まえて、アメリカとその同盟国たちは非正規戦の問題に取り組む一方で、完全な航空優勢を享受していた。アメリカの無人戦闘航空機は敵の無人戦闘航空機、さらには敵の有人航空機にもまだ対峙していない。無人戦闘航空機を使用していることが知られているのはイギリス、イスラエル、そしてアメリカだけであるが、中国とイランも作戦任務に展開可能な無人戦闘航空機を保有していると考えられている。[*49]

現在はすでに第二世代の無人戦闘航空機が開発中であり、これは戦略思想にも大きなインパクトを与えることになるだろう。このタイプのプラットフォームは高い機動性を持ち、機体は低視認性で、自律性も高く、紛争度の高い空域で活動することを意図してデザインされている。浸透攻撃、浸透ＩＳＲ、そして敵の防空網の制圧、さらにはすでにこのタイプのプラットフォームが行っているような近接航空支援にも使われる可能性がある。[*50] 無人戦闘航空機というのはまず有人航空機と対決するかもしれないが、ロボット戦のスピードがコンピューターの処理速度のスピードとともに加速するにしたがって、人間はそのループからはずれてロボット同士の戦いが実現しそうだ。自律的な無人戦闘航空機に関して、二つのドクトリンが台頭してきている。一つは「母船」（mothership）という概念であり、これは目標を見つけたり、任務を達成してから中央司令部に戻ってくるようにプログラムされた、高価値のロボットを使用するものだ。もう一つはそれとは対照的な「群れ《スウォーミング》」（Swarming）であり、これは多くの安価なロボットを独立的に動かしながらも一つの目標に向かって協働的《シナジー》に活用するというものだ。各ロボットの能力は低いが、もし一つの目標にロックされた場合にはシグナルを発信してその目標に群れとなって大量に襲いかかるようにプログラムされるのだ。[*51]

無人戦闘航空機は、戦略レベルにおいてはポジティブとネガティブの両方の効果を持っていると考えられている。まず一方で、抑止のための価値ある戦力資源《アセット》となる可能性がある。搭乗員をリスクにさらす必要がなく、しかもいままで対処できなかったような脅威に対して長距離精密誘導攻撃を加えることもできるため、信頼性の高い脅しになるからだ。ところが紛争にエスカレートするような状況をつくりあげることによって戦略レベルで不安定にする可能性もある。たとえばすでに中国は東シナ海の係争地に無人戦闘航空機を送り込んでおり、日本は中国の有人航空機よりも無人戦闘航空機を撃墜する可能性の方が高いと述べているからだ。

まとめ

一九九一年の湾岸戦争におけるエアパワーの予期せぬ戦場での（表向きの）成功は、通常兵器によるエアパワーについて、核兵器登場前の時代よりも理論面での議論をかなり進めることになった。その研究も豊富になり、ロバート・ペイプやスティーブン・ビドル、そしてベンジャミン・ランベスのような人々によるものが出てきた。もちろんドゥーエ的な「エアパワーを戦略的なターゲットに対して使う価値」のようなテーマも相変わらずその分析の枠組みを提供し続けているが、実際のところは、そのほとんどが新しいものばかりである。たとえばドゥーエには無視されていたがミッチェルの考えには沿っている、現在の「統合作戦」や作戦レベルの「航空阻止」のようなテーマだ。その後のコソボ、アフガニスタン、そしてイラクでの紛争のおかげで、初期のテーマはペイプやランベスなどによって精緻化されて整理されることになっただけでなく、ビドルやジェームス・コルムのような人々によって対反乱におけるエアパワーの使用や、西側のエアパワーがその現地の同盟軍と連合することの価値といった、新しい分野の研究を促すことになった。おそらくミッチェルも予測しただろうが、冷戦後の時代に行われた作戦においては、エアパワーと陸上兵力の統合は決定的に重要であった。最近の議論では、第一世代の遠隔操作物理的《キネティック》武器プラットフォームや、次の第二世代となる自律的プラットフォームがエアパワーから人間を排除することの含意に焦点が集まるようになっている。

冷戦後の最初の二五年間において、エアパワーの戦略思想はアメリカが制空権を保持している状態、すなわち米軍機に対する脅威の不在の中で議論されてきた。この状況はソ連の崩壊によってもたらされたものであり、冷戦後の時代となる現在もそのまま継続している、現代の極めて特殊な国際安全保障環境なのだ。地上で機動する部隊と精密誘導兵器の結合は増々効果を発揮しつつあるが、これはアメリカの航空優勢という仮定が、ほぼ絶対的な前提となっている。エアパワーの理論は、アメリカのライバルの台頭とともに再び試練を与えられ、さらに進化を遂げることになるだろう。

【質問】

1　ドゥーエとミッチェルの戦略思想の中心的な要素は何か？　彼らのアプローチの中で強みと弱みと認められているものはどのようなものか？

2　一九九一年の湾岸戦争におけるジョン・ワーデンの主なアイディアは何か？　そしてこれらはドゥーエの考えとどのような関連性を持っているのか？

3　一九九〇年代に認められた戦略爆撃と航空阻止の要素とはどのようなものか？　そしてこれらはドゥーエとミッチェルの戦略思想に関連させられる（させられない）ものなのか？

4　現代のエアパワーの「政治目的達成のための軍事的なツール」としての使い方は、第二次世界大戦の頃と比べてどのように変化したのか？

5　エアパワーは戦争で戦略的な効果を達成できるであろうか？

6　「アフガンモデル」は将来のエアパワーの使用において有効なアプローチであろうか？

7　非国家主体《ノンステートアクター》を含んだ紛争におけるエアパワーの価値とはどのようなものか？

8　無人機の戦いの台頭はエアパワーの戦略思想にどのようなインパクトを与えるだろうか？

註

1　ドゥーエのバックグラウンドについての詳細な議論については、Phillip S. Meilinger, "Douhet and Modern War," *Comparative Strategy* 12(1993): 321-38. ドゥーエの思想についての初期の考察についてはEdward Warner, "Douhet, Mitchell, Seversky: Theories of Air Warfare," in Edward Mead Earle, *Makers of Modern Strategy: Military Thought from Machiavelli to Hitler* (Princeton, NJ: Princeton University Press, 1943)[エドワード・ワーナー著「第20章：航空戦理論、ドーエ、ミッチェル、セベルスキー」ピーター・パレット編著『現代戦略思想の系譜：マキャベリから核時代まで』ダイヤモンド社、一九八九年].を参照のこと。

2　Giulio Douhet, *The Command of the Air*, trans. by Dino Ferrari, ed. by Joseph Patrick Harahan and Richard H. Kohn (Tuscaloosa, AL: University of Alabama Press, 1942), 9.

3　Meilinger, 328.

4　Ibid., 325.

5　Douhet, 24.

6　Ibid., 23.

7　Meilinger, 327.

8　Douhet, 28. 太字は原文ママ。

9　Ibid., 99.

10 Ibid., 94, 100.
11 William Mitchell, *Winged Defense* (Port Washington, NY: Kennikat Press, 1925), 126-127.
12 この節のミッチェルの言葉については以下からの引用。William Mitchell, *Winged Defense* (Tuscaloosa, AL: University of Alabama Press, 2009), xv, xvi, 18.
13 David Berkland, 'Douhet, Trenchard, Mitchell, and the Future of Airpower', *Defense &Security Analysis* 27:4 (December 2011), 391.
14 以下を参照のこと。Andrew L. Stigler, 'A Clear Victory for Air Power: NATO's Empty Threat to Invade Kosovo', *International Security* 27:3 (Winter 2002/03), 124-157.
15 John Warden, *The Air Campaign: Planning for Combat* (Washington, D.C.: Brassey's, 1989), 88-89. First published by the National Defense University Press, 1988.
16 John Andreas Olsen, *John Warden and the Renaissance of American Air Power* (Washington, DC: Potomac Books, 2007), 108-109.
17 John Warden, 'The Enemy as System', *Airpower Journal* (Spring 1995), http://www.airpower.maxwell.af.mil accessed 7 October 2015.
18 Robert A. Pape, 'The Limits of Precision-Guided Air Power', *Security Studies* 7:2 (Winter 1997/1998), 97.
19 Robert A. Pape, *Bombing to Win: Airpower and Coercion in War* (Ithaca, NY: Cornell University Press, 1996), 316.
20 Ibid., 24.
21 Ibid. 325.
22 Ibid., 326. 太字は引用者による。
23 Benjamin S. Lambeth, 'Bounding the Air Power Debate', *Strategic Review* (Autumn 1997), 49.
24 Ibid., 53.
25 Benjamin S. Lambeth, 'The Technology Revolution in Air Warfare', *Survival* 39:1 (Spring 1997), 66.

26 Ibid., 65-66.
27 Benjamin S. Lambeth, *The Transformation of American Air Power* (Ithaca, NY: Cornell University Press, 2000), 8, 274.
28 US Air Force, *Global Engagement: A Vision for the 21st Century Air Force* (Washington, D.C.: Department of Defence, 1996). http://www.au.af.mil/au/awc/awcgate/global/global.pdf accessed 19 July 2016.
29 Ibid., 266.
30 US Air Force, http://www.au.af.mil/au/awc/awcgate/global/global.pdf accessed 19 July 2016.
31 Benjamin S. Lambeth, 'Air Power, Space Power and Geography', *Journal of Strategic Studies* 22:2 (1999),64.
32 Daniel L. Byman and Matthew C. Waxman, 'Kosovo and the Great Airpower Debate', *International Security* 24:4 (Spring 2000), 6.
33 Benjamin S. Lambeth, *NATO's Air War for Kosovo: A Strategic and Operational Assessment* (Santa Monica, CA: RAND Corporation, 2001), 224.
34 Stephen Biddle, 'New Way of War? Debating the Kosovo Model', *Foreign Affairs* 81:3 (May/June 2002), 140.
35 Daryl G. Press, 'The Myth of Air Power in the Persian Gulf War and the Future of Warfare', *International Security* 26:2 (Autumn 2001), 37.
36 Stephen Biddle, 'Victory Misunderstood: What the Gulf War Tells Us About the Future of Conflict', *International Security* 21:2 (Autumn 1996), 152.
37 Press, 41, 43.
38 Benjamin S. Lambeth, *Air Power Against Terror: America's Conduct of Operation Enduring Freedom* (Santa Monica, CA: RAND Corporation, 2005), 253.
39 Michael O'Hanlon, 'A Flawed Masterpiece', *Foreign Affairs* 81:3 (May/June 2002), 59.
40 Robert Pape, 'The True Worth of Air Power', *Foreign Affairs* 83:2 (March/April 2004), 118.
41 Jacqueline Klimas, 'U.S. Bombers Hold Fire on Islamic State Targets Amid Ground Intel Blackout',

Washington Times, 31 May 2015.

42 Biddle, 'Victory Misunderstood', 162.

43 Stephen Biddle, 'Afghanistan and the Future of Warfare', *Foreign Affairs* 82:2 (March/April 2003), 35.

44 Karl P. Mueller, 'Victory Through (Not By) Airpower', in Karl P. Mueller, ed., *Precision and Purpose: Airpower in the Libyan Civil War* (Santa Monica, CA: RAND Corporation, 2015), 373.

45 James S. Corum, 'The Air Campaign of the Present and Future: Using Airpower Against Insurgents and Terrorists', in Allan D. English, *Air Campaigns in the New World Order* (Winnipeg, MB: University of Manitoba Centre for Defence and Security Studies, 2005), 26.

46 James S. Corum and Wray R. Johnson, *Airpower in Small Wars: Fighting Terrorists and Insurgents* (Lawrence, KS: University Press of Kansas, 2003), 430-431, 433.

47 Derek Read, 'Airpower in COIN: Can Airpower Make a Significant Contribution to Counter-Insurgency?', *Defence Studies* 10:1-2 (March-June 2010), 147.

48 Sarah Kreps and Micah Zenko, 'The Next Drone Wars', *Foreign Affairs* 93:2 (March/April 2014), 68.

49 Ibid., 71-72.

50 Michael Mayer, 'The New Killer Drones: Understanding the Strategic Implications of Next-Generation Unmanned Combat Aerial Vehicles', *International Affairs* 91:4 (2015), 774.

51 Elinor Sloan, 'Robotics at War', *Survival* 57:5 (October/November 2015), 112.

【参考文献】

Corum, James S. and Wray R. Johnson. *Airpower in Small Wars: Fighting Terrorists and Insurgents* (Lawrence, KS: University Press of Kansas, 2003).

Douhet, Guilio. *The Command of the Air*, trans. Dino Ferrari, ed. by Joseph Patrick Harahan and Richard H. Kohn (Tuscaloosa, AL: University Of Alabama Press, 1942).

Lambeth, Benjamin S. *The Transformation of American Air Power* (Ithaca, NY: Cornell University Press, 2000).
Lambeth, Benjamin S. *Air Power against Terror: America's Conduct of Operation Enduring Freedom* (Santa Monica, CA: RAND Corporation, 2005).
Mayer, Michael. 'The New Killer Drones: Understanding the Strategic Implications of Next-Generation Unmanned Combat Aerial Vehicles', *International Affairs* 91:4 (2015).
Mitchell, William. *Winged Defense* (Port Washington, NY: Kennikat Press, 1925).
Pape, Robert A. *Bombing to Win: Airpower and Coercion in War* (Ithaca, NY: Cornell University Press, 1996)
Read, Derek. 'Airpower in COIN: Can Airpower Make a Significant Contribution to Counter-Insurgency?', *Defence Studies* 10:1-2 (March-June 2010).
Warden, John. *The Air Campaign: Planning for Combat* (Washington, DC: Brassey's, 1989).

第４章 ❖ 核戦力と抑止

核戦力について考える場合、われわれはこれが戦いの次元としてはこれまでのものとは質的に異なるものであることを熟慮せざるを得なくなる。シーパワー、エアパワー、さらにはサイバー戦争（第８章を参照）などの分野では、実際の戦争のやり方を語ることができるが、核戦力となると、われわれは完全に抽象的で理論上の世界に突入してしまうからである。ローレンス・フリードマン（Lawrence Freedman）が一九八六年に冷戦の核戦略家たちの分析として鋭く指摘したように、核戦力の研究と戦略は、これらの兵器の「不使用」の研究なのである。[*1]

広島と長崎に原爆が落とされてから最初の四五年間の冷戦期には、核兵器が使われなかったという事実があるにもかかわらず、核戦略の政策や学術的な面での議論が——軍事的・政治的な目的のために核という手段を使うべきか、そしてもうそうであれば実際にどのように使うべきなのか——豊富にあった。第二次世界大戦の直後から始まったこのよく知られた歴史は、「核兵器は単にエアパワーの強力なツールだ」という認識から始まって、次に「このような兵器は戦争を避けるために使われるのが最適だ」という認識になり、一九五〇年代半ばのアイゼンハワー政権の「世界中のどこでも侵略が行われれば核兵器で大量報復する」という宣言、さらには一九五〇年代後半の一時的に出てきた「限定的な核戦争を戦う」という認識にまで移り変わってきている。これはケネディ政権と次のジョンソン政権の通常兵器と戦術核兵器、そして戦略核兵器を複合的に使用するという脅しを組み合わせた「柔軟反応」という事態のエスカレーションのフレームワークや、カーター政権のソ連のエスカレーションに対してアメリカ側の効果的な対処によって反応するという「相殺戦略」に続き、そして最後にレーガン政権による、攻撃的な戦略と弾道ミサイル防衛の混合を強調したものにつながってきている。ここまでの間に新しい戦略用語が生まれており、たとえば「第一撃」(first strike)、「第二撃」(second strike)、「対兵力」(counterforce)、「対価値」(countervalue)、「懲罰的抑止」(deterrence by punishment)、「拒否的抑止」(deterrence by denial)、そして「相互確証破壊」(mutual assured destruction: MAD)などがある。

本章では核戦力と抑止に関する戦略思想を検証している。最初に冷戦期について簡単に触れてから、冷戦後や九・一一事件の後の時期について見ていく。冷戦期の最も著名な戦略家はバーナード・ブロディ(Bernard Brodie)とトーマス・シェリング(Thomas Schelling)だが、現代になるとアメリカの学者であるキース・ペイン(Keith Payne)や、イギリスの学者のコリン・グレイ(Colin Gray)やフリードマンとなる。他にも現代において重要な戦略思考は、米国防総省のいくつかの文書に反映されており、とくに注目すべきは二〇〇一年版の「核態勢の検討」(Nuclear Posture Review : NPR)、二〇〇六年の「統合作戦概念における抑止作戦」(Deterrence Operations Joint Operating Concept : JOC)、そして二〇一〇年版の「核態勢の検討」(Nuclear Posture Review: NPR)である。これらを通して見えてくるのは、直近の脅威に対して冷戦期に確立された「抑止《よくし》」という概念をいかに適用すべきかという、その考え方の移り変わりである。

核兵器というのはあいかわらず極めて特異な存在であることは間違いないのだが、それでも今日では冷戦期と違って、非核能力と非軍事的な要素が、抑止全体のメニューを補完する役割を果たしている。

冷戦時代

核戦力というのは戦争を防ぐためには最適なものとして論じられてきたため、それについての議論は「抑止《ディタ－レンス》」(deterrence)という文脈で議論されることが多い。抑止は、相手に費用便益分析を行わせて、特定の行動を起こさせないよう確信させることを狙ったものと定義できる。「軍事力の脅しによって紛争を防ぐ」というアイディアは、戦争そのものと同じくらい古い歴史を持っている。歴史的には数千年以上もさかのぼることができ、たとえばツキュディデスのペロポネソス戦争の分析の中にも見て取ることができる。ところが人類の歴史が始まって以来、抑止の概念がここまで厳格に研究されたのは、冷戦期の核時代が最初であった。一九五〇年代末から、アメリカの学者たちは「懲罰的抑止《ちょうばつてきよくし》」(deterrence by punishment)、つまりコストが計算できないくらい大きいために相手が特定の行動をとらないよう納得させることを狙ったものや、「拒否的抑止《きょひてきよくし》」(deterrence by denial)、つまり相手に作戦面での目標を達成できないことを認識させて特定の行動をとらせないようにすることなどを論じてきた。もちろんこの他にも微妙にニュアンスの異なるものもあるのだが、冷戦期の抑止理論は「懲罰的抑止」と核兵器についての議論が分析の中心をなしていた。米ソ両超大国は、敵の核弾頭を積んだ大陸間弾道ミサイルが自国の国民の住む地域にたいして及ぼす脅威のために軍事行動が抑止されていたのであり、この場合の国民の住む地域は「対都市(対価値)」(countervalue)のターゲットと呼ばれた。一九六〇年代半ばにソ連はアメリカと核戦力の点でほぼ同等の能力を持てたために冷戦期の戦略状況は安定したのだが、この場合は双方とも「第一撃」(first strike)——一方が行う核攻撃——を生き残り、それでもまだ「第二撃」(second strike)、つまり反撃を行うのに十分なだけのミサイルと核弾頭を保持することとなった。「拒否的抑止」が役割を果たしたおかげで、戦略家たちは相手の軍とそのリーダーシップをターゲット——「対兵力」(counter-force)と呼ばれる——にして核戦争を戦うことを考え始めた。このような議論は、極めて数学的で能力志向の抑止達成のための手段の提案につながっている。

このトピックについて書かれた冷戦期の文献の規模は膨大であるため、ここでは詳細について議論することはないが、この時代の抑止に関する思想家の中で目立つ存在としては二人おり、彼らがこの分野の戦略思想の基礎を築いたのである。核時代の軍事戦略への示唆を最初に示したのは、アメリカの政治学者であるバーナード・ブロディである。一九四六年の編著『絶対的兵器』(*The Absolute Weapon*)の中で、ブロディは「これまでのわが軍上層部の主な目的は戦争に勝つことであったが、これからはそれを避けることとすべきである」という有名な分析を行っている。[*2] それを証明するために、彼は核兵器の役割をどのように見ればよいのかを示すための知的な枠組みを設定している。その後に出版した『ミサイル時代における戦略』(*Strategy in the Missile Age*:一九五九年)の中で、ブロディは抑止は常に国家戦略や外交におけるツールの一つであったが、核時代の台頭のおかげでこの概念には実に多くの独特な要素が含まれることになった、と指摘している。それまでの抑止というのは失敗も成功も含まれるダイナミックなものであったが、核時代にはそれがいかなる失敗も許されない絶対的なものとなったのだ。つまり「抑止はいまや一種の戦略的な政策、要するにその土台となる報復的な手段が使われることがないとかなりの自信を持てる場合にだけ使われる政策」となったのだ。ブロディは効果的な抑止の中心的な要件の一つとして「信頼性」(credibility) を挙げている。そして後に「先制不使用政策」(no first use：NFU) と呼ばれるようになったものを宣言することの愚かさを説明しており、これを「あらかじめ敵に対してわれわれは自分たちの都市に爆弾が落ちたと認識するまで攻撃しないぞと宣言するのは、戦術的にも実際的にも間違っている」と説明している。そして核時代には、弱い側の抑止が持つ潜在的な価値は、通常兵器しかなかった時代よりも遥かに高いこと（現在の世界におけるこの典型的な例を一つ挙げれば北朝鮮の持ったった数発の核兵器であろう）を指摘している。さらにブロディは「最小限抑止」を追求することの危険性についても言及している。なぜなら抑止する側は常に信頼性のある存在でなければならず、報復力は相手に先制攻撃を行える態勢にあって、敵の報復力を圧倒できなければならないからだ。[*3]

アメリカのもうひとりの学者であり、経済学者であるトーマス・シェリングは、冷戦期の超大国同士の間に安定を生む要件やメカニズムを検証した。彼の取引、交渉、そしてゲーム理論に関するアイディアは、一九六〇年の名著『紛争の戦略』(*The Strategy of Conflict*) の中で詳細に論じられているが、[*4] これらは大国関係が以前の状態よりも悪化するとますますその関連性が上がってくることになる。後の一九六八年に発表した『軍備と影響力』(*Arms and Influence*) では、シェリングは抑止と「強要」(compellence) を区別することの重要性を説いており、この概念は後に戦略研究の文献の中でも取り上げられることになった。単純にいえば、抑止とは相手に何かを**しないように促す**ことを意図した行動のことを示し、強要の最大の目標は、相手に何かを**させること**にある。シェリングによれば、「抑止には……舞台の設定とともに、**待ち受け**を必要とする。行為の顕在化は相手次第なのだ……対照的に、強要には、通常、敵が反応した場合に止められる、または無害化しうる行動を開始することが含まれている。抑止のためには……塹壕を掘り……待ち受ける。強要のためには、相手側に衝突を避けるための**行動をさせる**ために……十分に加速する。

強要より抑止のほうが容易」なのだ。[*5] 現在のように、とりわけアメリカが自分たちと似たような存在のライバルと対峙する可能性が高まっている時代には、強要は一定の役割を果たすはずだ。ところが抑止という概念はそれよりもはるかに応用の効くものであり、たとえばライバル大国だけではなくならず者国家や非国家主体まで、実に幅広い相手に対しても使えるからだ。

西側諸国の観点から見れば、当時の最大の敵はソ連であり、この国は恐ろしい拡大主義的な存在でありながらも、同時に合理的な行為主体《アクター》で保守的な存在であると考えられていた。戦略レベルで言えば、抑止はアメリカがソ連にたいして「第二撃」を保証できるだけの一定数の核弾頭を維持することで達成できるとされた。そのために必要とされるものについてはほぼ技術的な面だけで議論されることになり、たとえば抑止を維持するためにはどのようなタイプのどれだけの数の核戦力が必要かということが論じられた。戦術レベル、つまりヨーロッパの戦場における抑止は、通常戦力、戦術核、そして戦略核戦力において「エスカレーション・ドミナンス」(escalation dominance：事態のエスカレーションに関して自らがイニシアティブを持っている状態)を維持することで達成できるとされたのだ。

抑止というのは独特な概念だが、その理由は、それが「起こらなかった」ことによって判断され、それが本当に「効いた」のかどうかは誰も完全に知ることはできないという点にある。それでも冷戦期には米ソ超大国の間では軍事的な交戦が起こらなかったために、抑止は成功したと考えられている。その結果、ポスト冷戦期初期には冷戦期の抑止理論の基礎をそのまま冷戦後の環境に当てはめる傾向が見られたのであり、とくにアメリカとロシアの核弾頭やミサイルの保有数に注目し続けるものが多かった。もちろんこの核兵器はいまだに存在しつづけているために、それに注目すること自体には意味があるといえる。最近の例では、アメリカとロシアの間で戦略兵器削減条約(Strategic Arms Reduction Treaty)が二〇一一年に発効していることが挙げられる。ところが冷戦期の核政策と抑止についての実践法やその考え方のほとんどは、冷戦後や現在に登場してきた新たな脅威や状況によって、すでに時代遅れのものとみなされるようになってしまった。

現在の抑止理論

二〇〇八年にアメリカの統合参謀本部議長のマイケル・マレン（Michael Mullen）海軍大将は「われわれには新しい抑止理論のモデルが必要であり、それは今すぐ必要なのです……テロリストは大量破壊兵器を獲得しようとしており、いくつかの（ならず者）国家……たちは独自の核兵器を造って改良しようとしているのです。国家間紛争の亡霊は激減しましたが、それでも消滅したわけではありません」と忠告している。[*6] 彼の見方によれば、冷戦以降には抑止理論の進展がほとんど見られていないという。あるアメリカの専門家によれば、「必要なのは基本となる（抑止）理論の再検証なのであり、そこから冷戦期の無駄なものを排除しつつ、現代の状況にどのように当てはめればよいのかを決定すること」なのだ。[*7]

このような議論にもかかわらず、冷戦後の最初の二〇年間には核戦力と抑止についての戦略思考について、当初はシンクタンクや学術レベル、後には政府の公式な政策文書としてそれなりの量のものが出てきている。一九九六年のキース・ペイン（Keith Payne）の著書である『第二次核時代の抑止』（*Deterrence in the Second Nuclear Age*）は、冷戦後の抑止環境の性質について検証する最初のまとまった研究である。冷戦期のものとくらべて最も目立った変化は、アメリカとその同盟国たちがたった一つの大きな脅威に集中して考えるような余裕を持てなくなったということである。つまり北朝鮮や（当時の）イラクのような、いくつかの地域の小国がもたらす脅威が出てきたということだ。ただし注目を集めなかったが重要なのは、抑止戦略の実践の仕方における変化だ。冷戦後の時代に重要になったのはアメリカへの「対抗者」とそれが置かれている特定の「文脈」についてのインテリジェンスであり、冷戦期のアメリカ軍にとっての脅威(ソ連にたいする抑止の応用の仕方)においては重視された「性格」の重要性は減少してきた。ペインは、「抑止政策の信頼性を高めるための方策の最初のステップは、孫子の〝敵を知れ〟という根本的な警告に戻ることであり……これには相手の性格や動機、決意、そして政治的な文脈が含まれる……これらの問への答えは一般化できるものではない」と強調している。[*8]

この頃に登場してきたのは、冷戦時代の一般化された想定から、新たに台頭した敵に対して抑止政策を適合《テーラード》させなければならないというアイディアであった。ペインはまだ国家という行為主体《アクター》を想定しつつも、以下のような基本的な決断を下すべきだと論じている。一つは、新たな敵と「ホットライン」のようなものがないなかで、どこまで実際にコミュニケーションを取ることができるかどうかという点であり、もう一つは敵が何を最も価値の高いもの(例:重心)として見ているのかという点、もし意思決定者を狙うのであれば、その人物が本当に政策決定を担当しているのかどうかという点、そして敵はどのような種類の脅しを深刻なものとして受け取るのかどうか、そしてそこには考慮されるべき文化的・特質的な要素があるのかどうかという点などである。ペインは後の著作で抑止政策を特定の敵や文脈に適合《テーラード》させるためのフレームワークを提示している。リーダーシップの性格や、コストとリスクの許容範囲、そしてアメリカの脅威の信頼性についての考えなどは顕著《けんちょ》に出てくるものであり、これは後にアメリカの抑止政策のオプションの説明として提示された。ペインが記しているように、ここでのアイディアは、最初に特定のケースに当てはまる抑止の機能にとって決定的に重要な要素を見つけるために、まず敵の決定のプロセスに「入り込む」ことであり、それから最も適切なアプローチを決定できるというのだ。ただし、「特定の敵の考え方や核心にある信念が、どのように相手の行動の計算に影響する可能性が高いのかを確かめ、これらを元にしてアメリカの抑止政策を形成できるような簡単な方法は存在しない」のである。[*9]

「テーラード抑止」という言葉は、二〇〇六年の「四年ごとの国防見直し」（Quadrennial Defense Review：QDR）まで米国の公式政策文書の中では使われていなかった。ところがこの文書の中で強調されていたのは「敵を知る」ために必要とされる背景の調査ではなく、むしろ能力アプローチの方であった。この文書では「国防総省はすべてに適用できるような抑止の概念から、より適合《テーラード》させることが可能なアプローチへのシフトを継続しつつある……将来の米軍は国家と非国家からの脅威を抑止する完全にバランスのとれた適合《テーラード》された能力を持つことになる」と記されている。[*10] 前述した国防総省の「統合作戦概念における抑止作戦」（JOC）はこの年の後半に発表されたが、対照的に現代の抑止の複雑さにたいしてより最適化されたものであった。この文書では、アメリカの抑止への取り組みはその様相に適合《テーラード》されたものでなければならないと記されている。なぜなら特定の状況下での特定の敵についての認識と、そこから生まれる決定のメカニズムの二つは根本的に異なるものであるからだ。さらにその文書では、最初に抑止のための直接的な手段――これがテーラード抑止だ――とその抑止を可能にする物をそれぞれ区別しなければならないと記している。実際の「抑止の土台」として抑止を可能にしているのは「世界について情勢認識」だというのだが、これは一見すると曖昧であるにもかかわらず、その構成要素を見ていくと、より具体的な姿を現してくる。これには二つある。一つがペインの分析でもすでにお馴染みの、敵の意思決定者の価値、文化、損益についての知識、そしてリスクにたいする傾向などについて最大限知り得る知識を蓄積することである。もう一つは、敵の戦力資源《アセット》、能力、そして脆弱性などについての作戦面において有用となる情報を獲得することだ。[*11]ペインは後の著作でこのテーマをさらに詳細に論じており、敵を最大限理解するための「テーラード・インテリジェンス」の必要性を説いている。彼によれば「現在の抑止こそが、インテリジェンスにとって最初の、そして最も重要な案件」だというのだ。[*12]

二〇〇六年のＪＯＣ（これはすでに発表されてから十年以上たっているがまだ修正版が出ていない）は抑止における戦略思想に重要な貢献をしているのだが、それは狭い軍事力の捉え方ではなく、抑止に作用しているより広範囲な非軍事的な要素も含めていたからだ。これによってアメリカ軍は、以下で述べる「新三本柱」(the New Triad) で最初に示された戦略抑止の概念に、核戦力や通常戦力だけでなく、外交、経済、そして情報ツールも含めたのだ。したがって、ＪＯＣでは「戦略コミュニケーション」、もしくは抑止の効果を発揮させる直接的な手段として「(アメリカの) 国益にとって有利となる状況をつくり、強化し、もしくは維持するために、相手側のカギとなる聴衆を理解して取り組むための試み」について言及している。[*13]この結果として、「テーラード」アプローチというアイディアは、新たなレベルまで高められたのだ。ペインによれば、「いくつかのケースでは、抑止にたいする**非軍事的な**アプローチのほうが最も効果的かもしれないし、別の場合には**通常戦力のオプション**のほうが適切で有利かもしれない。そしてそれでも**核兵器による**脅しというオプションは、抑止のために必須かもしれないのだ」と記している。[*14]

能力を「テーラード」する

これまでの核政策と抑止における戦略思考の流れの発展についての簡潔な議論でもわかるように、ここ二〇年間で台頭してきた「テーラード抑止」というアイディアには、二つの重要な側面がある。それは

「特定のアクターと状況に適合させる」という面と、ＪＯＣでも出てきたような「直接的な手段」と「抑止を可能にするもの」を区別して能力を適合させるという面だ。冷戦後の最初の十年間におけるペインの抑止についての戦略思想は「特定のアクターと状況に適合させる」という面に取り組んでいたのだが、もう一つの面である、抑止に必要となる能力の変化について包括的に取り組んだ最も初期のものとしては、ブッシュ政権の時の二〇〇一年版の「核態勢の検討」（ＮＰＲ）にまでさかのぼることができる。この文書は同年一二月に発表されたが、実はその準備は九・一一事件のはるか前から開始されたものであり、そこでは「新三本柱《ニュー・トライアッド》」がアメリカの核態勢の基盤を成すものとして紹介されていた。冷戦期に戦略抑止の基礎を構成していた「旧三本柱《オールド・トライアッド》」である、爆撃機、大陸間弾道ミサイル（ＩＣＢＭｓ）、そして潜水艦発射弾道ミサイル（ＳＬＢＭｓ）に代わって、「新三本柱《ニュー・トライアッド》」の一本目の柱には、「旧三本柱《オールド・トライアッド》」に含まれていた（核戦力を含む）あらゆる攻撃システムの他に、最新鋭の長射程の通常戦力による攻撃能力が加わった。この意味で、従来は大陸間核兵器だけで構成されていた「戦略抑止」に通常戦力まで組み入れられることになったのだ。「新三本柱《ニュー・トライアッド》」の他の二つの柱には、「積極・受動的防衛」（最も目立つものはミサイル防衛）と、攻撃・防衛部隊を維持するのに十分な、研究、開発、そして産業インフラを意味する「対応インフラ」(responsive infrastructure) がある。

ブッシュ政権の「新三本柱《ニュー・トライアッド》」は、長年待ち望まれていた抑止についての戦略思考や、アメリカの抑止政策における核兵器の役割と立場からの決別を表明したものであった。当時の国防省長官であるドナルド・ラムズフェルド (Donald Rumsfeld) はＮＰＲのまえがきの部分で、「この文書（ＮＰＲ）の結果として、アメリカはもうロシアを以前のソ連の脅威の縮小版と見なすような形で部隊編成を計画したり規模を調整したりそれを維持したりするようなことがなくなるだろう」と述べている。[*15] したがって、ＮＰＲはアメリ力が核政策の中心として持っていた「相互確証破壊」(mutual assured destruction：MAD) を公式に破棄した文書となったのである。大規模な報復的核攻撃のための「旧三本柱システム」の代わりに、「新三本柱《ニュー・トライアッド》」は特定の状況に適合した反応をすることを狙いとしており、その結果として抑止の信頼性を高めるものだ。これはその二世代前の「大量報復」がより柔軟なアプローチにとって代わられたような状況と似ている。ところがNPRはさらに「柔軟反応」を上書きしており、通常戦力は核兵器による報復まで上昇する「エスカレーション・ラダー」における下層のものではなく、それ自身が戦略的抑止として行動することができるという考えを明らかにしたのだ。その他にも、防御をその戦略ドクトリンの中や、潜在的な「対兵力」能力に含むことによって、NPRはその概念の方向性を「懲罰的抑止」から「拒否的抑止」へとシフトさせたことを示していた。これらの多くの新しい要因は二〇〇〇年代に議論の的となったが、これらの議論はただ単に核戦力と抑止についての戦略思想の境界線を拡大する役割を果たしただけであった。

通常戦力による抑止

「新三本柱《ニュー・トライアッド》」の中でも議論を引き起こしたのは、戦略的軍事態勢の一つの柱の中に核戦力と通常戦力を含んでしまったという点であった。このような懸念を表明した代表的な人物が、学者のスティーブン・シンバラ (Stephen Cimbala) である。彼は二〇〇五年の著作の中で、「通常戦力の長射程精密誘導攻撃とＩＣＢＭによる核攻撃を同時に使うことになれば、核戦力と通常戦力のオペレーションの防火帯を侵食してしまうことになるかもしれない」と論じている。シンバラにとってこの新しい概念的なアプローチが示唆していたのは、核兵器が抑止的な任務だけを持った独自の領域のものとして扱われなくなったということであった。危険なことに、「核兵器は新しい軍事的シナジーの一部となり、世界戦争を開始するものではなくなった」のであり、実際に使用される可能性が高まったことを示しているというのだ。[*16]

ところがこの概念の支持者たちは、冷戦期の三本柱《トライアッド》を新たな非核戦略能力と統合するのはそれとは**正反対の**、核兵器への依存度を低くするためのものであると反論している。二〇〇一年のＮＰＲでは、二一世紀のあらゆる脅威を抑止する場合には、攻撃的な**核戦力**だけに依存した戦略態勢は不適切である――つまり信頼性がない――とするペンタゴンの考え方が表されている。冷戦期のアメリカのソ連にたいする核兵器による脅しが信頼性の高いものと考えられていたのは、アメリカの生き残り《サバイバル》がかかっていたからである。ところが現代のアメリカ（や同盟国たち）の生き残りにリスクを及ぼさないような地域レベルの不測事態では、アメリカの核抑止の脅しには信頼性がないと見なす者も出てくる。アメリカの通常戦力による長射程誘導打撃力が劇的に改善したことを示した一九九一年の湾岸戦争の直後に、後にクリントン政権で国防長官を務めることになるウィリアム・ペリー（William Perry）は、「この新しい通常戦力の能力は、アメリカの戦争抑止のための能力に強力な要素を与えたのであり、たしかに核兵器ほど強力ではないが、それでもアメリカの国益にとって決定的に重要な地域紛争においてはより信頼度の高い抑止手段となった」と指摘している。[*17]

通常兵器の長射程精密誘導打撃能力というのは、二つの基本的な理由から抑止の信頼性を増加すると見られている。第一に、現在の通常戦力はあまりにも強力で精密誘導能力が上がったために、かつては核兵器が担ってきた敵の戦略的、高価値なターゲットの破壊という任務が可能になり、相手に許容できないコストを与えることができると考えられるようになったからだ。第二は、「限定的な核戦争」というのが矛盾した存在であるのにたいして、「限定された通常戦力による戦争」は明らかに可能なものであるために、性能を上げた通常兵器は使用しやすくなったからだ。たとえばイギリスで発行されている一九九八年版の『戦略防衛・安全保障見直し』(*Strategic Defence Review*)では、抑止が核兵器以外のいくつもの能力を含むものであり、とりわけ「精密誘導機能や貫通能力によって偶発的な被害を最小化する通常兵器の使用は有利である」と説明されている。強力でより精密な誘導兵器は、西洋社会で「付随的」な被害を出すことにたいする嫌悪感が増大している状況から考えても望ましいものだ。さらに、歴史を見れば核を持たない国が核武装した国家の脅しに屈しない例は存在するが(ベトナム戦争におけるベトナムとアメリカ、フォークランド紛争におけるイギリスとアルゼンチンなど)、それでもアメリカの通常戦力の強さは実際にその使用を実証していることから、抑止の信頼性を高めているという人は多い。[*18]

ただし通常戦力がいかに強力で精密誘導能力が高く、使用可能なものであるとしても、戦略抑止の面では核兵器を代替できるものではないと論じる人も多い。たとえばフランス政府は一九九四年版の国防白書の中で「このようなテクノロジーが核兵器のように戦争を防ぐ効果を持っていると主張するのは幻想であり、危険でさえある……いわゆる通常抑止は核抑止を代替するものではなく、それを補完するものだ」と主張している。[*19] 北朝鮮の例はこの主張を裏付けているように思える。アメリカの連邦下院議員たちの報告によれば、二〇〇五年に彼らが北朝鮮を訪れた時に相手が本気で気にかけていた唯一のアメリカの兵器システムは、アメリカには強力な精密誘導兵器のオプションが多数あるにもかかわらず、実は核弾頭を積んだ「バンカー・バスター」(地中貫通爆弾:詳細は後述する)だけであったという。ペインはこれを強調するように、アメリカの核兵器以外の脅しに屈しないような過去の敵たちを抑止してきたのは結局のところ**核兵器**の脅しであり、これはおそらく彼らが「通常戦力による最も破壊力の大きい懲罰」でも一定期間は耐え切ることができると考えていたからであると言われている。[*20] また、地域紛争や侵略の抑止というのは核攻撃の抑止とは異なることが挙げられる。一九九一年の湾岸戦争後にペリーは、この戦争において明らかにされた先進的な通常兵器システムは、「抑止に新しい要素を加えたのかもしれないが、それにも限界がある。なぜならそれによってアメリカが核攻撃を抑止する新たな能力を得たわけではないからだ。結局のところ、予見できる将来における抑止の形は、アメリカの核戦力の強さにかかっている」と指摘している。[*21]

戦略抑止における通常兵器の価値についてはこのような異なる見解が存在するのだが、それでも彼らが焦点を当てているのは主に「懲罰的抑止」の使用法についてである。その反対に通常兵器の有用性は「拒否的抑止」にあると論じる人もあり、それはとりわけ高度な通常兵器が戦場において敵の最善の成功の可能性すなわち既成事実化を図ることを実質的に拒否できるという能力にあるというのだ。ここでいう既成事実化とは、敵が迅速に攻撃して戦場における目標を達成する（たとえば領土の占領）ことを指す。ペインによれば、挑戦者側が「既成事実を達成できる」と期待してしまうことが、通常抑止の失敗する主な原因であるという。戦場の目標を拒否するための通常戦力の役割については、冷戦期に学者のジョン・ミアシャイマー（John Mearsheimer）によって初めて詳細に分析されている。ミアシャイマーによれば、侵略する側が迅速かつ決定的な勝利を得るのが不可能な状況では、通常抑止は成功しやすくなるという。[*22]

侵略・占領による敵の「既成事実化」を思いとどまらせることができるかどうかは、軍事力のタイプにも左右される。たとえばペインは一九九六年の著作の中で、迅速かつ決定的な戦力投射を、機動性が高い遠征軍を使って敵側に「占領は不可能だ」と思わせることの重要性を強調している。この遠征軍は、この当時は「軍事における革命」（ＲＭＡ）と呼ばれたものである（第7章を参照）。この頃からアメリカ軍はこのような能力の開発に力を注いでおり、後に「通常型即時全地球攻撃構想」（Prompt Global Strike mission

：PGS）という観点から開発を続けている。これは（まるで核弾頭を搭載したＩＣＢＭのように）たった一時間以内に世界のどこでも攻撃できるような通常兵器の能力を開発していこうとするものだ。ＪＯＣには敵の意思決定の計算に直接影響を与えるための戦力投射、もしくは「戦略的な遠隔地からアメリカの軍事力を世界中に展開し、作戦機動を遂行する能力」の獲得などが記されている。[*23] これはつまり敵にとって極めて高価値のもの、たとえば大量破壊兵器の生産、保管、そしてその運搬手段や、敵の意思決定者、リーダーシップの権力基盤、そして指揮統制施設のような、米国がグローバルに攻撃を行う上でのとりわけ重要なターゲットなどを強調しているのだ。専門家の中には、ＰＧＳ能力の追求によって「アメリカが核攻撃未満の非常事態に対処する際に、核兵器を使用することだけは避けようと必死で考えていることを示している」と分析する者もいる。[*24]

この分野における戦略思考は、迅速に展開できる部隊や長射程の「スマート」兵器に加えて、かなりの数のアメリカの部隊が迅速に戦域に到着するのを確実にするための、前方展開された戦闘力を含むものへと進化している。ＪＯＣでは「前方プレゼンス」について触れており、この「前方駐留・前方展開している多機能戦闘・遠征軍」が（拒否的）抑止のカギを握る存在であるとしている。[*25] また、この文書では同盟国との安全保障協力の必要が極めて重要であるとを強調している。アメリカ軍に基地を提供したり、さらにはかなりの数の自国の地上部隊を提供することによって、パートナーとなる国はアメリカの部隊が戦域に完全に展開する前に敵の奇襲によって生まれる潜在的な利益を減少させることができるのだ。それでも敵によっては自国の安全保障にとって決定的に重要であると感じた場合、「既成事実化」というオプションを排除するだけでは抑止できない場合もある。このような状況の中でアメリカは、迅速な勝利の展望を拒否するよりも、相手に対して確実に敗北させると脅すことができなければならない。そしてこれは前方展開部隊が何より得意とする分野の話である。

核抑止

核抑止というのは、すでに予期されていたようにNPRの「新三本柱《ニュー・トライアッド》」の最初の一本の中心的なものとして記されているのだが、その説明のやり方が議論を巻き起こすことになった。一九九三年にクリントン政権に「拒否的抑止戦略」(deterrence-by-denial strategy)を採用するように初めて要求したのは、アメリカのレス・アスピン(Les Aspin)国防長官であった。この要求には、とくに北朝鮮のように地下深くに埋設され抗堪性《こうたんせい》を高めた(核兵器の)地下サイトの位置を判別して狙うための能力や、同じく大量破壊兵器の弾頭を備えた移動式のミサイルにたいする攻撃能力を獲得すること、そして対兵力攻撃を生き延びた敵のミサイルの攻撃を(たとえば撃ち落とすことによって)防ぐことなどが含まれていた。[*26] 弾道ミサイル防衛(BMD)は以下で詳しく議論するが、ここで検討すべきなのは、核兵器による対兵力攻撃が抑止に本当に役に立つのかどうかということだ。ある学者は「アメリカは相手にたいして〝核の報復〟という極めて高いコストを課すことによって核攻撃を抑止しなければならないという点については、意見の相違はほとんどない。ところが問題なのは、敵の核兵器やそれ以外の大量破壊兵器及び関連施設を、核兵器で破壊することを計画すべきかどうかという点だ」と述べている。[*27]

機密資料ではあったが、NPRの一部はメディアにリークされており、その中にはたとえば大量破壊兵器や指揮統制関連の施設を含む、抗堪性を高めた深地下のサイトを直接狙ったりすることによって相手を「危険にさらす」(hold at risk)必要があることなどが記されていた。このアプローチの論拠として最もわかりやすいのは、前述したペインのものや、抑止理論の戦略理論として有名なコリン・グレイ（Colin Gray）の考えである。一九九九年に出版した『第二次核時代』（*The Second Nuclear Age*）の中で、グレイは米ソという二国間だけで争われていた第一次核時代と比べて、現代はソ連よりもリスクを冒すのを恐れない多数の域内の国々の争いに象徴される時代だと指摘している。その結果、抑止は第一次の時代よりも第二次の時代で失敗する（というかその応用が失敗する）可能性が高まるというのだ。これこそがブッシュ・ジュニア政権の二〇〇二年度版「国家安全保障戦略」で採用されたテーマである（表4・1を参照）。

グレイによれば、大量破壊兵器を獲得しようと狙っている「ならず者国家」に直面した場合、「国家がとれる方策としては」その脅威に対処できるような「とりわけ強固で多層な攻撃・防御的な対兵力能力の用意などを通じたものがある」という。[*28] 攻撃的な対兵力能力に関して、彼は一般的な戦闘任務に核兵器の軍事使用を組み込むという核戦力に関する戦略思想を「敬遠」していない。実際のところ、冷戦期には米ソ双方とも相手の核戦力を武装解除できるような現実的な可能性はなかった。ところがグレイは一九九九年の著作の中で、生物化学兵器を持つ地域の敵国たちにたいしては「この任務は場合によって実行可能であるといえる」と述べている。[*29] 対兵力は実行可能なものになってきているのだ。その一〇年後にグレイは再びこのテーマについて論じており、抑止理論を現代に応用する場合には、われわれが対応可能な相手の**抑止・強要**や、和解する気のない相手の**打倒**などが含まれなければならないと論じている。「核武装をした相手（ならず者国家）に対処するための今日の戦略に必須となるオプションは、相互抑止の安定を求めるものであってはならない。われわれは冷酷な力によって……大量破壊兵器をそれほど持っていない敵の打倒を計画し、それを実行しようとすることもできるのだ」。[*30] グレイはアメリカが戦略的に備えるべき実際の能力として「非常に強固で、発見しづらくて分散化したターゲットにたいして、〝ニッチ〟な戦争拒

表4・1　抑止と米国国家安全保障戦略（2002年版）

●9.11連続テロ事件後としては初となる国家安全保障戦略は2002年9月に発表された。これはテロ攻撃が発生してからちょうど一年後のことであった。
●この戦略は、脅威の本質が「ならず者国家」やテロリストなどを含んだものに変化し、結果として抑止が実効性のある選択肢とはならないと論じられている。
●この文書では、新しい環境のおかげで抑止の妥当性がすでに３つの点から直接的に影響を受けていることが指摘されていた。その３つとは、
1：冷戦後、とりわけキューバミサイル危機後は、われわれは全般的に現状維持的でリスクを避けようとする敵と対峙してきた。このため抑止は効果的な防衛であった。ところが報復の脅しに頼った抑止は、リスクを積極的にとり、国民の命を犠牲にすることもいとわない「ならず者国家」のリーダーたちには効果が薄い可能性がある。
2：冷戦時代には大量破壊兵器というのは、使用した側も破壊のリスクに直面させる、いわば「最後の手段」としてとらえられてきたが、今日においてはわれわれの敵は大量破壊兵器を「選択可能な武器」、つまりアメリカの持つ通常戦力による圧倒的優位を克服する上で最適な手段とみなしている。
3：これまでの抑止の伝統的な概念は、残虐な破壊や無辜の市民を狙うような、あからさまな戦術を使うテロリストたちには効かないだろう。彼らのいわゆる「兵士」たちは殉教死を求めており、彼らが最も頼りにしている盾は国家という形を持っていないことだ。
●この文書では抑止の代わりとして「アメリカは……われわれの敵による敵対的な行動……を予防・阻止するためには……必要とあらば先制攻撃も辞さない」と述べられている。

参考文献：The White House, *The National Security Strategy of the United States* (Washington, DC: The White House, September 2002), 15.

否オプションを準備することだ」と主張している。グレイは攻撃的な通常兵器による打撃の使用と、「アメリカの他軍種では確実にダメージを与えられないターゲットにたいして効果を発揮するため」に最適化された核戦力の使用を暗示しているのだ。また、アメリカ側に犠牲者が出る懸念を払拭するために、このような核攻撃能力はできるだけ正確かつ識別的なものでなければならないとも述べている。[*31]

ペインも異なる論理《ロジック》――威力が弱く、精密度の高い、地中貫通型の核兵器――を使いながらも、似たような結論に至っている。彼の議論の中心にあるのは、抑止の信頼性である。アメリカが「ならず者国家」の意思決定者たちに抑止力を発揮しようとするのであれば、敵にとって最も価値の高いアセット――これには強化された地下の掩蔽壕の中の大量破壊兵器などを含む――にたいして、確実に脅威を与えることができなければならない。地下に潜ってもアメリカの報復攻撃を「切り抜ける」ことはできないと敵に納得させるために必要なのは、このような施設を狙って破壊できるような兵器である。さらにいえば、敵は西側社会が民間人への大きな被害を出すことに及び腰であることを知っているために、この兵器は付随的《コラテラル》ダメージを出さないように十分識別可能なものではなければならないのだ。ペインによれば、「冷戦後の時代では」国家の生き残りがかかっているわけではないので、「アメリカの抑止の信頼性は、敵の社会にたいしてどれだけの被害をもたらすことになると脅迫できるかではなく、その反対に被害をどこまで最小限に抑えることができるかにかかってくる」というのだ。[*32]二〇〇一年のNPRの主要執筆者の一人であるペインは、「バンカー・バスター」と呼ばれるようになった強固な核地中貫通爆弾を獲得すべきだと論じていた。ブッシュ政権はこの兵器の調達を数年にわたって実現しようとしていたが、最終的には連邦議会から予算の承認を取り付けられなかったために獲得を断念している。

バンカー・バスターにたいする主な批判は、「それを獲得しようとする動きは、(グレイが指摘したような形で）核戦争の戦いと対兵力攻撃に傾き、抑止の否定につながる」というものであった。上述したように、シンバラは核戦略の三本柱《トライアッド》の一つの中に通常戦力と核戦力を統合すること全般に懸念を表明しているが、今回も精密で爆発力の低い核兵器を造ることにさらなる懸念を表明している。彼はその理由として、そのような兵器を獲得してしまうと、アメリカの大統領にとって核兵器がより魅力的なものになることによって、核使用の閾値《いきち》がより下がってしまいかねないからだ。ところがペインにとってこのような議論は、敵の目から見た威嚇の信頼性の確保と、アメリカの大統領の核兵器の使用の意志という、それぞれ異なる問題を混同しているということになる。爆発力の低い戦術核兵器は冷戦時代の遺物であり、「柔軟反応」のエスカレーション・ラダーのいくつかを占めていたものであるが、今回のような抑止の信頼性向上への取り組みは、それが核兵器を使用させやすくなることに直接つながったわけではないのだ。これはつまり、最小限の付随的《コラテラル》（巻き添え）被害によって敵の聖域をリスクにさらす兵器というのは、敵の視線から見れば抑止の脅しの信頼度を高める可能性があるということ（前述したように北朝鮮はバンカー・バスターに興味を示していた）だが、それを獲得してもそれが使用しやすくなるかどうかというのは別問題なのだ。大統領の決断には実に様々な要因がからんでくるのであり、ある兵器システムの特定の能力よりも、たとえば状況の深刻さや挑発の性質、より広範なアメリカの目標、同盟国の思惑、そして国外、国内、さらには道徳面での考慮などが関わってくるのだ。

アメリカの同盟国たちも、抑止における低威力の精密核兵器の価値について議論している。二〇〇一年にフランスはブッシュ政権の見解を研究し、アメリカの二〇〇二年版の「国家安全保障戦略」にある「ならず者国家」は抑止できないという分析について論じている。当時のフランス大統領ジャック・シラク（Jacques Chirac）は、フランスの新しい核抑止戦略の発表の際に、「アメリカは非合理的な〝ならず者

表4・2「われわれが必要とする核兵器」

●現代の学者たちは、21世紀において抑止のために必要となる核戦力を決定する唯一の方法は、「抑止の不快な論理（ロジック）」、つまり、どのような行動が抑止されなければならないのか、どのような脅しを出す必要があるのか、そして脅しを信頼性のあるものとするためにはどのような能力が必要なのかを研究することだと主張している。
●この行動には、北朝鮮、イラン、そして中国のような国々が、アメリカと通常戦争を戦う際に、停戦を押し付けたり同盟国にある軍事基地へのアクセスを拒否するための手段として核兵器を使うと脅すことも含まれる。核のエスカレーションは、敵の視点から見れば合理的なものであると言える。なぜならアメリカの敵は、自らの通常戦力での劣勢を核のエスカレーションで補おうとするからだ。これは冷戦期を通じてNATOの戦略が、通常戦力に優っていたソ連にたいして核のエスカレーションに依存していた構造とまったく同じである。
●エスカレーションを抑止するためのより妥当といえる脅しとは、敵の核戦力を破壊するための対兵力攻撃を可能にしておくことだが、最悪で最も信頼度の低いアプローチは、敵国の都市を破壊すると脅すことだ。後者は、たとえばアメリカの空母への核攻撃にたいする報復であっても、きわめて不釣り合いなものになるかもしれない。
●敵を無力化する対兵力攻撃のための能力には、核戦力と通常戦力の混合形態、つまり核戦力の方は低威力の精密誘導核兵器や、通常兵器はアメリカがPGSで追求しているような対兵力兵器を織り交ぜたようなものになる。
●それに加えて、従来の高威力の核兵器も一定数は維持されなければならない。なぜならそれは「付随的なダメージが大きな懸念とはならないような」状況に備えるためだ。

出典：Keir A. Lieber and Daryl G. Press, “The Nukes We Need: Preserving the American Deterrent,” *Foreign Affairs* 88, no. 6 (November/December 2009).

国家〃には抑止は効かないと判断しているが、このような国々のリーダーたちは自らの権力基盤に向けられた脅しについては敏感《びんかん》だ」と述べている。この目的のために、フランスは「潜在的な侵略者の政治的、経済的、そして軍事的な力の基盤」に影響力を行使するための「より正確でパワーを落とした長射程の（核）兵器」を調達するつもりだという[*33]。フランスの目標は、都市を破壊せずに掩蔽壕《えんぺいごう》を破壊できるような正確で選別的な核攻撃オプションを獲得することにより、フランスの脅しの信頼度を上げて抑止を強化することにあったのだ。

フランスはアメリカのアプローチに沿った形で、抑止の信頼性と、核兵器の使用を許可しようとする意図を区別している。たしかにフランスは「ある国の完全な破壊と、何もしないこと」という両極端な二つの選択肢の間の政策を目指していたのだが、それでも核戦力の全般的なドクトリンとしては一種の「不使用」（non-use）であると強調した[*34]。ある学者は、「フランスは一九八〇年代なかばから核戦力を戦いに使われる〃戦術的〃なものではなく、政治的・戦略的な道具であると繰り返し主張していた」と指摘している[*35]。フランスの政府高官たちが強調していたのは、核戦争を戦うようなドクトリンではなく、むしろ「作戦行動に使用しやすい選別的な核兵器は抑止の信頼性を上げることになり、これによって核の不使用原則を強化することになる」ということであった[*36]。表4・2は現代の抑止に必要とされるものの一つの視点を表している。

先制核攻撃の問題

これらの議論全体の中で挙げられた懸念は、より精密な低威力の核兵器は核ドクトリンの先制核攻撃への大きなシフトの一部かも知れないというものだ。二〇〇一年のＮＰＲの初期の支持者たちは、アメリカのアプローチを以下のように解釈していた。

最近の情勢の流れは一つの難問をつきつけている。まず一方で、すでに存在しない危険に最適化された戦略能力があり、もう一方では核不拡散の失敗から、ほとんど警告もないまま深刻な脅威となりうる、比較的小規模な脅威にプランナーたちが直面しているという事実がある……アメリカは核兵器の拡散を防ぐことができないことをまず認めている。そして通常戦力、そして必要とあらば核兵器によって、敵の大量破壊兵器を破壊するための準備をしている。[*37]

もちろん敵の核兵器を使用するのを阻止するために核兵器の使用を正当化するのは難しいが、「エスカレーション・ドミナンス」を維持するためにはこのカードを保持しておく必要があると論じる者もいる。二〇〇八年にＮＡＴＯの退役将軍たちがまとめたハイレベルの報告書では、ＮＡＴＯは「差し迫った」核兵器の拡散を止めるために先制核攻撃を可能にしておかなければならず、「核兵器の先制使用は、相手の（大量破壊兵器の）使用を阻止する究極の手段として、エスカレーションの弾倉の中に保持しておくべきである」と論じられている。[*38] もちろんこのアプローチもＮＡＴＯだけに限られたものではなく、二〇〇八年にロシア軍の参謀総長はスピーチの中で、ロシアは様々な状況において国益を守るために先制核攻撃を使用する用意があると述べている。

アメリカとその同盟国たちは、核時代を通じて核兵器の先制使用のオプションを残しており、「先制不使用」（ＮＦＵ）ドクトリンの採用を拒否している。冷戦期のソ連の公式的な政策はあくまでもＮＦＵであったが、冷戦後のロシアはこれを転換して核の先制使用という軍事ドクトリンを採用している。中国も、冷戦期のＮＦＵ政策をやめて先制使用というオプションを採用したと考えられている。ＮＦＵを批判する人々は「敵に使用されるのを防ぐための唯一の選択肢は先制使用にある」というシナリオが登場する可能性は否定できないという理由から、先制使用のオプションを維持すべきだと主張している。ところが学者の中には、現代において先制使用というオプションを維持しておくことは、アメリカが「自国の第一撃能力を無力化されてしまう」という恐怖を感じて「ならず者国家」とのエスカレーションを増してしまうため、危機において状況を不安定化させるものであると論じる者もいる。ところが他の学者の中には「ならず者国家」の核兵器の獲得によって生じる危機から先制攻撃の必要性を導き出すとしても、それが必然的に**核兵器**による先制攻撃につながるわけではないと主張する者もいる。二〇〇三年には戦略軍（ＳＴＲＡＴＣＯＭ）の司令官も「地下施設の破壊については精密誘導通常弾も核貫通弾と同じくらいの効果を発揮できる」と証言している。それでも地下貫通核兵器は比較的深い場所にあり、位置を正確に確認されている核施設を破壊するのには有効だと指摘する者がいる。ところがこの有効性も、敵がさらに深い場所に設置したり、分散化や機動性という戦略を採用した場合には消滅してしまう。

当然だが、二〇〇一年のＮＰＲの支持者たちにとって、これらはすべて「新三本柱《ニュー・トライアッド》」の最初の一本に長射程の通常精密誘導兵器を含むことの価値を指し示すものであった。オバマ政権の二〇一〇年版のＮＰＲは「新三本柱《ニュー・トライアッド》」という言葉を使ってはおらず、むしろＩＣＢＭ、ＳＬＢＭ、そして爆撃機によって構成される旧い「核の三本柱」を復活させていた。ただし「新三本柱《ニュー・トライアッド》」という言葉は忘れ去られてしまったが、その中身はほぼそのまま残っている。抑止において核兵器の役割を減らすというアメリカの方針に沿った形で、二〇一〇年版のＮＰＲには新たな低威力の核兵器についての記述はなかった。ところがこの文書では、通常精密誘導兵器やミサイル防衛、そしてアメリカの戦略兵力の態勢における強固なインフラなどの価値や役割がかなり強調されていた。

先制攻撃と生物・化学兵器

他にも出てきたのは、（核・非核を問わず）戦略兵器が、敵の生物化学兵器の使用の抑止において、一体どのような役割を果たすのかという疑問だ。核不拡散条約（ＮＰＴ）――これは世界の国々を核兵器保有国と核兵器非保有国に分類している――において、アメリカは長年（一九七八年から）にわたって「消極的安全保障確約」（negative security guarantee）を更新している。これはＮＰＴにしたがっている非核武装国家にたいしては、核兵器で狙うことはしないと約束したものだ。ところがこの消極的な確約は、生物化学兵器の保持を誇示している国までカバーはしていない。つい最近までアメリカは「計算された曖昧さ」ドクトリンを採用しつづけており、生物化学兵器による脅迫にたいしては（そもそも自分たちは生物化学兵器を持っていないために）核兵器によって報復するとはあえて明言していない。過去にはイギリスやフランスも、「生物化学兵器を使用しようとする敵が核武装していなかったり、核武装国家と同盟を組んでいなかったとしても、核兵器によって報復する」というオプションを持っていた。

オバマ政権が発表した二〇一〇年のＮＰＲは、生物化学兵器の脅しにたいして核兵器は使用しないことを初めて公式に認めている。この文書では、アメリカの通常兵器の能力の進化やミサイル防衛システムの技術発展のおかげで、アメリカは抑止において核兵器の役割を減らし続けていると論じており、これは二〇〇一年のＮＰＲから始まった流れを踏襲《とうしゅう》している。アメリカはこの文書の中で、上述した「消極的安全保障確約」をここでさらに強調しつつ、「生物化学兵器をアメリカやその同盟国や友好国たちにたいして使用すると確認された場合には**通常兵器による**破壊的な報復に直面することになることを覚悟すべきだ」と記している（太字は引用者による）。つまり核報復による脅しは消滅したのだ。そうは言ってもオバマ政権は将来その立場を「修正」する権利まで放棄したわけではなく、たとえば核拡散がさらに進み、アメリカがその脅威に対抗する能力を担保できる場合には、以前の戦略的な曖昧さを含んだ政策に戻ることもあり得る。

生物化学兵器の脅威を抑止するためには通常兵器と核兵器のどちらを使えばよいのかやや曖昧なオバマ政権のポジションは、この問題に関する戦略思想の中に存在する複雑な見方が反映されたものだ。学者のスコット・セーガン（Scott Sagan）は、二〇〇〇年に発表した論文の中で、「計算された曖昧さ」政策のおかげでアメリカは「コミットメント・トラップ」にはまり込んでしまったと主張している。[39]これは、アメリカが脅威に何も対応しないことで評判を落としてしまい、それが原因となっていざ抑止が失敗した場合、本来ならば通常兵器だけで報復すれば済むところを、あえて核兵器で報復してしまう可能性が高まるということだ。セーガンをはじめとする学者たちは、非通常兵器の使用にたいして破壊的な通常兵器による報復を強調する立場を明確にしている。その証拠に、一九九一年の湾岸戦争のすぐあとにペリーは通常精密誘導兵器が「化学兵器を使おうとする地域国家にたいする信頼度の高い抑止力として使える」というアイディアを提案しているほどだ。[40]ところが大量破壊兵器による脅しを抑止する際の通常兵器による報復の価値について疑問を投げかけている人々もいる。たとえばペインによれば、生物化学兵器のある施設を軍事的に狙うために必要なことを示すことは、何よりもまず「抑止には敵の恐怖感や動揺を利用することが含まれる」という点を根本的に理解できていないことになる。そしてこの「利用」には、アメリカの通常戦力による戦闘能力はほぼ無関係なのだ。

弾道ミサイル防衛

ブッシュ政権の抑止の「新三本柱《ニュー・トライアッド》」の二本目である「受動的防衛と積極的防衛の統合」という概念は、抑止理論の戦略思考の発展において大きな進展があったことを象徴したものであった。まず冷戦期の抑止は、ほぼ懲罰の脅し的なものだけに依存した状態であった。この理由の一つは、保守的で現状維持的な米ソという超大国が特に進んで抑止の論理を受け入れたことにもあるのだが、もう一つは——ロナルド・レーガン大統領の戦略防衛構想（ＳＤＩ）というビジョンがあったにもかかわらず——両国にとって、数千発もある弾道ミサイルの脅威から防御することが実質的に不可能であったことにある。ところが現代では、この二つの要因も変化したのであり、この変化は何人かの学者たちの戦略思想にも反映されている。たとえばコリン・グレイはかなり早い段階から、「拒否的なオプションに傾いているように見える国家軍事戦略」の全体の一部として、防御的な対兵力能力（上記を参照のこと）を持つことを主張している。[41] 彼の見方からすれば、大量破壊兵器の運搬手段にたいして何らかの防御的な対策を講じることは必須であると同時に、実行可能なものになったというのだ。それが必要となった理由は、「ならず者国家」にたいする抑止はるかに難しくて失敗する可能性が高いという点にあり、実行可能になった理由は、ミサイルの脅威に対抗するために必要とされるシステムの開発は、その規模が冷戦時のものよりも小さく、技術も進歩しているため、それほど難しいものではなくなってきたからだ。グレイは「異論はあるかもしれないが、ロシアの核をのぞけば……現時点（一九九九年）では世界にアメリカの攻撃的、及び（とくに）**防御的な**対兵力手段にで打ち負かすことができない大量破壊兵器を備え、ミサイルで武装した集団は存在しない」と主張している。[42]

その他の学者や戦略思想家たちも、抑止と核政策の戦略思想に「防衛《ディフェンス》」という概念を組み込まなければならないという考えに注目している。たとえばセーガンは「核による世界の終末《アポカリプス》を望んだり、なんらかの理由であらゆる破壊の脅しが眼中に無い、いわゆる非合理的な敵に直面した場合には、われわれには抑止ではなく防御が必要になる」と主張している。[43] ペインも冷戦終了の直後に、第二次核時代においてはミサイル防衛が以前よりも受け入れやすいものとして、さらには比較的小規模のミサイルを持っている敵にたいする抑止が失敗した場合に備えるための「セーフティ・ネット」として見られるようになるだろうと予測している。弾道ミサイル防衛（ＢＭＤ）はアメリカの都市部を守りつつ、その兄弟である戦域《T》ミサイル《M》防衛《D》は展開された部隊を守ることになり、これによって戦力投射能力を使用した通常抑止能力を高めることになる可能性があるのだ。ＢＭＤは本土の防衛という観点から「将来のどこかの時点で起こることがほぼ確実視されている、抑止の予期せぬ失敗にたいする賢明な〝保険〟になるとみなされるだろう」[44]、海外では防御能力がなければ「アメリカとその同盟国たちが海外に戦力投射することによって大きな犠牲者を出すというリスクが、いかなる大統領でも受け止められないような大きなものになる」のだ。[45] ペインは二〇〇〇年代末に、「現在の環境においてわれわれは抑止だけでなく、それが失敗した際に、われわれの社会と遠征軍、そして同盟国たちを守るための備えをしなければならない」と簡潔に記している。[46]

これに批判的な人々は、「防御的な手段を組み込めばアメリカの戦略態勢は不安定化する」と主張している。たとえば冷戦期にミサイル防衛に反対する主張の論拠として二つのことが挙げられていた。一つは「ある一方が防御体制を確立すると他方もより多くの攻撃力で他方の防御を圧倒しようとするため、結果的に軍備競争を引き起こすことになる」というものだ。二つ目は、「ミサイル防衛を備えた国は核報復による脆弱性を克服してしまうために核兵器を使用しやすいものであると感じることになる」という理由だ。同様に、現代ではＢＭＤのおかげで新旧の核武装国家は防御を上回る攻撃力を備えようとするのと同時に、展開可能なミサイル防衛システムを追求するため、「勝利が可能だと考えてしまいかねない」と議論されている。[*47] ところがペインをはじめとする人々は、このような議論は冷戦時代の抑止理論の論理を二一世紀の時代にそのまま当てはめてしまうような効果があると論じている。新しいアクターたちは確実に抑止できるような存在ではないため、現在の抑止は失敗しやすいのだ。つまり今日の「抑止は失敗するかもしれないのであり、核兵器その他の大量破壊兵器の攻撃による大災害を緩和する**唯一の手段**は、アメリカのダメージを抑える能力かもしれない」のである。[*48]

概念の面から言えば、「積極的な防衛」というのは、それぞれ関連しつつも別々の二つの理由から、アメリカの戦略態勢の中に組み込まれている。一つ目の理由は、防御のために防御を強化するということであり、これにはアメリカとその同盟国たちの受ける可能性のある被害を最小限化することなどが挙げられる。二つ目は、敵にたいして「アメリカの領土にたいする攻撃は成功しない」ということや、「アメリカは（通常）戦力の防衛部隊を派兵する意志がある」と納得させることなどによって「拒否的抑止」を強化するということだ。こうすることによってミサイル防衛は抑止が失敗した際のヘッジの提供や、それ自身が抑止として機能することが期待されるのである。また、国土安全のための手段を改善するようないわゆる「受動的防御」も、抑止を強化したり被害を抑えたりするような効果を発揮する。とくに後者のような効果的な首尾一貫した管理能力というスタイルの「受動的防御」は、積極防衛が抑えられなかった場合に起こってしまう攻撃の効果を抑えるものだ。抑止の強化については、もし警察や税関、そして移民局のような行政機関が攻撃が行われた場合に今よりも効果的に対応できるようになれば、これによって米国の本土は「困難なターゲット」であるというメッセージを発信することにもなる。

抑止とテロリズム

現代（とくに九・一一事件以降）に登場してきた核と抑止の戦略思想について最後に触れるべき分野は、テロリズムに関連したものだ。ここでの主な問題点は、抑止の概念が通常抑止という暗黙の想定によってとりわけテロリズムに当てはまるものかどうかということだ。テロリストの施設にたいして核攻撃を実行しようとする者は少ないだろうが、それでもテロ攻撃にたいする核抑止が文献で議論されていないわけではない。たとえばフランスは九・一一事件の直後に、現代の脅威への核抑止不要論にたいして「これらの攻撃によっても……核抑止の信頼性は全く損なわれていない。核抑止は個人やテロ集団ではなく、国家にたいするものとして計画されたものだからだ」と指摘している。[*49]

それが核兵器、もしくは通常兵器によるものかどうかにかかわらず、九・一一事件後の戦略についての考えは「非国家主体《ノンステートアクター》は抑止できない」というものだった。とりわけこれは二〇〇二年の国家安全保障戦略（NSS）で示された当時のブッシュ政権の見解でもあった（表4・1を参照のこと）。当時の全米研究評議会は、テロリストにたいして従来の懲罰的な脅しを使うことには難点があると指摘しており、その理由として彼らが特定の領土を持たないことを挙げている。彼らは相手からの自分たちへの直接的な脅しが短期間のうちに実行されるとは考えないものなのだ。また、このようなテロリストたちのどこにリーダーシップがあるのかはそもそも曖昧であり、ターゲットの選別が難しく、そもそも彼らが何に「価値」を見出していて、何をターゲットにすべきかを考えることも困難なのだ。また、そのようなわかりづらい敵とは、そもそも信頼できる特定のコミュニケーションのルートが確立されていないことが多いのだ。そもそもコミュニケーションをとることが(不可能ではないにしても)難しいため、相手の信頼に足る警告や脅しというものはほとんど役に立たないことになる。さらに、テロリストの中には過剰な報復を期待する者もある。なぜならこれによって潜在的な支持者を過激化させることができるからだ。[*50]

フリードマンは、九・一一事件のすぐ後に「(抑止)は歴史的な概念であり、現代の状況にはもう応用できない無意味なものであると断言できるだろうか?」と書いている。[*51] 当初はこの疑問にたいしてその通りだと考える人もいたが、より冷静な考えでは反対の意見が出されている。フリードマンは「抑止はテロリストには効かない」とする議論に反論しており、この観点から、彼をはじめとする人々が抑止理論にまつわる戦略思想を進化させているとも言える。この考えの中心にあるのは、「たしかにテロ攻撃は直接的な意味では抑止できないが、同時に自爆攻撃を実行するテロリスト本人も、何かを達成してから死にたいと考えるはずだ」ということだ。したがって、拒否的抑止――テロリストが行動することによって得られる利益を拒否すること――への注目は、非国家主体にたいする抑止の概念の応用の一つの方策かもしれないのだ。後に発表した著作の中で、ペインは非国家主体に対する拒否的措置の有用性を堂々と検証している(表4・3を参照)。

もしテロリストたちに「自爆テロは狙ったような戦略的効果をほとんど上げることができない」と理解させることができれば、長期的には彼らを抑止できることになる。フリードマンはテロリストたちを軍事力を通じて根絶やしにするのではなく、彼らを孤立させ、親近感を持っている住民たちの間にあるテロリストたちのイメージを汚すような戦略を推奨している。ペインは「彼らの計画・実行・目標を挫折に導く

表4・3 テロリストは抑止できるか？

●過去200年にわたる国家と非国家主体の間の紛争から10の事例を検証した結果、キース・ペインとその同僚たちは、「それらの紛争のある時点で非国家主体を抑止できたのか、そしてもしできたとしたら、その非国家主体の弱点、現地の状況、そしてその結果を生み出す上で決定的となった国家のとった措置とはなにか」を見極めようとしている。
●各事例では、非国家主体の抑止は国家がとった措置の狙いではなかった。むしろ国家は非国家主体を打倒しようとしており、その脅威を排除しようとしている。
●ところが一連の流れの中で非国家主体のリーダーたちはある一定の期間、もしくは永久に、彼らにとって望ましい行動方針から「抑止」されたかのように態度を変化させている。
●非国家主体を打倒することを意図してつくられた拒否的な措置というのは、非国家主体側に対して、自分たちの行動は阻止される可能性が高く、指導者層が捕らえられ、威信を傷つけられるリスクを背負うことになることを見せつけるためのものだ。
●非国家主体に対する拒否的抑止が効果的なのは、おそらく非国家主体が以下のような条件を持っている場合であろう。
・作戦が中央から統制されている、または中枢となるリーダーがいる。
・影響力を発揮する手段として狙える第三者の支援が一定以上ある。
・作戦のほとんどが国家権力側のアクセスの届く場所（つまり聖域以外）でおこなわれる
・動機と目標は直近かつ絶対的なものではないために、戦術的な撤退もありえること。

参照：Keith B. Payne, Thomas K. Scheber and Kurt R. Guthe, ‘Deterrence and Al-Qa’ida’, *Comparative Strategy* 31:5 (2012), 385-386.

ような行動――移動して隠れるように促し、彼らを支援する国家と社会ネットワークに圧力を加え、彼らの士気を低下させ、狙いを拒否させるような方策――を考えるべき」であり、懲罰的な脅しはなるべく使うべきではないと主張している。[*52] 全米研究評議会も、彼らの行動に影響を与える可能性のある国家のような第三者とのコミュニケーションの確立の重要性を強調しつつ、より直接的な力を行使する手段を補完するものとして間接的な抑止のやり方を推奨している。

まとめ

核戦力に関する研究というのは、本質的に理論的なものであり、理論的なもののままであることが望ましい。核戦力はとりわけ「起こっていないこと」という文脈で議論されやすく、これは抑止の概念についてもそのまま当てはまる。そして当然のように、冷戦期というのは抑止と核戦力についての理論化が最も盛んな時代だったわけだが、それに関連する戦略というのは、その土台にある多くのアイディアとともに、そこから生まれた言葉のほとんどはまだ適切に使えるものであったにもかかわらず、冷戦の終わりとともに時代遅れになったと見られたのだ。

新たな時代に入ってから、キース・ペインやコリン・グレイのような学者たちは、冷戦時の抑止理論を現代の状況に応用しようと取り組んできた。同時に二〇〇一年版のNPRや国防総省の二〇〇六年版のJOCのような政策文書は、抑止にたいするアメリカ政府のアプローチを変革しており、この状態はオバマ政権の二〇一〇年のNPRでも、ほぼそのまま維持されている。このような学者たちや文書の中で示されたアイディアというのは、批判されたり議論されたりしながら、核と通常兵器の両方の抑止に関する戦略思想の境界線を広げる役割を果たしている。もちろん古いアイディアは脇に置いておくべきだが、それでもそれらをすべて忘れるべきではない。コリン・グレイが主張しているように、もし第二次核時代が、第一次核時代と同じような第三次核時代へと続くのであれば、[*53] 核戦力と抑止についての過去の原則などはホコリを落として新たに復活させなければならなくなるかもしれないのだ。

【質問】

1　従来の「抑止」と「強要」という概念の最大のカギとなる要素は何か？
2　冷戦後の時代には安全保障環境の性質はどのように変わり、それが抑止の概念に影響を与えたのか？
3　「テーラード抑止」のエッセンスは何か？
4　アメリカの現在の戦略的な抑止において、通常戦力はどのような関わりを持っているのか？
5　アメリカの核戦力の態勢構造や、現在の脅威を抑止する最適な手段に関する議論にはどのようなものがあるのか？
6　先制不使用の概念に関してどのような議論が行われているか？
7　核兵器は化学兵器や生物兵器の使用を抑止する上で役に立つものなのだろうか？
8　ミサイル防衛システムは、核抑止の概念にどのようなインパクトを与えたのか？
9　テロリストを抑止する上でどのような難しさがあり、テロリストを抑止するにあたって抑止の概念はどのような関連性をもつことができるのか？

註

1 Lawrence Freedman, "The First Two Generations of Nuclear Strategists," in Peter Paret, ed., *Makers of Modern Strategy from Machiavelli to the Nuclear Age* (Princeton, NJ: Princeton University Press, 1986), 735.〔ローレンス・フリードマン著「核戦略の最初の二世代」、ピーター・パレット編、防衛大学校：戦争・戦略の変遷研究会訳、『現代戦略思想の系譜：マキャベリから核時代まで』ダイヤモンド社、一九八九年、六三五頁〕

2 Bernard Brodie, 'Implications for Military Policy', in Bernard Brodie, ed., *The Absolute Weapon: Atomic Power and World Order* (New York: Harcourt, Brace & Company for Yale Institute of International Studies, 1946), 76.

3 Bernard Brodie, *Strategy in the Missile Age* (Princeton, NJ: Princeton University Press, 1959), 271, 273-275, 277.

4 Thomas C. Schelling, *The Strategy of Conflict* (Oxford: Oxford University Press, 1960), Chapters 2-5.〔トーマス・シェリング著、河野勝訳『紛争の戦略：ゲーム理論のエッセンス』勁草書房、二〇〇八年、第二章から第五章〕

5 Thomas C. Schelling, *Arms and Influence* (New Haven, CT: Yale University Press, 1966), 71-72, 100.〔トーマス・シェリング著、斉藤剛訳『軍備と影響力：核兵器と駆け引きの論理』勁草書房、二〇一八年、七五～七六頁、一〇二頁〕太字強調は原著ママ。

6 Michael Mullen, 'It's Time for a New Deterrence Model', *Joint Forces Quarterly* (Winter 2008), 2. 太字強調は原著ママ。

7 M. Elaine Bunn, 'Can Deterrence be Tailored?', *INSS Strategic Forum* (January 2007), 2.

8 Keith B. Payne, *Deterrence in the Second Nuclear Age* (Lexington, KY: The University Press of Kentucky, 1996), 123.

9 Keith B. Payne, *The Fallacies of Cold War Deterrence and a New Direction* (Lexington, KY: The University Press of Kentucky, 2001), 103. 以下も参照のこと。Keith B. Payne, *The Great American Gamble: Deterrence*

Theory and Practice from the Cold War to the Twenty-first Century (Fairfax, VA: National Institute Press, 2008), 305-6.

10 Department of Defense, *The 2006 Quadrennial Defense Review* (Washington, DC: Office of the Secretary of Defense, February 2006), 49.

11 Department of Defense, *Deterrence Operations Joint Operating Concept* (Washington, DC: Office of the Secretary of Defense, December 2006), 25, 29-30.

12 Keith Payne, 'The Continuing Roles for U.S. Strategic Forces', *Comparative Strategy* 26 (2007), 270.

13 Department of Defense, *Deterrence Operations Joint Operating Concept*, 35, 42.

14 Keith B. Payne, 'The *Nuclear Posture Review* and Deterrence for a New Age', *Comparative Strategy* 23:4 (2004), 415.太字強調は原文ママ。

15 Donald H. Rumsfeld, 'Forward to the *Nuclear Posture Review*', 8 January 2002, www.fas.org, accessed 2 May 2011, 3.

16 Stephen J. Cimbala, *Nuclear Weapons and Nuclear Strategy: U.S. Nuclear Policy for the Twenty-First Century* (London: Routledge, 2005), 21, 69-70.

17 William J. Perry, 'Desert Storm and Deterrence', *Foreign Affairs* 70:4 (Autumn 1991), 80.

18 以下からの引用。 David S. Yost, 'New Approaches to Deterrence in Britain, France and the United States', *International Affairs* 81 (2005), 86.

19 French Ministry of Defense, as quoted in ibid., 89.

20 Payne, *Deterrence in the Second Nuclear Age*, 136.

21 Perry, 81.

22 John J. Mearsheimer, *Conventional Deterrence* (Ithaca, NY: Cornell University Press, 1983), 203, 212.

23 Department of Defense, *Deterrence Operations Joint Operating Concept*, 36.

24 Michael S. Gerson, 'No First Use: The Next Step for U.S. Nuclear Policy', *International Security* 35:2

(Autumn 2010), 34.
25 Department of Defense, *Deterrence Operations Joint Operating Concept*, 33.
26 International Institute for Strategic Studies (IISS), 'U.S. Military Options Against Emerging Nuclear Threats: The Challenges of a Denial Strategy', *IISS Strategic Comments* 12:3 (April 2006), 1.
27 Charles L. Glaser and Steve Fetter, 'Counterforce Revisited: Assessing the *Nuclear Posture Review's* New Missions', *International Security* 30:2 (Autumn 2005), 84.
28 Colin S. Gray, *The Second Nuclear Age* (Boulder, CO: Lynne Rienner Publishers, 1999), xii.
29 Ibid. 146.
30 Colin S. Gray, 'Gaining Compliance: The Theory of Deterrence and Its Modern Application', *Comparative Strategy* 29 (2010), 281-282.
31 Gray, *The Second Nuclear Age*, 120, 145-8, 161.
32 Keith B. Payne, 'The *Nuclear Posture Review*: Setting the Record Straight', *Washington Quarterly* 28:3 (Summer 2005), 144.
33 以下からの引用。 Yost, 88, 90.
34 Yost, 89.
35 David S. Yost, 'France's Evolving Nuclear Strategy', *Survival* 47:3 (Autumn 2005), 128.
36 Ibid., 121.
37 James J. Wirtz and James A. Russell, 'A Quiet Revolution: Nuclear Strategy for the 21st Century', *Joint Force Quarterly* (Winter 2002-03), 10, 14.
38 以下からの引用。 Stephen J. Cimbala, 'Nuclear First Use: Prudence or Peril?', *Joint Force Quarterly* (Winter 2008), 28.
39 以下を参照のこと。 Scott D. Sagan. 'The Commitment Trap: Why the United States Should Not Use Nuclear Threats to Deter Biological and Chemical Weapons Attacks', *International Security* 24:4 (Spring 2000).

40 Perry, 66.
41 Gray, *The Second Nuclear Age*, 148.
42 Ibid., 102. 太字は原文ママ。
43 Sagan, 106.
44 Payne, *The Fallacies of Cold War Deterrence and a New Direction*, 195.
45 Payne, *Deterrence in the Second Nuclear Age*, 144.
46 Payne, '*The Nuclear Posture Review* and Deterrence for a New Age', 416.
47 Cimbala, *Nuclear Weapons and Nuclear Strategy*, 33.
48 Payne, *The Great American Gamble*, 293. 太字は原文ママ。
49 Former French President Jacques Chirac as quoted in Yost, 'New Approaches to Deterrence in Britain, France and the United States', 89.
50 National Research Council, *Discouraging Terrorism: Some Implications of 9/11* (Washington, DC: The National Academies Press, 2002), 8-14.
51 Lawrence Freedman, *Deterrence* (Cambridge: Polity Press, 2004), 25.
52 Payne, *The Great American Gamble*, 302.
53 Gray, *The Second Nuclear Age*, 170.

【参考文献】

Brodie, Bernard. 'Implications for Military Policy', in Bernard Brodie, ed., *The Absolute Weapon: Atomic Power and World Order* (New York: Harcourt, Brace & Company for Yale Institute of International Studies, 1946).
Brodie, Bernard. *Strategy in the Missile Age* (Princeton, NJ: Princeton University Press, 1959).
Cimbala, Stephen J. *Nuclear Weapons and Nuclear Strategy: U.S. Nuclear Policy for the Twenty-first Century* (London: Routledge, 2005).

Department of Defense. *Deterrence Operations Joint Operating Concept* (Washington, DC: Office of the Secretary of Defense, December 2006).

Freedman, *Lawrence. Deterrence* (Cambridge, UK: Polity Press, 2004).

Gray, Colin S. *The Second Nuclear Age* (Boulder, CO: Lynne Rienner Publishers, 1999).

Mearsheimer, John J. *Conventional Deterrence* (Ithaca, NY: Cornell University Press, 1983).

National Research Council. *Discouraging Terrorism: Some Implications of 9/11* (Washington, DC: The National Academies Press, 2002).

Payne, Keith B. *Deterrence in the Second Nuclear Age* (Lexington, KY: The University Press of Kentucky, 1996).

Payne, Keith B. *The Fallacies of Cold War Deterrence and a New Direction* (Lexington, KY: The University Press of Kentucky, 2001).

Payne, Keith B., Thomas K. Scheber and Kurt R. Guthe. 'Deterrence and Al-Qa'ida', *Comparative Strategy* 31:5 (2012).

Sagan, Scott D. 'The Commitment Trap: Why the United States Should Not Use Nuclear Threats to Deter Biological and Chemical Weapons Attacks', *International Security* 24:4 (Spring 2000).

Schelling, Thomas C. *The Strategy of Conflict* (Oxford: Oxford University Press, 1960). [トーマス・シェリング著、河野勝訳『紛争の戦略：ゲーム理論のエッセンス』勁草書房、二〇〇八年]

Schelling, Thomas C. *Arms and Influence* (New Haven, CT: Yale University Press, 1966). [トーマス・シェリング著、斉藤剛訳『軍備と影響力：核兵器と駆け引きの論理』勁草書房、二〇一八年]

part 2

戦略と非国家主体《ノンステートアクター》

第5章 ❖ 非正規戦
反乱、対反乱作戦、新しい戦争、そしてハイブリッド戦

ベルリンの壁が崩壊した後の数十年間で、かなりの数の非正規戦（irregular war）についての戦略思想が生まれた。非正規戦というのは、一般的には否定型によって大きく定義されている。つまり、敵対する二つの国家の組織的な軍隊による「通常戦」や「正規戦」では**ないもの**であり、そしてこのようなタイプの戦争では、少なくとも一方が「非国家主体《ノンステートアクター》」であることが前提となる。テロリズム、反乱、そしてゲリラ戦などは、「非正規戦」のカテゴリーに含めることができるだろう。ゲリラ戦とは「ヒット・エンド・ラン」戦術を使い、農村や市街地などに隠れることによって直接的な戦闘を避け、二〇世紀初頭のチャールズ・コールウェル（C. E. Callwell）の言葉を使えば「オープンな場所で〝正規軍〟と対峙する」のを避ける、敵対者同士の戦いを意味するものだ。[*1] テロリズムを一般的な定義に当てはめるのは難しいが、一般的には、市民や非戦闘員への攻撃や、ランダムに見える暴力の使用、そして意図して恐怖やパニックを作り出すことなどが含まれ、これらによって国民や政府に何かをやらせたり、やらせなかったりすることを

狙いとしている。現代の戦略思想家であるディヴィッド・キルカレンによれば、テロリズムというのはゲリラ戦と同じように「ほとんどの反乱側が使う、戦術面でのレパートリーの一つ」である。[*2]

ゲリラ戦やテロの戦術的な性質とは対照的に、反乱、もしくはかつて「革命戦争」(revolutionary war)と呼ばれたものは、その全体的な目標と明確に結びついている。冷戦期の専門家たちは「革命戦争は武力によって政治権力を奪うことを意味しており……革命戦争はその国の**内部で**発生し、国家権力を奪取するという目標を持っている」と述べている。[*3] さらに最近の米軍の統合ドクトリンでは、その目標をより広い意味でとらえており、反乱を「既存の政府、もしくは占領している勢力の、統治と正統性《レジティマシー》の弱体化や、反乱側の権威に正統性があることを国民に認めさせることを狙った、組織的な運動」と定義している。[*4] キルカレンはさらにこの目標を拡大し、「グローバルな反乱」を国家の統治や政府の組織をはるかに超えることを狙ったものまで含むものであると定義していた。彼によれば、反乱とは、テロリズムに加えて、反政府行為、政治活動、暴動、そして武装紛争などを通じて現状維持状態を転覆しようとする大衆運動であるという。[*5]

本章では非正規戦、とくに反乱(insurgency)、対反乱作戦(counterinsurgency: COIN)、「新しい戦争」(New Wars)、そして「ハイブリッド戦争」(hybrid war)についての戦略思想を検証していく。もちろん革命戦争を史上初めて理論化したのは孫子——弱点を攻撃し、強点を避け、忍耐を教える(第2章を参照)——であるが、非正規戦や革命戦についての戦略思想というのは、どちらかといえば新しいものだ。ジョミニは国家に対し今日では「対反乱作戦《COIN》」と呼べるようなものについて、極力避けるようアドバイスしているし、軍事史家のマーチン・ファン・クレフェルトによれば、クラウゼヴィッツは「究極的には、戦争というものを(国家の)軍隊によって行われるものとして表現」したという。[*6] 反乱そのものは人類の戦いの歴史そのものと同じくらい古いものであるが、しっかりと定義された意味での「革命戦争」というのは、比較的新しい。その理由は、産業革命による「工業化」と「帝国主義」という二つの現象との関連性にある。

本章は最初に、二〇世紀初頭から半ばにかけての革命戦の理論家や実践者たちの戦略思想を簡潔に紹介するところから始める。その理論家たちには、コールウェルの他に、Ｔ・Ｅ・ローレンス、毛沢東、ダヴィッド・ガルーラ、そしてロバート・トンプソンなどが含まれる。その次に一九八〇年代半ばから多く出てきた反乱、対反乱作戦、そして「新しい戦争」などの戦略思想について、さらに細かい検証を行う。この分野での著名な人物としては、トーマス・ハメス、メアリー・カルドー、キルカレン、アンドリュー・クレピネヴィッチ、ウィリアム・リンド、ルパート・スミス、ディヴィッド・ペトレイアス、そしてクレフェルトなどがいる。最後に本章は、非正規戦と従来戦の概念とを混合した「ハイブリッド戦争」の概念について議論して終わる。

二〇世紀初頭から中盤までの革命戦争

対反乱作戦についてのC・E・コールウェルの思想

「植民地闘争におけるクラウゼヴィッツ」との異名を持つＣ・Ｅ・コールウェル（C. E. Callwell）英陸軍大佐は、一八八〇年代から九〇年代にかけて、アフガニスタン、クレタ島、そして南アフリカで実戦に参加した経験を持っている。この経験から彼は、小規模戦争における闘いの条件と様相がこれまでの通常戦とはかけ離れたものであり、非正規戦は完全に異なるやり方を基礎として遂行されるべきものであると結論づけている。彼が出版した『小規模戦争：原則と実践』(*Small Wars: Their Principles and Practice*) の中で、コールウェルはクラウゼヴィッツやジョミニの著作では説明されていない敵との紛争における、オペレーションを貫《つらぬ》く一般的法則を説明しようとしている。彼によれば「小規模戦争」とは「敵対する交戦者のいずれかが正規軍ではない」という意味であり、「小規模戦争」という言葉は、実際には紛争のスケールは関係なく、交戦者のタイプを示している、という有益な指摘を行っている。[*7]

コールウェルの格言の数々は、小規模戦争の原因や狙いなどから軍事オペレーションの無数の戦術レベルの要素、そして補給やインテリジェンスまで実に詳細に触れられており、時を越えてその有益性が実証されてきた。たとえば彼は、反乱に対する現地住民の支持を見極めることの難しさや、反乱側が自分たちのホームグラウンドで活動していることによって享受している機動性や戦略的な面での優位、そしてオペレーション遂行において明確なゴールを提示する必要性を述べている。とはいえ、他の提言、たとえばできる限り迅速に敵の打倒を求めることなどはそもそも非現実的であり、あるいは「側面攻撃においてラクダや騎馬をどのように使えばいいのか」というような戦術レベルの話の重要性は、時間の経過によって必然的に薄れてきてしまった。しかしコールウェルの戦略思想におけるより顕著な弱点は、彼が純粋に軍事面にばかり焦点を当てていて、反乱側を物理的に排除する手段に集中しすぎていたことだ。対反乱作戦の焦点は、後に非殺傷性の手段や現地住民からの支持獲得へと、その焦点を劇的に変えていくことになる。

コールウェルはその当初から「正規軍はいかに反乱側と戦えばよいのか」という視点、つまり「対反乱作戦」の視点からものごとを論じていた。ところがその意図せざる結果として、第一次大戦が始まる頃には、彼の『小規模戦争』は時代遅れのものに感じられてしまった。もちろんこれはこの時代の主な戦いが国家間同士のものであったということではなく、T・E・ローレンスが論じたように、むしろその優位が反乱側に傾いたからだ。ここで新たに注目され始めたのは、非正規軍側からの視点である。

反乱に対するT・E・ローレンスの思想*8

ローレンス（T. E. Lawrence）は英陸軍の士官であり、オスマン・トルコの支配に対するアラブ反乱（一九一六〜一八年）の際に、アラブの遊牧民であるベドウィンたちと行動を共にしながら彼らにアドバイスを行い、この時の事情について多くのことを書き残した人物である。一九一七年に発表した論文の中で、彼はイギリス人のような外部の人間がベドウィンのような民族の信頼を勝ち得るための二七の要点を書き出している。ところが彼のゲリラ戦についての一般的な考えは、彼がこの反乱に参加した時のことを記した自伝的な『知恵の七柱』（*Seven Pillars of Wisdom*）という一九二六年に出版された本の章の中で、最もよくまとめられている。体調不良のためにテントの中で休息していたローレンスは、自分が参加していた戦争の本質とその実行について考えており、後に「反乱」（insurgency）と呼ばれるようになったことについての「原則とでも呼べるようなもの」を思いついている。この時の考えを元にして、彼は反乱を成功させるために「非正規軍」が必要とするものを導き出している。それは「攻撃に対してのみならず、攻撃される恐れに対しても守られた、難攻不落の基地。活動的なのはたった二%だけだが、あとは反乱側を裏切らない程度に黙って支持を与えている友好的な住民の存在。技術レベルが高く、しかも通信手段や補給に依存しているために、それらが遮断されることに脆弱な敵の存在。防御拠点の連携により効果的に領土をコントロールするには兵士の数が少なすぎる敵の存在」などである。反乱側自身も補給路からの「隠密性と自律、そしてスピード、持久力と独立性という資質」を持たなければならず、同時に敵の通信連絡を麻痺させるのに必要な技術装備が必要になるという。

ローレンスの戦略思想の大きな特徴として挙げられるのは、彼が敵の殲滅《せんめつ》よりも、現地住民の支援のほうを重視していたことだ。彼によれば、「ある一地方の住民に自由というわれわれの理想のために死ぬことを教えることができれば、その地方をものにすることができよう。**敵がいるかいないかは二次的な問題にすぎない**」というのだ（太字は引用者による）。ローレンスは反乱側の個々の参加者たちの重要性を特筆しており、彼らをヨーロッパの戦場で戦う正規軍と対比させている。「政府は人間を集団としてしか見ない。けれども非正規兵であるわれわれの場合は、部隊編成されたものではなく、個人の集まりだ。個々の死は、水に落ちた一個の小石のようなものだ。しばらくの間は小さな穴ができるが、そこから悲しみの環が広がっていく。われわれには、犠牲者を出す余裕はない」のだ。彼によれば、使われる戦術は「攻撃してすぐ逃げる」(tip and run) ようなものであるべきで、最小規模の部隊を最も遠い場所で最も迅速に使用するべきだという。彼はこのようなオペレーションを、機動性、遍在性、そして基地からの独立によって反乱側が自由に動けるという観点から海戦になぞらえており、制海権を握った海軍のように「多くを戦おうが少なく戦おうが、思うままにできる」と言っている。ところがローレンスは、戦術面では迅速でも、戦闘全体は長期間にわたって続けられるべきものだと主張している。時間、機動性、安全、そしてドクトリンを得た反乱側は、敵の破壊ではなく、敵に消耗を強いて疲れさせて勝利を狙うべきだというのだ。

アラブ反乱の時の経験を元に導き出した原則を議論する中で、ローレンスは将来の非正規戦争に使えるような理論的な基礎を発展させようとしている。彼の原則の多くは時の流れに耐えて残っているものだが、それらは数百頁の歴史の考察の中のたった数頁に書かれているものであり、そういう意味から「完全に発展させられたもの」とは言えない。むしろわれわれが非正規戦争における理論と実践を明らかに融合させた最初の人物として扱うべきなのは、毛沢東《もうたくとう》である。

毛沢東の反乱についての思想

本書で触れられている多くの戦略思想家と同じように、中国共産党のリーダーで、後に中華人民共和国を建国した毛沢東《もうたくとう》は、膨大な著書を残した人物であるにもかかわらず、その中で知られているのはほんのわずかな数だけだ。毛沢東の『遊撃戦論』（*On Guerrilla Warfare*）が最初に記されたのは一九三五年の「長征」の最中であり、これは革命戦争の基礎文献とみなされている。この本は第二次大戦の戦中や戦後に使われた戦略を述べたものであり、実際にこれは最初に国民党に対して、次に日本軍に対して、そして最後に再び国民党に対して使用され、成功をもたらしている。ロシアにおけるマルクス式のプロレタリアート革命を見た毛沢東は、産業社会における革命戦争は、主に農業社会であった中国社会にはそのまま適用できないことにすぐに気付いた。したがって、彼は農民をベースにしたゲリラ戦争のための戦術とテクニックを採用し、われわれは後にこれを「反乱」と呼ぶようになった。なぜならそれは、戦術を越えた、ある革命的な目標を含むものであったからだ。

毛沢東にとってゲリラ戦というのは、兵力と軍備の面で劣る国が、侵略してくる強力な国に対して、そして中国の状況下での「人民の完全なる解放」という目標の追及のために使うことができる、「武器」であった。彼の戦略思想の中核は、反乱の成功のカギとなる七つの基本的なステップであった。それは、「住民の鼓舞と組織化」、「政治的な内部統一の達成」、「根拠地の建設」、「部隊の武装化」、「国力の回復」、「敵部隊の持つ力の破壊」、そして「失地回復」である。[*9] この七つのステップは、後に三つの「段階」にまとめられ、この「段階」は革命戦の進行を示す際の共通用語となっている。最初の「段階」は隔離《かくり》された地域で根拠地を確立することであり、そこの住民を革命運動に賛同するように説得する段階である。こうすることによって、反乱側は段々と「大衆」的な運動を高めていくのだ。二つ目の「段階」は、敵に対する直接的だが限定的な行動を含むものであり、これには武器と補給を確保して大衆を武装化させるためのテロリズムやサボタージュの使用などが含まれる。三つ目の「段階」は、ゲリラ部隊をより伝統的な組織へと変化させ、通常の戦闘によって敵軍と対峙できるようにすることなどが含まれてくる。[*10]

先駆者であるコールウェルやローレンスと同じように、毛沢東は革命戦争が通常の軍事作戦とは根本的に異なるものであることをよく認識していた。その中でも圧倒的に重要なのが「住民からの支持」である。彼によれば、ゲリラ戦が本質的に革命的なのは、それを成功させる際に必然的に住民の熱望と一致する政治目標を達成することが必要になるからだ。ようするに、援助、協力、もしくは同情（それが最低限のものであっても）が決定的に重要なのだ。その証拠に、毛沢東は「ゲリラ戦は大衆に根ざしたものであり、彼らによって支えられるものであり、それが彼らの同情から離れてしまえば存在できないし、発展して行けない」と述べている。よく引用される彼の有名な言葉によれば「民衆は水で、ゲリラは魚であり、この魚は水の外では生きていけない」のだ。毛沢東は民衆の支持の獲得や、少なくとも彼らを敵対化させないようにすることを狙った、三つの決まりと八つの所見を表明している。それには「礼儀正しくすること」、「盗まないこと」、「ものを壊さないこと」、そして「壊したら弁償すること」などが含まれている。[*11]

実際の作戦遂行に関していえば、毛沢東のアドバイスした基本的なゲリラの戦略は、警戒的な態度、機動性、そして攻撃を基礎にしなければならない、というものであった。敵の背後で活動を行うためには、ゲリラは小規模な敵部隊を根絶し、大規模な敵部隊にいやがらせを行い、敵の交通線に攻撃を仕掛け、敵の兵力を分散させなければならないというのだ。毛沢東の思想には孫子の影響が明らかに見てとれる。ゲリラは、敵が進軍してくるときには撤退し、止まった時に嫌がらせを行い、敵が疲れた時に攻撃し、撤退している時に追撃すべきだというのだ。さらにいえば、革命勢力側はこのような活動を、数十年とは言わないが、それでも数年間にわたって行わなければならないのであり、紛争そのものを長期化させるべきだというのだ。毛沢東は「ゲリラ戦では、決戦などというものは存在しない」と強調している。[*12]

ダヴィッド・ガルーラの対反乱作戦

ローレンスと毛沢東が革命勢力側から革命戦争の原則やルールを提唱しているのに対して、フランス軍の士官として一九五〇年代後半にアルジェリア戦争で戦った経験を持つダヴィッド・ガルーラ（David Galula）は、対革命作戦、もしくは彼の言うところの「対反乱作戦」（counterinsurgent）アプローチを提唱している。彼によれば、「対革命作戦」という言葉には政治的に反動的な意味合いが含まれており、しかも反乱と対反乱作戦はそれぞれ全く異なるが、同じ戦争の枠組みに入れて全体的な現象を説明するほうが適切だという意味から、「革命戦争」という名称を採用したと主張している。そしてこれと同じようなアプローチは、二〇〇六年の米軍の対反乱作戦《COIN》ドクトリンに採用されている。[*13] 一九六四年に発表された『対反乱作戦：理論と実践』（*Counterinsurgency Warfare: Theory and Practice*）の中で、著者のガルーラはこれまで多くの革命戦争に関する分析は、反乱を行う側の視点から行われてきたが、その反対側からの視点のものは少なかったと指摘している。成功した反乱の実例を検証した後で、彼は対反乱作戦について書かれていない部分を埋める作業を開始している。彼はまずこのような戦いの法則を定義し、実例などから原則を導き出し、そして具体的な行動指針を提示している。

ガルーラが提唱した「第一の法則」は、対反乱作戦には住民からの支持が（ゲリラ側と同じように）必須のものであるということだ。まず彼は「対反乱作戦における問題の核心は何か？」という質問を投げかけ、これに答える形で議論を展開している。この答えは、反乱側を「排除すること」ではない。なぜならこれは、常に行うことができるものだからだ。対反乱作戦側というのは、結局のところ、軍事レベルではるかに強力で圧倒的な力を持っているものだ。むしろここでの問題は、いかに「排除した状態」を維持するかであり、このためには住民の支持が必要となってくる。彼によれば、主戦場はまさにこの領域——現在ではこれは住民の「心をつかむ」(hearts and minds)として知られている——にあるという。もちろん反乱側は、この分野では数年、もしくは数十年の優位があることは彼も認めている。また、対反乱作戦側の勝利には、反乱側の兵力の破壊は必須ではない。なぜなら反乱側は何度も場所を変えて活動できるからだ。むしろここで重要なのは、反乱側を住民から恒久的に隔離することであり、しかもそれを住民側から行わせることなのだ。ガルーラはこの問題の解決の一つとして、抜け道だらけの国境地帯の管理を挙げている。彼は「国境地帯というのは、対反乱作戦を行う側にとっての恒久的な弱点である」と述べており、これは逆に言えば「反乱側にとっては常に活用できる利点である」ことになる。[*14]

　ガルーラの「第二の法則」は、住民の支持の獲得——単に同情や承認を得るだけでなく、反乱側に対する戦闘への積極的な参加をいかに得るべきか——を中心に説明している。ローレンスは反乱の支援の際に必要となる活動的な人間の数の割合は、全人口のうちのたった二%だけであり、残りの多数は消極的な支持をしてくれていればよいとしているが、ガルーラの場合も、革命戦争のほとんどのケースではその革命目標を目指す「活動的な少数派」と「中立の多数派」、**それに加えて**その目標に反対する「活動的な少数派」がいると分析している。対反乱作戦側にとっての最大の難問は、その目標を目指して活動している少数派をつぶしつつ、その反対の姿勢をとる少数派を支援しながら、いかに中立な多数派の人々を動かすかという点にある。これを具体的にどのように行えばよいのかについてガルーラは説明していないのだが、ある箇所で「政治、経済、軍事、もしくは社会的な面でのあらゆる作戦は、この目標のために連動させなければならない」と説いている。彼は「第三の法則」の中で、この「住民の支持」という条件をさらに強調しており、住民に対する報復の脅しを解消するためには、反乱者や彼らの政治的組織に対する軍・警察のオペレーションの成功が必須であるとしている。もちろん政治・社会・経済面での改革は望ましいものだが、それよりもまず住民の安全が第一に確保されなければならない。「第四の法則」として、これらの手段やオペレーションは、必然的に徹底的かつ長期に渡るものでなければならない。この法則は国全体ではないとしても、地域ごとに実行されなければならないのであり、これは近年になって「油のシミ（oil spot）アプローチ」として知られるようになったものだ。ガルーラは対反乱作戦側が特定の地域で行うべき八つの具体的な行動ステップをまとめている。これには反乱側の主な勢力を破壊することや、ゲリラと住民とのつながりを断つこと、そして反乱側の残党を寝返らせたり抑圧したりすることが含まれる。[*15]

ロバート・トンプソンの対反乱作戦

英空軍の士官であるロバート・トンプソン（Robert Thompson）卿は、ガルーラの対反乱作戦の原則と似たような、もしくはそれを補うような原則を提唱している。彼は一九五〇年代にイギリス領マラヤや、米軍が大規模派兵を行ってくる一九六五年以前のベトナムでの実戦経験を持っており、この時の経験を原則化している。一九六六年に出版した『共産主義反乱の打倒』（*Defeating Communist Insurgency*）という著作の中で、トンプソンは「反乱者を広範囲にわたる要素から切り離して考えることはできない」と指摘している。この問題の解決は、治安の維持に加えて、反乱に関わるあらゆる政治、社会、そして経済的な面の問題をカバーする全般的な計画の文脈の中で考えるべきものであるという。そしてこれは、現在では

「政府全体」、もしくは「包括的な」アプローチなどと似たようなものである。彼によれば、これができなければ長期的な安定もままならず、反乱の復活を許してしまうだけだという。

他にもトンプソンが強調しているのは、「ゲリラを国内法の通常の保護の外で対処したいという誘惑は大きいが、それでも対反乱作戦はあくまで法のもとに執行すべきである」ということだ。これができなければ、コントロールを再建しようとする政府の長期的な正統性《レジティマシー》が崩れてしまうことになると彼は論じている。トンプソンはガルーラと同様に、反乱者ではなく住民こそが最も大切なターゲットであるとしており、彼の場合は（共産主義者と対峙していた関係から）魚を水から引き離すように、反体制的な政治組織を分断して消滅させることを提唱したのだ。さらにトンプソンは「すべての地域を一気に確保するのではなく、特定の根拠地を最初に確保し、そこから外に向かって活動していく」というガルーラの提案を支持している。トンプソン自身は、自分の「油のシミ」アプローチはまず都市部のような人口、通信・交通、そして経済活動が最も活発な場所から始めるべきであるとしており、少なくとも短期的には郊外の農村などを反乱側に明け渡すことになってもかまわないとしている。[*16]

冷戦後

アンドリュー・クレピネヴィッチの反乱・対反乱作戦

革命戦争についての初期の戦略思想のほとんどがイギリスとフランスの実践者によって提唱されたというのは、おそらく当然と言えば当然であろう。この両国は二〇世紀の初期から半ばにかけて、植民地を支配していたヨーロッパの主要列強であったからだ。これに対して、アメリカで対反乱作戦についての研究者が登場してきたのは遅く、ベトナムの経験があったにもかかわらず（もしくはこれがあったために？）比較的最近になってからである。その中でも最も初期の人物の一人は、アンドリュー・クレピネヴィッチ（Andrew Krepinevich）である。クレピネヴィッチは退役した元米陸軍中佐であり、現在は戦略予算センター（the Center for Strategic and Budgetary Assessments：CSBA）の代表を務めている。彼のアイディアは一九九〇年代のＲＭＡ関連の文献の中で重要な役割を果たしているが（第7章を参照のこと）、それ以前やそれ以降の戦略思想には、反乱・対反乱作戦に関するものも含まれている。

一九八六年の『米陸軍とベトナム』（*The Army and Vietnam*）という著作の中で、クレピネヴィッチは米軍がベトナム戦争の本質をとらえることに失敗したことを正面から指摘した最初の人物の一人となった。クレピネヴィッチは反乱側が数年から数十年にわたって計画的に作戦を遂行した、その長期的な面に焦点を当てている。また、毛沢東によって有名になった反乱の「三つの段階」や、反乱側が住民の（すなわち心ではなくとも理性的な面での）支持を自発的、もしくは脅しを使った強制によって獲得していたという事実にも注目するよう促《うなが》している。その反対に、対反乱作戦にはその同じ住民の「心をつかむ」（win the hearts and minds）ことが求められるのであり、長期的な安全を保障し、政府側の基盤を確保し、ゲリラ軍を住民から引き離し、反乱側のインフラを消滅させ、住民からの支持を得るための条件をクリアーする必要があるというのだ。クレピネヴィッチが指摘しているように、対反乱作戦のためには多くの政府関連の組織の協力が必要になり、軍というのはその中のたった一つの機関でしかない。*17

これらの課題のほとんどは、初期の革命戦に関する文献に明るい人物であったら誰でも知っているものばかりだ。ところがこの時のクレピネヴィッチの貢献は、革命戦争に新しい戦略思考を加えたという点よりも、むしろ反乱・対反乱作戦が、従来の戦争から大きく異なるものであるという事実に注目するように促した点にある。また、一九七〇年代の米陸軍は、まだ両大戦や朝鮮戦争での戦い方の影響を色濃く残しており、反乱にたいする紛争の環境で効果的に戦いを行うように訓練・組織されていなかったこと、そして米陸軍が将来最も直面しそうな紛争の形は低強度戦や対反乱作戦であることを主張するものであった。このような視点は、二〇一〇年代に入ってかなり一般的になったものだが、一九八六年の時点ではかなり過激な思想だとみられていた。

クレピネヴィッチは後の著作で、それまでの重要なアイディアを、全く新しい言葉で強調しながら復活させた。彼は対反乱作戦における「重心」は、相手国の住民であると指摘するだけでなく、さらに踏み込んで、外国が対反乱作戦のための部隊の大部分を占めている場合には、その国の国民も紛争における「重心」になることを指摘している。彼が念頭に置いていたのはアメリカであるが、これはガルーラのテーマであったアルジェリアの反乱におけるフランスにも同じことが言える。現地の住民の安全という中心的なテーマについても、クレピネヴィッチは反乱者を追跡して殺害することだけに集中することが間違いであることを強調している。「もし対反乱作戦の部隊が……通常戦で典型的に行われるように、反乱側の部隊の打倒だけに力を注ぎ、現地の住民の安全を後回しにしてしまうと、彼らは反乱側の手中に入ってしまうことになる」[*18]からだ。

また、彼らが忍耐のなさを見せても、相手の術中にはまってしまうことになる。なぜなら反乱者側は住民に対して、「外国の部隊はいつか帰国するが、われわれ反乱側はここに留まるのだから、われわれの意見に従うべきだ」という強い意見を述べることができるからだ。そのほかにもクレピネヴィッチは、二〇〇〇年代半ばのイラクという特定のケースを検証しつつ、過去のガルーラやトンプソンと同じような視点で、イラク全土で同時に安全を確保することはそもそも不可能であると主張している。ここでのアプローチは「油のシミ」を拡大する方向に行くべきであり、最初に重要な地域（おそらく都市部）に集中し、そこから時間をかけて粛々と外側に広げていくべきだという。

マーチン・ファン・クレフェルトの「非三位一体戦争」

軍事史家のマーチン・ファン・クレフェルト（Martin van Creveld）は、反乱や対反乱作戦を「低強度戦」（low-intensity warfare）と呼んでおり、これらをより大きな歴史の文脈の中で据えながら分析している。エルサレム大学のイスラエル人学者であるクレフェルトは、冷戦が終わりつつある時期に、「人類の歴史のほとんどでは、非国家的な社会的組織によって戦争が行われた」と書いている。戦争は国民、軍隊、そして政府という三位一体的な要素の相互作用による現象であるとするクラウゼヴィッツの分析を引き合いに出した「三位一体戦」（Trinitarian warfare）は比較的近年の現象であり、これは一六四八年のウェストファリア講和の後から始まったものでしかないという。

クレフェルトはクラウゼヴィッツ的世界観の「三位一体戦」というのは「戦争は主に国家により、厳密にいえば政府により行われるもの」という前提であったが、この時代は終わりを告げ、それが「非三位一体」（non-trinitarian）、もしくは「ポスト・クラウゼヴィッツ式」（post-Clausewitzian）の戦いに取って代わられつつあるという。[*19] つまり国家の存在しないところでは、政府、軍隊、そして国民という三つの分類はそもそも存在しないというのだ。そして将来の世界情勢では、非国家的な戦争遂行組織の増加が重要な役割を果たすことが予測されるという。低強度紛争は、もともとは第二次世界大戦後の非植民地化という動きに端を発したものだが、このプロセスが終わると、この紛争は植民地以外の他の地域でも増加しはじめた。国家同士の戦いはすでにその数が激減しており、この理由は主に核兵器の拡散の結果だというのだ。

クレフェルトの見方によれば、国家は軍事的な暴力の独占状態を手放すことになる。そして実際のところ、彼らはすでにそれを手放しているというのだ。「先進諸国の軍事エスタブリッシュメントは、三位一体戦争にしがみついた。それというのも、三位一体戦争は彼らが昔からよく知っているゲームであり、彼らはそのゲームをやりたかったからである」[*20]。ところが将来の戦争は、国家や軍隊によって戦われることにはならず、テロリストやゲリラのような非国家主体《ノンステートアクター》たちによって行われることになると指摘している。

ウィリアム・リンドの「第四世代戦」

クレフェルトの「非三位一体」的な世界観は、「第四世代戦」(fourth-generation warfare: 4GW) の土台となっているものであり、この概念は、ウィリアム・リンド (William S. Lind) と四人の米軍士官たちが一九八九年の「ミリタリー・レビュー」(Military Review) 誌に発表した論文にまでさかのぼることができる。その論文の発表当時に「自由議会財団」(the Free Congress Foundation) というワシントンＤＣの保守系シンクタンクに在籍していたリンドは、この論文の中で、近代史における戦争は弁証法的な性質を持った境界によって区分される、三つの特徴を持った「世代」(generation) を経て発展してきており、しかも時代は「第四世代」に移りつつあるという議論を行った。最初の三つの「世代」は、軍と国家に関係するものであり、そのためにクラウゼヴィッツの「三位一体」の世界（リンド自身はこの言葉を使っていないが）に属するものであると言える。ちなみに「第一世代」では歩兵の戦線と縦隊戦術が使われ、「第二世代」は間接射撃に移り、ここでは砲兵による大規模な火力の集中が兵力の集中にとって代わったが、戦術は線形のまま残っている。そして「第三世代」の戦い方は非線形で機動的なものであり、これは第二次世界大戦で最も顕著に現れたという。

これらの「世代」は一気に交替するものではなく、それぞれが重なって段々と移り変わっていくものだ。たとえばリンドは、「第二世代」の戦いが米陸軍の戦い方として一九八〇年代まで残っていたと指摘しており、これはドイツが「第三世代」の戦い方を「電撃戦《ブリッツクリーグ》」という形で導入したはるか後のことだ。さらにリンドは「第三世代」のいくつもの特徴が「第四世代」にまで持ち越されると予測している。ちなみに「第四世代」とは、戦場におけるさらなる分散化、作戦の速度とテンポの加速、集中化された兵站への依存の低下、さらなる機動の分散の強調、小規模でより機敏な部隊、はっきりした前線や戦線のない「非線形」な戦い、そして統合作戦への依存度の増加などの特徴があるとされている。これらのほとんど（そのすべてとは言えないが）の特徴は、後に「軍事における革命」（RMA：第7章を参照）という概念としてまとめられた。その証拠に、リンドの提唱した潜在的にテクノロジー主導の「第四世代戦」における「第一のビジョン」は、一九九〇年代のRMAの考え方とかなり近いものであった。リンドは、「テクノロジー面から考えると、現在（一九八九年）の旅団規模の部隊と同じ戦場での能力を、将来はわずか数人の兵士で持てるようになるだろう……ハイテク装備に身を固めた知的水準の高い兵士で構成される高い機動力を持つ部隊は、広域にわたって活動でき……そのような部隊は偵察と攻撃の機能を兼ね備えることとなる……遠隔操作可能な〝スマート〟な装備が重要な役割を果たすだろう」と述べている。[*21]

戦略思想におけるリンドの功績として今でも引用されているのは、未来の戦争にたいする「第二のビジョン」、つまり潜在的に思想が主導する形の「第四世代」（fourth generation）という概念である。リンドによれば、テロリストのような非国家主体によって戦われる「第四世代戦」は、少なくとも二つの重要な指標によって区別することができるという。この二つは、そもそも「第二世代」の戦いでも出現しており、すでに「第三世代」でも存在しているが、「第四世代戦」になってから質的に大きな重要性を帯びてきたという。その最初のものは、敵の前線から後方への焦点の移動である。リンドは「テロリズムはこれ（すでに存在していたトレンド）をさらに大きく前進させている。敵軍を完全に無視してその本土を直接、つまり民間人を攻撃することを狙っているからだ。理想的にいえばテロリストにとって敵軍とは、無関係な存在であることだ」と論じている。二つ目の手がかりは、敵の強みをそのまま対抗手段として使うというものだ。「テロリストたちは、自由社会の自由とオープンさを利用するのであり、その最大の強みでこれに対抗するのだ。彼らはわれわれの社会の中で自由に活動しつつ、その社会を壊すように積極的に動くのである」[22]。

またリンドは、「第四世代戦」のもう一つの要素になる可能性のあるものについても指摘している。このような攻撃を行う側というのは、国民国家《ネーション・ステート》（例：クラウゼヴィッツの三位一体）の枠組みの中では活動しておらず、むしろ非国家・超国家なもの、つまりイデオロギーや宗教のような基盤の上で活動しているのだ。そして敵の文化に対して直接的な攻撃をしかけ、軍だけなく、国家そのものも出し抜こうとする。これはたとえば、アメリカの一般市民に対して直接麻薬を密輸する形で実行されたり、そして敵国民に対して高度な心理戦を、とりわけテレビのニュースメディアを操作して直接仕掛けたりするのだ。リンドや彼の同僚たちは、これらが少なくとも「第四世代戦」の始まりの部分を見せているのではないかと論じている。後に彼は「国家の段階的な弱体化と、それにとってかわる非国家主体《ノンステートアクター》の権威の高まりなどが、私の第四世代戦の定義の中核をなしている」と論じている[23]。

トーマス・ハメスの第四世代戦

「第四世代戦」が思想主導のものになる可能性を指摘したリンドの先見性のある分析——一〇年後のア

ルカイダの台頭を多くの点で予見していた——は、九・一一事件後の初期の期間に出てきた「第四世代戦」の戦略思想の開始点となった。この点について最も目立った主張をしている理論家は、トーマス・ハメス（Thomas X. Hammes）である。彼は米海兵隊の大佐であり、第四世代戦について独自の思想を、数々の論文や、二〇〇四年に出した『投石器と石：二一世紀の戦争論』（*The Sling and the Stone: On War in the 21st Century*）という本の中で披露している。ハメスにとって、「第四世代戦」というのは「反乱の発展形である」という。この形の戦争の創始者は毛沢東であるが、彼の場合はまず外国の勢力、つまり日本に対して中国の人民を奮起させて統一させるための三段階の計画を提唱していた。ところが「第四世代戦」では、人民の存在を完全に無視し、敵の意思決定者の考えに直接影響を与えることに狙いを定めている。もちろんこのような遠くの敵に直接攻撃をしかけるような現象は真新しいものではない。北ベトナムの大統領であったホー・チ・ミンや、その軍司令官であったボー・グエン・ザップたちは、ベトナム戦争の最中に「毛沢東モデル」をさらに進化させており、その三段階のアプローチに加えて、外国勢力（フランス、そしてアメリカ）の国家の意志に対して、より積極的かつ直接的な攻撃をしかけるやり方を実行している。[*24] ここでの大きな違いは、「第四世代戦」の方が国民という要素をほぼ無視しており、インターネットやグローバル化した通信手段などのおかげで、今まではテレビ報道にしか頼れなかった直接的なアプローチを潜在的に何倍も強力なものにしている点だ。また、ハメスは現代の反乱側の組織が、二〇世紀前半から中盤にかけての中国やベトナムの時のような統一された階層的なものではなくなっており、むしろ世界的には階層的なものからネットワーク型の組織に変化していることを指摘している。もちろんいくつかのケースでは、現実世界における人間同士の間の（犯罪組織を含む）ネットワークを基盤とした伝統的なつながりも見てとることができる。ところがほとんどのケースでは、彼らはサイバースペースで活動しており、究極的にはインターネットを通じてつながっているのだ。

「第四世代戦」というのはその他すべての反乱と同じく、はじめから敵軍を打ち負かすことを狙いとしていない。ハメスにとってこの戦いというのは「政治、経済、社会、そして軍事など、使用可能なネットワークをすべて使って、敵の政策決定者に対して、彼らの戦略目標は達成不可能であったり、獲得可能な利益はコストがかかりすぎるものだと信じこませることにある」という。[*25] 彼は第四世代戦を、一九九〇代初期にランド研究所の学者であるジョン・アキーラとディヴィッド・ロンフェルトが提唱した概念である「ネット戦争」になぞらえている。この二人の考えでは、ネット戦争というのは戦争まで至らないような紛争を含むものであり、この行為主体《アクター》には軍もしくは軍以外が含まれ、少なくとも参戦者のどちらか一方が、大抵は非国家の準軍事的、もしくはその他の非正規軍であったりするものであり、階層的ではなく、一つのネットワークを組織しているという。「ネット戦争の典型的なアクターたちは、分散して相互に連結した中継点（**nodes**）によってできた網（もしくはネットワーク）を構成している……この構成には頭になる部分がないのと同時に、ヒドラ（ギリシャ神話版の八岐の大蛇）の様に多頭的である」[*26]。アキーラとロンフェルトによれば、ネット戦争には「相手の国民の世界観を混乱させ、損害を与え、変化させること」などが含まれるという。[*27] この概念には、情報通信革命の影響が色濃く反映されている。

　敵の政策決定者の「考え」を狙っていくというのは、戦略、作戦、そして戦術の各レベルにおける「第四世代戦」の活動のすべてを支配する原理となっている。戦略レベルでは「第四世代戦」の実行者たちは、反乱軍のウェブサイトやグローバル・メディアなどを通じたコミュニケーション計画を遂行するのだ。作戦レベルでは「われわれの社会全体を分析してどこに脆弱性があるのかを発見しようとする」のであり、そこに攻撃を仕掛けようとする。この典型的な例が九・一一の同時多発テロ事件であるが、それ以外のシナリオももちろん起こる可能性がある。戦術レベルでは、「第四世代戦」というのは低強度の紛争という複雑な環境の中で起こるのであり、ここで現場における実際の反乱活動と直接のつながりを持つことになる。そのイメージがより劇的かつ致死的なものになるにつれて、そこから発せられるメッセージはより強くなるのだ。これらのインパクトの大きいメッセージは視覚メディアを通じて伝えられることが多く、これらは「敵の世界観をシフトさせるための戦略コミュニケーション計画」の一部というか、その核心そのものなのだ。[*28] ハメスによれば、外国勢力を国内から排除した後は古典的な「第二世代の戦い」（内戦：国民の間の戦争）が行われるということや、（彼自身は実際には言及してはいないが）毛沢東の線に沿った「伝統的」な反乱が行われるようになると論じている。

批　判

「第四世代戦」という概念は、大まかに分けて少なくとも三つの点から批判されている。第一は、テロリストや反乱が、第二世代や第三世代の戦いに従事している国や軍に対して、一体どれほど効果的なのかという疑問だ。ある学者によれば、歴史の例からは「非伝統的な戦い方が伝統的な軍隊に勝ると結論するのは軽率であろう」と述べている。[*29] これに関連した第二の批判点は、反乱や「第四世代戦」への焦点が本当に適切なものかどうかというところだ。もしかすると、これは二一世紀初頭の「大国間の紛争がない、極めて恵まれた一時的な状態」という贅沢な環境のおかげではないのか、という疑問があるからだ。[*30]

ところが最も強力な批判は、「ハメスが本当に革新的な新しい現象を発見したのかどうか」という点だ。たとえばハメス自身の戦略思想でも解決されていない問題であり、「第四世代戦」というのは、すでに過去七〇年間存在し続けているものなのではないか、ここ五〇年間の戦いで、すでに支配的な存在となっているのではないか、本当に「新しい戦争の形」なのかどうか、という疑問が残っている。「第四世代戦」というのは、少なくとも戦略レベルでは毛沢東式の現地住民を中心とした反乱とは異なるものだ。敵本国の社会に対する攻撃という作戦レベルの話や、階層的な組織からネットワーク型の反乱の「リーダーシップ」へのシフトもたしかに新しい要素である。ところがコミュニケーション面でのテクノロジーの進化をのぞけば、ハメスの「第四世代戦」という概念の核心——敵の政策決定者を直接狙うこと——を、北ベトナムのアプローチ（一九六八年のテト攻勢の敗北の後に米軍を狙うのを止めて直接米本土の政治的意思の弱体化を狙った）と区別するのは難しい。この意味において、「第四世代戦」という概念の大部分は、インターネットという比較的新しく普及したパワーに集約されてくるように見える。おそらくこれこそが冷戦の終盤にリンドによって暗示された、真の「潜在的なテクノロジー主導の第四世代戦」なのかもしれない。

「新しい戦争」学派の学者たち

ウィリアム・リンドとトーマス・ハメスの戦略思想は、「新しい戦争」（New Wars）という考え方の大衆的なバージョンであったと言われている。[*31] 一九九〇年代に登場してきたこの用語は、主にユーゴスラビアやその他の地域で行われ始めた内戦や、これらの紛争の解決に対して（国家を中心に構成された）国際社会が直面した難しさのおかげで使われるようになったものだ。この「新しい戦争」の専門家の中でも最もよく知られているのは、メアリー・カルドーである。一九九九年の『新戦争論』（*New and Old Wars: Organized Violence in a Global Era*）という本の中で、彼女は一九九〇年代のアフリカや東欧では、ある特定のタイプの組織的な暴力が登場してきており、これは戦いの目標ややり方という意味から「新しい戦争《ニュー・ウォー》」であると論じたのだ。彼女はクレフェルトと似たような形で、「これらの新しい戦争は、国家の自立性の侵食、そして場合によっては国家の完全な崩壊という文脈から発生してきた」と論じている。冷戦の地政学的、もしくはイデオロギー的なゴールの代わりに、新しい戦争では「アイデンティティ・ポリティクス」、つまり特定の民族、部族、宗教、もしくは言語的なアイデンティティをベースにした権力闘争が行われるようになったという。[*32] 彼女によれば、それを実行するにあたって、中央政府は弱体化していたり、そもそも存在しなかったりするものだから、比較的容易であるとされる「敵軍から領土を奪う」やり方とは違って、政治的な統制を通じて領土を獲得する戦略を革命戦争から借りている。ところが「伝統的」なゲリラ戦や対反乱作戦では、少なくとも理屈の上では住民の「心をつかむ」ことによって、彼らに対する政治の統制を狙っていた。しかし新しい戦争は、別のアイデンティティを持った人間をすべて排除することによって政治の統制を獲得しようとするものであり、これは住民の追放や強制移住、そして大量殺戮《たいりょうさつりく》などの手段を通じて行われる。この現象は「民族浄化」というフレーズでよく表現されるようになった。

ヘルフリート・ミュンクラー（**Herfried Munkler**）は『新しい戦争』（***The New Wars***）という著作の中で同じような議論を展開しており、「武力は敵軍ではなく、主に敵の国民を狙って使われる」と論じている。戦火はどこでも燃え上がる可能性があり、前線や背後、そして本土のような区別はなく、国家間戦争の特徴である「決戦」のようなものも存在しない。「新しい戦争」では戦争の実行の際に、従来のゲリラ戦における間接的な攻撃目標選定ではなくて、テロリストの戦術を使った直接的な攻撃である「戦略的な非対称化による武力攻撃の形」が使われることもある。[*33] 戦闘の狙いは、民族浄化を使って特定の地域から住民を追い出すことや、彼らに特定のグループに対して補給や支持を強要したりすることにある。この後者の場合には経済的な面が大きくなり、新しい戦争の大部分には「生活様式としての戦争」が含まれてくる。日常生活と戦争の境《さかい》が曖昧になり、そこでのプレイヤーたちは政治的な動機よりも、経済的な動機によってますます動かされるようになり、彼らは戦争によって生計を立てるようにもなり、場合によってはそこから巨利を得る者も出てくる。ミュンクラーによれば、過去の国家間戦争と「新しい戦争」を区別する二つの大きな特徴は、その「商業化」と「非対称性の増加」である。

イギリスのルパート・スミス（Rupert Smith）は一九九九年のコソボにおけるNATO軍の「アライド・フォース作戦」の時の欧州連合軍副最高司令官を務めた経験を持つ。彼は二〇〇五年に出版した『ルパート・スミス 軍事力の効用：新時代〝戦争論〟』（*The Utility of Force*）の中では「新しい戦争」という言葉を使っていない。しかし「新しい戦争」の一連の文献と同じような形で、戦争の遂行面で変化が起こったことを指摘している。スミスは戦争において「パラダイム・シフト」が起こったと論じており、工業化した国家同士が戦場で似たような軍隊で戦う「対称的な戦争」から、「軍同士が交戦するような隔離された戦場が存在しなかったり、すべての交戦者の中に必ずしも軍隊が含まれるわけではないという動かしがたい事実が反映された、人間《じんかん》戦争」へとシフトしたと論じている。彼によれば、人間《じんかん》戦争とは、「街や家や畑にいる市民たちがすべて――あらゆるところにいるすべての人間が――戦場であるという現実」なのであり、「軍事的な交戦はどこでも起こりうるもので、市民の目の前で市民に対して市民を守るために行われることもある」というのだ。そして彼らはそのほとんどが、いずれかの非国家主体の側について戦うのである。[*34]

学者のリチャード・シュルツは、カルドーやスミスたちよりもさらに踏み込んで、「現代の戦士たちによる内戦を、作戦レベルで評価する方法」を教える、一連の特定の質問を提示している。[*35] この枠組みの中の質問は、非国家武装集団たちの戦いの概念や、組織と指揮統制、作戦地域、作戦の種類やターゲット、そして軍事紛争に関する法律のような制約や制限を中心としたものだ。最後のカテゴリーには、外部の行[ア]

為主体《クター》の役割が当てはめられている。多くの人々はコミュニティー間の衝突を真新しいものではないと論じており、これは二〇世紀初頭にも、それ以前にも存在していた考え方だと指摘している。むしろ冷戦後の時代において新しいのは、国際社会がこの衝突に介入したり、それを解決しようと努力を始めた点であり、これがグローバルなメディアで大々的に報じられているところだというのだ。その結果、「新しい戦争」の特徴は、スミスが自らの戦略思想を提示している、**介入する側（国家）からの視点**による「人間《じんかん》戦争」というパラダイムを構成する、大きなトレンドの背景となっているのだ。彼が指摘したトレンドの中には、介入する側（当然だが紛争の当事者でもある）も戦場ではなく、人々の間で戦うことになるという事実がある。敵は人々の中に隠れるために、介入する側の軍が直面する難問は「敵と住民を区別することであり、後者を自分側に引き入れること」にある。加えて重要なのは、ＮＡＴＯのような組織が戦う目標が「政治的結果を決定できる具体的な目標の獲得から、政治的な結果を決定する可能性のある条件を作り出すものへと変化している」という点だ。介入の目標は、領土を確保・維持することではなく、人道的な活動が可能となり、政治的な決断を交渉できるような状況をつくることにある。スミスによれば、「全般的に言って、国家間戦争の大きな特徴が決定的な勝利にあったとすれば、条件づくりというのは〝人間《じんかん》戦争〟という新しいパラダイムの特徴とみなされることになる」という。[*36]

　このような「条件」をどのようにつくるべきかについては、実は当時から現在まで、答えは出ていない。カルドーは一九九〇年代を通じて国際社会が使ってきた平和維持活動や平和執行のようなアプローチは適切ではないと論じている。なぜならそれらは「新しい戦争」を「国家同士や、国家を獲得しようとしている集団が争っている、クラウゼヴィッツ式の戦争のように扱ってしまうからだ」という。その代わりに彼女は「いわゆる国際コミュニティーや現地の住民の両方を含み、排他主義に対抗できるような、コスモポリタンな政治動員の新しい形」を提唱しており、国際コミュニティーが国際的な人道主義的なものや、人権法を含む、コスモポリタンな規範《きはん》を執行するよう求めている。[*37] スミスはより実践的なアプローチを採っており、軍事力による介入を計画する際に、国際コミュニティーは二つの質問群に対して首尾一貫した答えを明示しなければならないと説いている。一つ目の質問群は「達成するための手段と努力を明らかにするもの」であり、二つ目のものは介入が現地住民と(住民の中に隠れ潜んでいる)敵の双方から見ても信頼できるものかどうかを問いかけるものだ。[*38] 軍事力によってどのような目標が達成できるのか決めて、さらにその先の武力の行使の限界を決定することは、戦略における非常に重要な出発点となる。スミスはこの現実を、一九九〇年代の「新しい戦争」だけでなく、二〇〇三年のイラク戦争以降における対反乱作戦にも当てはめて考えている。

「第四世代戦」の場合と同じように、批評家たちは「新しい戦争学派」の人々が本当に新しい現象を発見したわけではないと批判している。たとえば二〇〇〇年代前半の「新しい戦争」が最も盛り上がっていた時期に、ある学者は「新しい戦争を構成するすべての要素は、過去百年間に様々な度合いで現出している」と指摘している。そして「現在の違いは、学者や政策専門家、そして政治家たちが、これまでにないレベルでこの現象に注目している」点にあるという。[*39] 後になってから、「新しい戦争」学派は現代の戦争を理解する上で従来のアプローチではなぜ不適切なのかを教えたという意味では大きな貢献をしたにもかかわらず、それがクラウゼヴィッツを拒否したという点では間違っていた、という指摘がなされている。このプロイセン人の「暴力」、「変化」、そして「合理性」で構成される「戦争の本質」についての描写は、二一世紀の内戦や反乱の分析には極めて関連性を持つものであると論じられており、その理由は「最も暴力的な反乱者たちも、自らの行動は自分たちが合理的であると考える目的のために行われていると見る」

からだ。[*40]

ディヴィッド・キルカレンの「反乱」と「対反乱作戦」に関する議論

ディヴィッド・キルカレン（David Kilcullen）は、自身の戦略思想において、ハメスよりも反乱の新しい性質についてさらに分析を深めている。オーストラリア陸軍の中佐であるキルカレンは、後に米国防総省（ペンタゴン）でも対反乱作戦についてアドバイスを行っている。彼は冷戦後の反乱についての特徴が、その手法にあるわけではなく、その革命的な目標や反乱の活動の目標にあると指摘している。彼はペンタゴンの目に止まった二〇〇五年の論文の中で、アルカイダによって行われているグローバルなジハード（聖戦）が、明らかに「反乱」、つまり暴力と破壊活動を通じて現状打破を狙う大衆運動であることを指摘している。もちろんここまでは、毛沢東の古典的な反乱とほとんど変わらない。ところが彼はさらに、「従来の反乱は、ある国家や地域における既存の政府や社会秩序を転覆させようとするものであったが、今回のこの反乱は、イスラム世界全体を作り替えて世界との関係を再構築しようとするもの」であると論じている。[*41]後に彼は自身の本の中で、反乱について古典的な理論では、一国の中の一つの非国家主体と一つの政府の間で発生し、その最終目的は国家の支配を勝ち取るところにあると想定して扱われてきたが、現在の反乱の多くは、ただ単に国家を破壊しようとするだけであり、国権を奪取することまでは狙われていないと論じている。「反乱側は外国人を排除しようとするだけであり、国家政府の後には何が起こるのかということについてはほとんど何も語っていない」というのだ。[*42]さらにいえば、アルカイダと関係のある反乱側というのは、現実世界で実際的な目標を達成しようとしているのではなく、ただ単に（彼らの）神の恩寵《おんちょう》を得ることのみを望んでいるという可能性もある。

キルカレンは、コロンビアやタイのような国では現在でも古典的な反乱がまだ存在しており、このような場所では反乱側が政権側の統治機能に対して挑戦していることを指摘している。また、国家の機能が崩壊し、その主戦場は統治の行き届いていない場所になるケースもあり、「新しい戦争」の用語である「人間《じんかん》戦争」の方がその状態を適切に表せるようなケースも出てくる。他にも、外国の介入に反乱側が対抗する形で行われるものがある。介入してくる側は、ある意味で反乱側よりも「革命的」な勢力となることがある。反乱側は、ただ単に外国の占領勢力の追放や、統治されていない場所の現状を維持するために戦っていることになるからだ。このような現象は、当初はアルカイダのプレゼンスや、彼らに関連した活動によって刺激された、「偶発的」なゲリラを作り上げてしまうサイクルにつながる。キルカレンは自著の『偶発的なゲリラ』(***The Accidental Guerrilla***)の中で、そのようなゲリラたちはまるで感染症のような四段階のプロセスから生まれるものであると論じている。様々な国からやってきた過激主義者たちは、第一段階として、まず統治されていない地域を「感染」させる。第二段階は「蔓延《まんえん》」であり、ここでは自分たちのことを当初は外国から来た「よそ者」として反発していた現地の人々に対して懐柔や脅迫を行い、その活動を国全体や地域の中に広げるのだ。第三段階は、外の国々が介入し始め、人道支援から軍事力まで、実に様々なツールを使って過激主義者のプレゼンスを排除するような行動を起こすものだ。そして最後は、現地の住民たちが免疫で言うところの「拒否反応」起こすのであり、当初はよそ者だった過激主義者と親密になって、新たな外部の脅威と対抗するようになるのだ。現地の人々は武器をとって過激主義側と一緒に戦うようになり、このプロセスの中で「偶発的なゲリラ」となるのである。

この段階になると、たとえ反乱側が外から入ってきた勢力であり、現実世界の目標がない存在であったとしても、その実態は古典的な対反乱作戦と似てくることになる。キルカレンが指摘しているように、作戦レベルの対反乱作戦では、敵と味方にわかれて現地の住民を互いに引き込もうとするような行動がとられるという。つまり「現地の住民の〝賞品〟価値は変わらないまま残る」のだ。[*43] 戦術レベルで見ると、従来の反乱側は農村地区の人々の間に隠れるような行動をとるのだが、現代の反乱側は、都市部の人々の中にも隠れることができるのだ。

それ以外の部分は、ハメスの指摘した部分と似ている。キルカレンは現代のメディアが作戦レベルを圧縮する効果を持っており、インターネットなどのおかげで、たとえば戦術レベルでの出来事が戦略レベルの効果を持つようになると主張している。これはつまり、戦術レベルの話が戦略コミュニケーション計画の一部になったということだ。また、キルカレンはハメスの分析のように、現代のメディアの浸透力や、情報がほぼ瞬間的に世界に広がる性質、そして世界中の視聴者たちにリアルタイムで「グローバル化の影響」を与えていることを指摘しつつ、あらゆる反乱活動は敵の意思決定者の心を狙ったものであると分析しており、革命戦争は一〇〇パーセント政治的なもので、現地レベルでの軍事的な要因はほとんど、もしくは全く焦点にならないと述べている。さらに、「組織化されたネットワーク」や「結合点」というアイディアはやや整理されすぎていると指摘しつつも、現代の対反乱作戦は階層的な組織を捨てて、「独立しながらも協働する、自己同期的な小集団の群れ」を好むのようになっているとして、ハメスとかなり近い分析を行っているのだ。[*44]

キルカレンの戦略思想の中でとくに注目に値するのは、現代の反乱の組織的な面をさらに精緻化したところにある。彼によれば、ジハード主義者たちの「オペレーショナル・アート」――これがそもそも存在するかどうかも議論のあるところだが――の本質は、無数の戦術的な行動を一つの共通の動きへとまとめる、その能力にあるという。そしてこれは複数の戦域をまたぎ、共通のイデオロギー、文化、言語、そしてイスラムへの信仰で繋がれたグループによる「リンクのつながり」によって実行されるというのだ。

キルカレンの分析には、伝統的な対反乱作戦に対する反発が含まれている。たとえばガルーラやトンプソンのような古典的な対反乱作戦の考えは、一国の中の反乱を鎮圧することに最適化されていた。ところがこの伝統的な考え方は、グローバルな反乱への対処にそのまま適用しようとすると、大きな問題に直面することになる。たとえばグローバルな反乱の場合には、まず国際テロリストの中核となっている指導者と現地や地域のプレイヤーたちの間のつながりとコミュニケーションの分断に注力し、戦域レベルのアクターたちをグローバルな支援者たちから孤立させなければならない。この戦略の土台にあるのは、キルカレンが「分解」(disaggregation) と呼ぶ考えであり、ここでは特定の紛争状況を解決するのではなく、この反乱が他の戦域の活動と分断されるようにするのだ。ある専門家は、「(現代の) 反乱の病理から判明しているのは、われわれがゲリラを、物理的、サイバー的、そして心理的にも支持母体やメディアから孤立させなければならないという点だ」と主張している。[*45] もし引き続き現地の反乱そのものを解決する必要が出てきた場合には (そしてキルカレン自身はこれをなるべく避けるようアドバイスしているが)、彼は少なくとも対反乱作戦の中の八つの「最適な方法」を使うべきだと主張している。その中で最も目立つのは、民間と軍の両方の機能を統合させる、包括的 (政府のすべての機関を含む) なアプローチや、現地の住民の安全の確保、現地の警察・警備部隊の創設、必要に応じた反乱者側への戦闘攻撃、そして国境をコントロールしたり反乱側の「聖域」を混乱させるための、地域全体をカバーしたアプローチの実行などだ。[*46]

デイヴィッド・ペトレイアスと「対反乱作戦」

「最適なやり方」というのは、アメリカの対反乱作戦のドクトリンである二〇〇六年度版の「米陸軍・

海兵隊対反乱野外教令」（*the 2006 US Army and Marine Corps Counterinsurgency Field Manual*：通称ＦＭ３-24）に対する最適な呼称であろう。これは米陸軍のディヴィッド・ペトレイアス陸軍大将の下で発行されたものである。これが出た時期には、ハメスやキルカレンなどを始めとする人々によって、現代の反乱の越境的なグローバル化した性質や、国際的なつながりやネットワークの分断の必要性などの議論が非常に盛んに行われていたが、ＦＭ３-24は古典的な、いわば「毛沢東的な世界観」に強く影響された視点を持っている。なぜなら反乱側が「大抵の場合、一つか二つの目標の達成を狙っている存在であり、既存の社会秩序を転覆しようとしたり、一つの国家の中での権力の配分を修正したり、国家の統制から離脱して別の自治組織を形成したりすることが想定されている」からだ。[*47] つまりこの対反乱作戦のドクトリンは、「国家中心的」なものであり、ガルーラの毛沢東主義のドクトリンに対する返答であり、キルカレンが対反乱作戦の「作戦」（戦略の直近下位にある）レベルと呼ぶものが反映されている。

ＦＭ３-24にはいくつもの原則や規範、そして対反乱作戦に付随するパラドックス（矛盾）などが提唱されており、これらがペトレイアスの戦略思想の中核を構成している（表５・１を参照）。ＦＭ３-24が出版されて最も注目を集めたのは、そのパラドックスの部分であった。この理由は、おそらくこれが作成されていた当時の米軍の対反乱作戦の中では、まだ非効率な物理的殺傷アプローチが支配的であったにもかかわらず、このマニュアルでは非殺傷的な作戦の優位が強調されていたからだ（ただし敵を公然と殺害することが明らかに必要になることも表明している）。

おそらく作戦レベルの活動に対する最も有益な戦略的指針は、対反乱作戦の実行での成功例をまとめた箇所にあり、ここでは占領した側が、何よりもまず現地の住民たちの安全の確保と彼らのニーズを満たすことに集中することや、安全な地域の確立と拡大、そしてホスト国の国境の安全の確保が提言されてい

表5・1　米陸軍・海兵隊対反乱野外教令（FM 3-24）

対反乱作戦に関するアメリカの公式な戦略思想の核心は、2006年に発行された米陸軍・海兵隊対反乱野外教令に見ることができる。この中では対反乱作戦のいくつかの歴史的な原則や、現代の対反乱作戦の必須の規範、そして対反乱作戦におけるパラドックスなどが指摘されている。

歴史的な原則

●**正統性**（レジティマシー）**が最大の目標である**：いかなる対反乱作戦でも、実行力のある正統性を持った政府の確立を追及すべきである。

●**努力の統一こそが必須である**：軍事、外交、政府、そして非政府組織などは、その垣根を越えて対反乱作戦の努力を連携させなければならない。

●**政治的な要素が第一である**：軍の司令官たちは、自分たちが行う作戦がホスト国の正統性にどのような影響を与えるのかを常に意識しなければならない。

●**対反乱作戦を行う側は、その環境を理解しなければならない**：陸軍や海兵隊の兵士たちは、自分たちが活動しているその社会と文化についての理解を持たなければならない。

●**インテリジェンス（情報）が作戦を動かす**：あらゆる軍事作戦と同じように、インテリジェンスは必須のものである。ところが対反乱作戦という任務は、それを行う側の行動がインテリジェンスを発生させるカギになるという意味があるために、きわめて特殊なものである。作戦がインテリジェンスを創造し、それがその後の作戦を決めていくというサイクルになる。

●**反乱者たちをその目的と支援から隔離する**：すべての反乱者を殺害するのは不可能だ。それよりも望ましいのは、反乱者側を勢いづかせる社会、政治、そして経済面での不満を解消し、物理的・金銭的な支援を遮断するようなアプローチである。そしてこれらすべては極めて困難な任務だ。

●**法の下の安全は必須である**：現地住民の安全は必須であり、それには反乱者に対抗するための現地の文化や慣習に則した法体制の確立が含まれてくる。

●**対反乱作戦を行う側は、長期的な取り組みに備えなければならない**：現地の住民たちに対して、対反乱作戦を行う側とホスト国は「長期的にとどまって取り組む意志と力を持っている」と確信させなければならない。

現代に必須とされる規範

●情報と期待を管理すること：現地住民には現実的に感じられる期待を与えるべきである。そうすることによって、直近で結果が出なくても、彼らは対反乱作戦を行っている側やホスト国に「騙された」と思われなくなる。

●軍事力の適切なレベルでの使用：指揮官たちは死者数やあらゆる潜在的な反発を最少化するために、適切なレベルの軍事力を正確に行使しなければならない。

●学んで順応せよ：反乱者側は対反乱作戦側の弱みについての情報交換を常に行っているため、対反乱作戦側もそれと同じ速度で最適な手法を採用できるようにしておかなければならない。

●最下層のレベルを強化せよ：上級指揮官は部下に対して、自分たちの意図する範囲内で部下に決断をさせるようにしなければならない。対反乱作戦では状況を最も正確に理解できているのは現地の指揮官であるからだ。

●ホスト国を支援せよ：対反乱作戦側が自分たちで作戦を行うのは容易かもしれないが、それでもホスト国側の能力を強化するほうが望ましい。長期的な目標はそのホスト国の政府が自立できるようにすることにあるからだ。

対反乱作戦のパラドックス

●部隊を守ろうとすると、ますます安全ではなくなることがある：軍の部隊の安全を確保しようとして部隊を軍事拠点の中だけに留め、住民の中に入って行かせないと、作戦の成功に必要なインテリジェンスの収集のチャンスが減少してしまう。

●軍事力を使えば使うほど効果が薄れていくことがある：軍事力を行使すればするほど副次的被害や間違いなどが発生しやすくなり、反乱側のプロパガンダに使われる材料が増えることになる。

●対反乱作戦が成功を収めるにつれ、使用できる武力は小さくなり、受け入れなければならないリスクは増加する：対反乱作戦が進展するにつれ、警察的な任務のほうが増えるのであり、軍隊は作戦を行う上でより厳しいリスクを伴った交戦規定に従わなければならなくなる。

●何もしないことが最高の対処法であることもある：反乱側は、対反乱作戦を行う側に対してプロパガンダの材料を発生させるために扇動的な行動を行うこともある。

●対反乱作戦側にとっての最大の武器は「銃を撃たないこと」である場合もある：正統性と、ホスト国の政権に対する住民からの支援は、反乱側の殺害を必要としない活動が行われている時に達成できることがある。

●**通常は、ホスト国が何かを忍耐強くやっていることのほうが、対反乱側がそれをうまくやっていることよりも望ましい**：「忍耐強い」ホスト国の活動は、自立的な政府づくりを推進するものだが、もしホスト国が忍耐強い活動をできない場合は、対反乱作戦側が行動しなければならない。

●**今週効果のあった戦術は、翌週には効果がないかもしれない**：ある戦術がこの地方で効果を発揮しても隣の地方では失敗するかもしれない。反乱側は成功した対反乱作戦の手法にすぐに順応するからこそ、対反乱作戦を行う側は継続的に順応していく必要がある。

●**戦術面での成功は何も約束してくれない**：軍事行動だけでは対反乱作戦を成功させるのに不十分だ。軍事行動は常にホスト国の政治目標に貢献するものでなければならない。

●**重要な決定の多くは将軍たちによって決断されるものではない**：対反乱作戦の成功には、すべてのレベルでの能力と判断力が必要である。戦術レベルでの決定が戦略的な結果を生むこともあるからだ。

See: US Army, *US Army and Marine Corps Counterinsurgency Field Manual* (Chicago, IL: University of Chicago Press, 2007).

る。実際のところ、「現地住民の安全確保」というのは、ペトレイアスによって対反乱作戦の中心的な教訓とされたのである。[*48] このドクトリンは、後に「対反乱作戦の実行はカギとなるエリアのコントロールから始められるべきであり、その安全と影響力はそこから拡大させていくべきである」と詳述されている。ところがその重要性という意味から考えると、この「油のシミ」戦略——ガルーラからトンプソン、そしてクレピネヴィッチのような対反乱作戦の理論家たちにアドバイスされてきたこと——への注目度は、驚くほど低い。とりわけトンプソンとクレピネヴィッチは、まず現地の都市部の住民の安全を確保することの重要性を強調しており、このアプローチは実際にイラクで使われた。

FM3-24は、古典的な対反乱作戦の影響を色濃く残しながらも、ハメスやキルカレンの戦略思想に見られる要因などにも触れている。たとえばこのマニュアルでは「今日の作戦環境には新しい種類の反乱、つまり世界的に革命的変化を押し付けることを目指すものが含まれている。このような敵を打倒するには、これらの運動を維持している様々にからみあった資源や紛争の問題を解決するための、グローバルな戦略的対応が必要となる」ということが書かれている。[*49] それでもこのマニュアルはこの「分解」を実現するために具体的にどのような手段が採られるべきかについては、やや物足りない印象が残る。もちろんこの中には反乱組織の社会ネットワークを図面化するためのツールについての詳細な議論や、「このような知識は、指揮官たちにネットワークがどのようなものであるのか、それがどのようにつながっているのか、そしてそれを打破するには何が最適（たとえば狙うのは敵軍なのか、それとも敵のリーダーか）なのかを理解させるための助けとなる」という記述が含まれている。[*50] ところがキルカレンの戦略思想と同じように、このグローバル化した相互関連したリアルタイムな世界では、どうすればリンクを切断して反乱側を孤立させることができるのかについては、それ以上細かくは触れられていない。これは意図的にそのように書かれているのかもしれない。この対反乱作戦のマニュアルでは、ネットワーク化した組織の破壊が困難であることを認めているのだが、それでもその力を集中させることの難しさから、どのようなネットワークでも戦略的な成功を獲得する能力は限定的であると論じている。一方で、現地の指揮官たちは、敵を一つの「ネットワーク」と捉えることによって、逆に地理の永続的かつ決定的な重要性や、重要な地形のコントロールが安定した治安の拡大のための最初のステップであることを理解するのを難しくしたと述べており、これはもしかすると、古典的な理論が新しい情報化時代の理論よりも優っていることを示す、一つの証拠と言えるかもしれない。

ＦＭ３-24の主な著者の一人にジョン・ナグル（John Nagl）元米陸軍中佐がいるが、彼は独立した戦略理論家である。二〇〇二年に発表した『ナイフでスープを飲む方法を学ぶ』（*Learning to Eat Soup with a*

Knife）の中で、ナグルは一九五〇年代のマレー半島における英軍の方がベトナムにおける米軍よりもうまく行った理由として、組織文化の違いを挙げている。彼によれば、英軍は学習する組織であったが、米軍はそうではなく、これが対反乱戦における教訓の吸収と実践におけるパフォーマンスの違いにつながったという。[*51] ナグルは歴史上のあらゆる対反乱作戦の戦略のエッセンスを分析して、基本的には二つのものから成り立っているとしている。それは反乱者の殲滅と、住民の忠誠の獲得だ。[*52] ナグルによれば、イギリスは後者をマレー半島で実践しており、そのアプローチを殲滅戦略から、小規模な部隊による戦術と協力的な現地住民に支援されたインテリジェンスを中心としたものに変えてきているとしている。それとは対照的に、アメリカは殲滅を基盤とした「サーチ・アンド・デストロイ」戦略に頼り続けるという致命的な間違いを犯し続けたというのだ。[*53] 批評家たちは、ナグルがマレー半島の例（さらにはベトナム戦争の例も）を正確に分析していないと主張しており、ナグルが成功したとしているイギリスもかなりの度合いで強制が使われたとしている。[*54] それでも『ナイフでスープを飲む方法を学ぶ』の中で示された住民中心の対反乱作戦の特徴は、ＦＭ３-24のあらゆるところで見られる。ただしナグル自身は、このマニュアルの草稿を書いた人々に最も影響を与えたのは、アルジェリアの例を論じたガルーアの戦略思想であると述べている。[*55]

批　判

戦略家の間では、アメリカの対反乱作戦への回帰は批判も多かった。中でも目立つのは、米陸軍大佐で米陸軍士官学校の教授であるジアン・ジェンティール（Gian Gentile）と、海軍大学院の特任教授であるダグラス・ポーチ（Douglas Porch）のものだ。二〇〇〇年代半ばからのジェンティールの戦略思想からの批判には、主に三つのテーマがあった。一つ目は、米陸軍が対反乱作戦にシフトしたことのインパクトを考慮するものであり、このあたりの経緯についてはフレッド・カプラン（Fred Kaplan）の『反乱者たち』（***The Insurgents***）という本の中で詳しく述べられている。[*56] 二〇〇八年に発せられ、二〇一四年にも再び発令された指示の中で、米国防総省は、対反乱作戦を含む非正規戦は、いよいよ「戦略的には従来の正規戦と同じくらいの戦略的重要性を持つようになり、国防総省は双方において同等の能力を持たねばならない」と述べている。[*57] ところがジェンティールの視点からみれば、このシフトはその指令で暗示されていたバランスをはるかに越えて有害な影響をもたらしたという。彼は二〇〇九年に「国家建設と対反乱作戦が米陸軍の中核的な機能となってしまった」と論じており、この動きはアメリカの大規模な通常戦争を戦う能力を低下させつつあったというのだ。[*58]

ジェンティールの二つ目のテーマは、ＦＭ３-24にも現れているようなアメリカの「住民中心の対反乱作戦」は見当違いである、というものだ。その理由として、彼は単に「効果がない」からだとしている。彼はこのような考え方をまとめた二〇一三年の著書の中で「（住民中心の）対反乱作戦が効くという考えは間違っている」として、「歴史も私のこの意見が正しいことを証明している」と述べている。[*59] 彼はこの論拠として二〇〇〇年代のイラクとアフガニスタンの例を挙げており、この議論はポーチにも支持されている（表５・２を参照）。

ジェンティールの戦略思想の三つ目のテーマは、アメリカの住民中心の対反乱作戦の追求は、対反乱や安定化を図るその他の（しかもより優れた？）手段を除外してしまっている可能性がある、というものだ。これはジェンティールの考えの中で最も発展の余地のあるものだ。彼は「反乱という問題に対処するための最上のアプローチは、住民そのものに集中する必要はなく、その反乱している敵に集中すべき場合もある」と述べており、[*61] 彼はその論拠として一九五〇年代のイギリスのマレー半島の例では「共産主義の反乱

表5・2　住民中心の対反乱作戦は効くか？

●住民中心の対反乱作戦は、反乱側の影響力に対抗する手段の一つとして、現地住民の「心をつかむ」ことを狙うものだ。
●その中心にある考えは、安全や経済支援、そして良い統治を提供することにあり、これによって現地住民を対反乱側になびかせ、反乱側を対反乱側の火力にさらされた開けた場所で戦わざるを得ない状況に追い込むということだ。
●2007年初頭には、イラクでの反乱の増加に対抗するために、アメリカはイラク内での兵員数を大幅に増やしたが、この措置は後に「増派（サージ）」と呼ばれるようになった。
●2007年中頃からイラクでの暴力は収まり始め、犠牲者の数もかなり減少している。この成功は、増派と、ディヴィッド・ペトレイアス将軍の指揮下で行われた米陸軍の新たな住民中心の対反乱作戦の強調のおかげであるという見方が一気に広まった。
●ところがそれを否定する見方を示したのがジアン・ジェンティール（Gian Gentile）大佐だ。彼はイラクの暴力の減少は増派や新しいアメリカのアプローチが原因ではなく、イラクにおける政治情勢の変化、つまり数年かかってスンニ派のグループがアルカイダと距離を置くようになり、アメリカ側と関係を改善したことによって暴力が減り、治安が回復したからだという。
●同様に、ダグラス・ポーチ（Douglas Porch）も増派はイラクにおけるシーア派への権力の集中化と、それに対するスンニ派の反応によって動く戦略的な状況の動きには、ほとんど影響がなかったと述べている。
●ジェンティールは、アメリカがイラクにおいて増派を「成功させた」と勘違いしたがために、アフガニスタンでも2009年にスタンリー・マクリスタル（Stanley McChrystal）将軍、2010年から2012年にはペトレイアス将軍の下で、同じ戦略を追求することになったと論じている。
●ところがアフガニスタンでの暴力は増派の後に増加しており、主な国際的な取り組みが中止になる2011年にはタリバンの活動はかなり活発になっている。
●ポーチはペトレイアス自身もアフガニスタンに到着してすぐに、穴だらけの国境があり、狂気的であまりに後進的な場所における「太陽政策的で脳天気な対反乱作戦の不毛さ」に気付き、すぐに軍閥たちに支援された「斬首」や焦土戦術を復活させたことを指摘している＊60。

●ジェンティールにとって、アフガニスタンでの優れた戦略は、アルカイダの残された拠点を小規模な部隊で集中的に攻撃して破壊した、2002年初頭の軍事的にも限定的な戦略であった。

参考文献：Gian P. Gentile, *Wrong Turn: America's Deadly Embrace of Counterinsurgency* (New York: The New Press, 2013); Douglas Porch, *Counterinsurgency: Exposing the Myths of the New Way of War* (Cambridge: Cambridge University Press, 2013).

を軍事的に打倒して」勝利したことと、[*62]スリランカ軍がタミル・タイガーを軍事的な行動で打倒したことを挙げている。[*63]したがって、彼は反乱者に直接軍事的な攻撃を行うことが反乱問題の解決の最適の方法だと考えているようであり、もしこれが正しければ、彼はナグルが「住民の忠誠の獲得」という戦略と対比させた「反乱者の殲滅」というアプローチを描いていることになる。

ハイブリッド戦

対反乱作戦は二〇〇〇年代の戦略議論で支配的なテーマであったが、いわゆる「ハイブリッド戦」に関する文献も同時に増え続けている。この用語が最初に学術文献で使用されたのは、一九九〇年代半ばにチェチェンで行われていた戦争の性質を説明するためであった。[*64]ところがこれが本格的に広まったのは元海兵隊員のフランク・ホフマン（Frank Hoffman）のおかげであり、彼は二〇〇六年のイスラエルとヒズボラの戦争を議論する中で、ヒズボラが通常戦と非正規戦の「ハイブリッド」な組み合わせの戦略を使ってその目標を達成しようとしていたと論じている。[*65]彼は将来の危機では、伝統的な戦術と非正規戦の戦術が融合された形で戦われることになるだろうと主張している。この観点からみれば、通常戦と非正規戦は個別の問題ではなく、あらゆる紛争において「二重の脅威」となるのだ。

ホフマンは後にハイブリッド戦を「通常戦の能力、非正規戦の戦術や編成、テロ行為……そして犯罪的な暴動を含む……様々な異なる戦い方を幅広く取り入れたもの」と定義している。[*66]「ハイブリッド」という用語は、その脅威の「構成組織」と「手段」をとらえるために使われている。組織面からいえば、伝統的な階層構造を持った兵力が、分散した少グループとネットワーク化した戦術単位とともに行動するという姿が見られる。その手段には、携帯地対空ミサイルのような現代的な軍事能力とともに、待ち伏せや即席爆破装置（ＩＥＤ）のような「低いレベル」の戦術が同時に使われることになる。それ以外にも、国家は対人工衛星兵器のようなハイテク兵器をテロ行為やサイバー戦争と混用することが可能だ。[*67]

批評家たちはハイブリッド戦やその脅威は別に目新しいものではなく、歴史的にみればほぼすべての戦争が、程度の違いはあれど「ハイブリッド」であったと主張している。ところがホフマンによれば、それまでの戦争は「複合戦争」(compound wars)であり、ハイブリッド戦争ではなかったという。「複合戦争」は非正規的・正規的な兵力を多く持ちつつもそれぞれが統一的な指揮下で戦ったものだが、伝統的には非正規と正規的な兵力は別々の戦域で使われたり、編成的にも明確にわけられていた。[*68]ところがハイブリッド戦争では兵力は同じ部隊や戦場の中で使われるために、その区分けが曖昧になってきている。これはつまり、この二つは戦略的協調を越えて、共に兵力として肩を並べて連携・調整した行動をしながら戦うということだ。ハイブリッド戦争の実行主体は、それが国家か非国家主体《ノンステートアクター》かに関係なく実行されるものであり、その概念が最初に使われたのは、非国家主体が通常兵力の質や能力を獲得した、チェチェンやレバノンの例を説明するためであった。より最近の例では、ロシア軍が準軍事組織や市民の反乱部隊とともに非対称的で間接的なメソッドを使用して活動する、ロシアのクリミアとウクライナへの介入の様子を説明するために使われている。[*69]

まとめ

「反乱」や「対反乱作戦」を含む「革命戦争」という概念が本格的に議論されて発達してきたのは、比較的最近のことである。対反乱作戦の成功の原則が最初に示されたのは、戦間期初期に記されたT・E・ローレンスの回顧録であったが、革命戦争の一部としての反乱についての包括的な戦略思想の始まりは、毛沢東の第二次大戦中の一連の著作にあると考えられている。この戦争の通常戦的な性質や、その後の朝鮮戦争が示していたのは、対反乱作戦のドクトリンがその後にすぐに登場したわけではなかったということだ。対反乱作戦についての本格的な戦略思想が出てきたのは、脱植民地化に伴う紛争が十年以上続いた後の、一九六〇年代半ばのことであり、これを代表する人物がガルーラやトンプソンである。

一九八〇年代のクレピネヴィッチ、そしてとりわけ二〇〇〇年代のナグルとペトレイアスの戦略思想がガルーラのものと比較してもその重要性が高いのは、反乱側と対反乱作戦側の両者の視点を包括しているからだ。ところが彼らは過去の戦略思想家たちの概念やアイディア——現地の住民の安全の確保、反乱者の孤立、穴だらけの国境や「聖域」への対処、軍と民間のアプローチを統合することなど——に意識的にとどまり、戦争の不変の形に（再び）注目する必要を教えているのみで、「新しい」戦略思想をそれほど提唱しているわけではない。古典的な思想が今でも生きていることは、二〇一〇年の時点において、「アラビアのローレンス」のアイディアが、イラクやアフガニスタンにおける米陸軍の指針であったと読むことも可能であり、元アフガニスタン駐留部隊司令官のスタンリー・マクリスタル将軍の「新しい」アプローチも、実は都市部を確保することによって、安定的な状態を確保してからそれを拡大させるための手段として読むことも可能であるし、さらにはアフガニスタンで勝利するための重要な「防壁」は、反乱者が

「聖域」を求めて移動する、穴だらけの国境にあることなどから読み取れるのだ。ジェンティールとポーチは、住民中心の対反乱作戦の提唱者たちに対して有用な批判を行っており、そのアプローチは現代や過去の状況でも証明されたとはいえず、完全に間違っている可能性があるという説得力のある議論を行っている。

クレフェルトは、なぜ今後も反乱者と対反乱作戦が世界の注目を集め続けるのかという点について説得力のある議論を展開しているが、国家が国際的なアクターという立場から退場し始めているという彼（そしてリンド）の主張は、少なくとも時期尚早であることが証明されている。「新しい戦争」学派の人々は、国家の衰退を議論の出発点としており、ゲリラ戦と対反乱作戦をそれぞれ行うプレイヤーたちの目指している目標を対比させている。もちろん「新しい戦争」学派の人々の考え方は、おそらくそれほど目新しい現象を発見したわけではないのだが、それでも彼らは内戦についての我々の理解を深め、それに対処している国家をベースとしたアクターたちが直面する困難に我々の注目を集めた。ハメスとキルカレンは、革命戦争のドクトリンを現代のグローバル化した情報化時代に持ち込み、多くの重要な要因を描き出している。現代の反乱のいくつかは「グローバル」な性質を持っており、それらは過去のものとは違って、一つの国や地域には限定されていないという。中には「グローバルを越えたもの」もあり、解釈可能で現実的な政治目標を何も持たないものもあるくらいだ。このようなアクターたちは、グローバル化の恩恵を受けつつ、地域の軍事作戦そのものを行わずに、敵の領土に対して直接攻撃をしかけることもある。また、ただ単に外国の軍隊の活動やプレゼンスに対抗するために、自国の領域の中だけで活動する組織もある。ただしほとんどのケースでは、反乱側のリーダー層は従来の階層的な組織として存在しておらず、いわゆる「ネットワーク化」が進んでいる。そして今日の反乱者たちは、過去のそれよりもはるかに政治的であり、現代メディアの速報性と拡散性を最大限に利用している。

ただし、情報化時代が反乱と対反乱作戦に新しい面を付け加えたことはその通りなのだが、それでもその中核部分は実質的に全く変化していない。その中のいくつかの重要な教義を列記すると、対反乱作戦では、まず非殺傷的な手段を使いながら、現地の住民の安全を確保することに集中すべきである、と言われる。そして次に、敵と味方の区別を明確にしつつ、常に反乱側に肩入れする少数派のグループに対する直接的な戦闘攻撃との間のバランスをとるのだ。また、安全を確立できたところから速やかに経済、政治、そして社会的な手段を統合させて、例えば包括的な全政府的アプローチを採る（第６章を参照）。また、穴だらけの国境を塞《ふさ》ぎ、「聖域」を封鎖し、反乱側の戦場同士のつながりを分断する手段を考案する。二〇一〇年代までには、政府や軍のリーダーたちの間で、現代の反乱の問題を解決する目的からこれらの原則が見直され、そして吸収されている。ところが対反乱作戦は（反乱と同じように）長い時間がかかるものだ。そしてここで直面する難問は、以前と変わらず、実に多くの顔を持つ対反乱作戦の理論の原則の実施を維持するための忍耐と政治の意志を、いかに探っていくかという点にかかってくるのだ。

【質問】

1　コールウェル、ガルーラ、そしてトンプソンらの対反乱作戦における戦略思想の重要な側面はどのようなものであろうか？

2　ローレンスと毛沢東の反乱作戦の戦略思想における最も重要な要素は何か？

3　「非三位一体戦争」という用語は何を意味しており、非正規戦にどのような関連性を持つものなのか？

4　「第四世代戦」とは何であり、それはどのような形で現代の安全保障環境における本当に新しい（もしくは新しくない）面を反映しているのか？

5　われわれは伝統的な反乱／対反乱作戦と「新しい戦争」のアイディアをどのように区別できるだろうか？

6　二〇〇〇年代の反乱と対反乱作戦について、とりわけキルカレンとペトレイアスたちの戦略思想への主な貢献とはどのようなものか？

7　歴史的な例からみれば、住民中心の対反乱作戦は「効く」のだろうか？

8　「ハイブリッド戦」とは何であり、現代の紛争においてハイブリッド戦という概念が示しているものは何なのだろうか？

註

1　C. E. Callwell, *Small Wars: Their Principles and Practice*, 3rd edition (Lincoln, NE: University of Nebraska Press, 1996, first published 1906), 21.

2　David J. Kilcullen, 'Countering Global Insurgency,' *Journal of Strategic Studies* 28: 4 (August 2005), 603.

3　John Shy and Thomas W. Collier, 'Revolutionary War,' in Peter Paret, ed., *Makers of Modern Strategy from Machiavelli to the Nuclear Age* (Princeton, NJ: Princeton University Press, 1986), 817. 太字は原文ママ。ジョン・シャイ&トーマス・W・コリア「革命戦争」、ピーター・パレット編著、防衛大学校戦略の変遷研究会訳『現代戦略思想の系譜』ダイヤモンド社、一九八九年、七〇五頁。

4　Department of the Army, and *The U.S. Army ? Marine Corps Counterinsurgency Field Manual* (Chicago, IL: University of Chicago Press, 2007) (hereafter known as FM 3-24), 2.

5　Kilcullen, 603.

6　Martin van Creveld, *The Transformation of War* (New York: The Free Press, 1991), 42.［マーチン・ファン・

クレフェルト著、石津朋之監訳『戦争の変遷』原書房、二〇一一年、八五頁]

7 Callwell, *Small Wars*, 21.

8 T. E. Lawrence, *Seven Pillars of Wisdom: A Triumph* (London: Jonathan Cape, 1940), 199, 202, 345-46. [T・E・ロレンス著、田隈恒生訳『完全版：知恵の七柱』全五巻、平凡社、二〇〇八年、第二巻：八〇頁、八四頁、第三巻：七六頁]

9 Mao Tse-Tung, *On Guerrilla Warfare*, trans. Samuel B. Griffith (New York: Praeger Publishers, 1961), 42-43.

10 Griffith, introduction to *On Guerrilla Warfare*, 20-22.

11 Mao Tse-Tung, *On Guerrilla Warfare*, 44, 92-93.

12 Ibid., 46, 52-53, 98.

13 FM 3-24, 2.

14 David Galula, *Counterinsurgency Warfare: Theory and Practice* (New York: Praeger Publishers, 1964), 35.

15 参考までにリストをすべて列挙すると、（1）反乱側の主要な武装兵力を打倒、もしくは追放するために十分な数の部隊を集中させる。（2）十分な兵力を使って反乱側の部隊がいる地域を隔離し、彼らが復活してこないようにする。（3）現地住民とのコンタクトを確立し、ゲリラ側とのつながりを断つようにその動きをコントロールする。（4）現地の反乱的な政治組織を破壊する。（5）選挙を使って新たな現地の統治機構を設立する。（6）この統治機構に任務を与え、無能なものを排除させ、自警組織を設立させることによって彼の実力をテストする。（7）リーダーたちを教育する。（8）反乱者の最後の残党を打倒し制圧する。これについてはGalula, 80. を参照のこと。

16 Robert Thompson, *Defeating Communist Insurgency* (New York: Praeger Publishers, 1966), 50-57.

17 Andrew F. Krepinevich, *The Army and Vietnam* (Baltimore, MD: Johns Hopkins University Press, 1986), 7-15.

18 Andrew F. Krepinevich, *The War in Iraq: The Nature of Insurgency Warfare* (Washington, DC: Center for Strategic and Budgetary Analysis, 2 June 2004), 1, 3, 6.

19 Van Creveld, *The Transformation of War*, 49. [クレフェルト著『戦争の変遷』九六頁]
20 Ibid., 59. [同上、一一〇〜一一一頁]
21 William S. Lind, Keith M. Nightengale, John Schmitt, Joseph W. Sutton and G. I. Wilson, "The Changing Face of War: Into the Fourth Generation," *Military Review* (October 1989), 6.
22 Ibid., 8-9.
23 William S. Lind, 'Parting Thoughts, for Now,' 15 December, 2009, http://original.antiwar.com, accessed June 2010.
24 Thomas X. Hammes, 'War Evolves into the Fourth Generation,' *Contemporary Security Policy* 26: 2 (August 2005), 198.
25 Thomas X. Hammes, *The Sling and the Stone: On War in the 21st Century* (St. Paul, MN: Zenith Press, 2004), 2.
26 John Arquilla and David Ronfeldt, *The Advent of Netwar* (Santa Monica, CA: RAND Corporation, 1996), 1, 3, 6, 9, 21.
27 John Arquilla and David Ronfeldt, 'Cyberwar is Coming!' *Comparative Strategy* 12 (1993), 144-45.
28 Colonel T.X. Hammes, 'Fourth Generation Warfare Evolves, Fifth Emerges', *Military Review*(May-June 2007), 15.
29 James J. Wirtz, 'Politics with Guns: A Response to T. X. Hammes,' *Contemporary Security Policy* 26: 2. (August 2005), 224.
30 Edward N. Luttwak, 'A Brief Note on "Fourth-generation Warfare",' *Contemporary Security Policy* 26: 2. (August 2005), 227.
31 Bart Schuurman, 'Clausewitz and the 'New Wars' Scholars,' *Parameters* (Spring 2010), 90.
32 Mary Kaldor, *New and Old Wars: Organized Violence in a Global Era* (Stanford, CA: Stanford University Press, 1999), 76. [メアリー・カルドー著、山本武彦ほか訳『新戦争論：グローバル時代の組織的暴力』岩波書店、

二〇〇三年、二二七頁〕

33 Herfried Munkler, *The New Wars* (Malden, MA: Polity Press, 2002), 29.

34 Rupert Smith, *The Utility of Force: The Art of War in the Modern World* (London: Allen Lane, 2005), 3. 〔ルパート・スミス著、山口昇監修『軍事力の効用：新時代〝戦争論〟』原書房、二〇一四年、二四頁〕

35 Richard H. Shultz, Jr. and Andrea J. Dew, *Insurgents, Terrorists and Militias: The Warriors of Contemporary Combat* (New York: Columbia University Press, 2006), 37.

36 Smith, 269-70, 397. 〔スミス著『軍事力の効用』三七三頁、五五一頁〕

37 Kaldor, *New and Old Wars*, 113-14, 124-25. 〔カルドー著『新戦争論』一八九頁、二〇六頁〕

38 Smith, 384-85. 〔スミス著『軍事力の効用』五三一頁〕

39 Edward Newman, 'The "New Wars" Debate: A Historical Perspective Is Needed', *Security Dialogue* 35:2 (June 2004), 179.

40 Shuurman, 95.

41 David J. Kilcullen, 'Countering Global Insurgency,' *Journal of Strategic Studies* 28: 4 (August 2005), 604.

42 David Kilcullen, 'Counter-insurgency *Redux*,' *Survival* 48: 4 (Winter 2006-7), 115-16.

43 David Kilcullen, *The Accidental Guerrilla: Fighting Small Wars in the Midst of a Big One* (New York: Oxford University Press, 2009), 35-38.

44 Kilcullen, 'Counter-insurgency *Redux*,' 117.

45 James J. Schneider, 'T. E. Lawrence and the Mind of an Insurgent,' *Army* (July 2005), 36.

46 Kilcullen, *The Accidental Guerrilla*, 264-69.

47 FM 3-24, 3.

48 Fareed Zakaria, "The General: An Interview with David Petraeus," *Newsweek*, 4 January 2009.

49 FM 3-24, 8.

50 Ibid., 111, 328.

51 John A. Nagl, *Learning to Eat Soup with a Knife: Counterinsurgency Lessons from Malaya and Vietnam* (Chicago, IL: University of Chicago Press, 2002), xxii.

52 Ibid., 26.

53 Ibid., 191.

54 Amitai Etzioni, 'COIN: A Study of Strategic Illusion', *Small Wars & Insurgencies* 26:3 (2015), 348-349; Gian P. Gentile, *Wrong Turn: America's Deadly Embrace of Counterinsurgency* (New York: The New Press, 2013), 47-52.

55 John A. Nagl, 'COIN Fights: A Response to Etzioni', *Small Wars & Insurgencies* 26: 3 (2015), 379.

56 Fred Kaplan, *The Insurgents: David Petraeus and the Plot to Change the American Way of War* (New York: Simon & Schuster, 2013).

57 Department of Defense, *Irregular Warfare* (Directive 3000.07, 28 August 2014), para. 3a.

58 Gian P. Gentile,'Let's Buildan Army to Win *All* Wars', *JointForceQuarterly* (Spring2009),27.

59 Gentile, *Wrong Turn*, 3.

60 Douglas Porch, *Counterinsurgency: Exposing the Myths of the New Way of War* (Cambridge: Cambridge University Press, 2013), 321, 344.

61 Gentile, 'Let's Build an Army to Win *All* Wars', 31.

62 Gentile, *Wrong Turn*, 6.

63 Gian P. Gentile, 'A Strategy of Tactics: Population-Centric COIN and the Army', *Parameters* (August 2009), 11.

64 W.J. Nemeth, 'Future War and Chechnya: A Case for Hybrid Warfare', Thesis, Naval Post-graduate School, Monterey, California, June 2002 as discussed in Andras Racz, *Russia's Hybrid War: Breaking the Enemy's Ability to Resist* (Helsinki: The Finnish Institute of International Affairs, June 2015), 28.

65 Frank G. Hoffman, 'Hizbollah and Hybrid Wars', *Defense News*, 14 August 2006.

66 Frank G. Hoffman, *Conflict in the 21st Century: The Rise of Hybrid Wars* (Arlington, VA: Potomac Institute for Policy Studies, December 2007), 14.

67 Ibid., 28.

68 Ibid., 29.

69 Racz, 36.

【参考文献】

Arquilla, John and David Ronfeldt. *The Advent of Netwar* (Santa Monica, CA: RAND Corporation, 1996).

Callwell, C.E. *Small Wars: Their Principles and Practice,* third edition (Lincoln, NE: University of Nebraska Press, 1996).

Galula, David. *Counterinsurgency Warfare: Theory and Practice* (New York, NY: Praeger, 1964).

Gentile, Gian P. *Wrong Turn: America's Deadly Embrace of Counterinsurgency* (New York, NY: The New Press, 2013).

Hammes, Thomas X. *The Sling and the Stone: On War in the 21st Century* (St Paul, MN: Zenith Press, 2004).

Hoffman, Frank G. *Conflict in the 21st Century: The Rise of Hybrid Wars* (Arlington, VA: Potomac Institute for Policy Studies, December 2007).

Kaldor, Mary. *New and Old Wars: Organized Violence in a Global Era* (Stanford, CA: Stanford University Press,　1999).[メアリー・カルドー著、山本武彦ほか訳『新戦争論：グローバル時代の組織的暴力』岩波書店、二〇〇三年]

Kaplan, Fred. *The Insurgents: David Petraeus and the Plot to Change the American Way of War* (New York, NY: Simon & Schuster, 2013).

Kilcullen, David. *The Accidental Guerrilla: Fighting Small Wars in the Midst of a Big One* (New York: NY: Oxford University Press, 2009).

Krepinevich, Andrew F. *The Army and Vietnam* (Baltimore, MD: Johns Hopkins University Press, 1986).

Lawrence, T.E. *Seven Pillars of Wisdom: A Triumph* (London: Jonathan Cape, 1940).[T・E・ロレンス著、田隅恒生訳『完全版：知恵の七柱』全五巻、平凡社、二〇〇八年]

Lind, William S., Keith M. Nightengale, John Schmitt, Joseph W. Sutton and G.I. Wilson 'The Changing Face of War: Into the Fourth Generation', *Military Review* (October 1989).

Mao, Tse-tung. *On Guerrilla Warfare*, trans. by Samuel B. Griffith (New York, NY: Praeger, 1961).

Munkler, Herfried. *The New Wars* (Malden, MA: Polity Press, 2002).

Nagl, John A. *Learning to Eat Soup with a Knife: Counterinsurgency Lessons from Malaya and Vietnam* (Chicago, IL: University of Chicago Press, 2005).

Porch, Douglas. *Counterinsurgency: Exposing the Myths of the New Way of War* (Cambridge: Cambridge University Press, 2013).

Racz, Andras. *Russia's Hybrid War: Breaking the Enemy's Ability to Resist* (Helsinki: The Finnish Institute of International Affairs, June 2015).

Shultz, Richard H., Jr and Andrea J. Dew. *Insurgents, Terrorists and Militias: The Warriors of Contemporary Combat* (New York, NY:Columbia University Press, 2006).

Smith, Rupert. *The Utility of Force: The Art of War in the Modern World* (London: Allen Lane, 2005).[ルパート・スミス著、山口昇監修『軍事力の効用：新時代〝戦争論〟』原書房、二〇一四年]

Thompson, Robert. *Defeating Communist Insurgency* (New York, NY: Praeger, 1966).

US Army. *The U.S. Army and Marine Corps Counterinsurgency Field Manual* (Chicago, IL: University of Chicago Press, 2007).

Van Creveld, Martin. *The Transformation of War* (New York: The Free Press, 1991).[マーチン・ファン・クレフェルト著、石津朋之監訳『戦争の変遷』原書房、二〇一一年]

第６章 ❖ 平和維持、安定化、人道的介入

政策目標のために軍事ツールをどのように使用するのが最適なのかという我々の議論において、平和維持ミッション、安定化ミッション、そして人道的介入を検証しないわけにはいかないだろう。最初の二つのタイプの作戦は、概念的には国連憲章第七章第四〇条及び第七章のその他の条項での簡潔な言及――これらは制裁について言及した第四一条と、認定された敵に対する軍事力の使用に関する第四二条として有名だが――の下で行われる。第四〇条は関係当事者に対して「この暫定措置は、当事者の権利、請求権又は地位を害するものではない」ことを遵守するように呼び掛けたものだ。ここでは「敵」は認定されておらず、その行動も一方あるいはその他の当事者に対するものではない。第三者の視点から見ると、ここでのゴールは単に望ましからざる活動をチェックし、敵対行為を中断させることだけにある。第四〇条は基本的に「我々は戦闘に足を踏み入れない。我々は殺戮を止めたいだけである」と言っているだけだ。もちろんこの声明には実際には多くの修飾語が加わることになるのだが、それはすべての状況下で国家の利益がある程度関与してくるからである。それでもこの条文は、これらのミッションと、「認定された敵」に

対して軍隊を使用するミッションの本質的な違いを区別している。これとは対照的に、人道的介入は一方又は双方の当事者を明確に支援するために発動されるもので、国連憲章の第四一条及び第四二条の下で行われるべきものだ。

本章では人道的介入や、元々は「現地の関係当事者に関係する暫定措置」として始められたミッションの戦略思想について議論する。まずは平和維持の台頭と、それに付随する原則の議論からはじめ、その次に平和維持に関する戦略思想の変遷、特に冷戦後に発展した「平和執行」という新たなミッションとの関係を検証する。その後、安定化や国家復興ミッションに関する戦略思想を議論し、最後に冷戦後の理論的な、そしてある意味実際的な、人道的介入の発展についても見ていく。

平和維持とその派生型

国連憲章は国際の平和と安全に対応する際の二つの基本的な手段を提供している。第六章の「紛争の平和的解決」は、当事者たちがある紛争に対して行うべき外交的活動について述べており、これには交渉、調停及び仲裁が含まれる。もしこれで紛争が解決されなければ、国連安全保障理事会は国連憲章第七章の「平和に対する脅威、平和の破壊及び侵略行為に関する行動」に基づき、第四一条及び第四二条の下で行われるべき手段について勧告する。しかし、冷戦下の対立により、国連安全保障理事会は――各常任理事国の拒否権のおかげで――憲章第七章のいかなる活動にも合意することはなかった。[*1] 同時に、世界中で発生し、国連憲章第六章で解決できなかった数多くの紛争は、さらなる敵対行為を回避するために国連の活動が必要であることを意味していた。このため、紛争を封じ込め、長期的な政治的解決が発見できるような条件を作り出すことをサポートできるような、ある種の拘束力のある活動としての「平和維持」が考え出されることとなった。第六章の外交以上のもので、第七章の強制措置活動に至らない活動として構成されている平和維持は、「第六章半」の下にあるものとしてよく知られている。

平和維持はこのようにして、冷戦期に国家間戦争を未然防止し、これにより地域紛争が超大国同士の関与するものにエスカレートすることを予防するための「埋め合わせ的な手段」として台頭してきた。この最初の事例は、英国がパレスチナ領に関する委任統治を放棄し、イスラエルの建国が宣言された一九四八年にパレスチナで勃発《ぼっぱつ》した戦争（第一次中東戦争）である。そしてイスラエルとアラブ近隣諸国との間の不安定な休戦を国際連合が交渉した後に、休戦監視ミッション、すなわち「国連休戦監視機構」（the UN Truce Supervision Organization: UNTSO）が、停戦協定及び一九四九年に合意された休戦協定を監視するために設立された。

国連休戦監視機構の展開に関する政治状況は、その後の数十年間で――特に一九五六年（第二次中東戦争）、一九六七年（第三次中東戦争）、一九七三年（第四次中東戦争）の戦争の後で――劇的に変化したが、その任務は極めて変化が少なく、政治目的のための軍事力の特殊な使用例を理解する上で、有用な理論的な基礎を提供することになった。監視ミッションは、非武装の軍事オブザーバーとその役割から構成されており、冷戦末期に国連から発刊された平和維持活動に関する包括的な概説によれば、「敵対する当事者に対する仲介者として、個別の事件が大規模紛争にエスカレートすることを防ぎ封じ込めるための手段として行動する」[*2]とされている。非武装であることから、「彼らの存在そのものが停戦違反に対するある種の抑止ではあるが、その機能において強制の要素は全くない」[*3]。監視ミッションは一九四八年以降で十数回以上行われてきたが、当事者との合意に基づいて活動し、その効果は当事者の協力の度合いに依存している。

一九五六年にエジプトがスエズ運河を国有化して閉鎖したことから発生したイスラエル、英国、そしてフランスによる武力攻撃（スエズ動乱）は、停戦監視ミッションの概念をさらに強化するためのチャンスを与えることになった。国連総会の緊急総会の後で、軽武装の軍人（歩兵）からなる国際連合緊急軍（UN Emergency Force）が、軍の撤退とスエズ運河の再開を監督するために展開した。この初期のミッションや冷戦期に行われた少数の平和維持ミッションは、限定的なものではあるが、のちに「従来型」の平和維持と呼ばれるものを確立することになった。その任務には、停戦の監視、軍部隊及び軍事機材の撤収の見張り、対立する部隊間の境界線のパトロールが含まれていた。

時の経過とともに、そのようなミッションを遂行する際の三つの原則が確立されてきた。第一に、平和維持ミッションは当事者同士の完全な同意がある場合にのみ設立されるべきであるということだ。これは、平和維持活動がそもそも強制活動としての権限を付与されておらず、その成功を当事者の協力に依存しているためである。第二に、平和維持部隊は自衛のためにのみ武力を行使するということだ。これは（非武装であるゆえに）全く武力を行使しない停戦監視ミッションから一歩踏み出すものだが、いかなる意味においても平和維持部隊が実際の「戦闘」能力を保持することを意味しない。第三に、平和維持隊員は対応中の紛争に関して、公平に活動を実施しなければならないというものだ。これは国連憲章の第四〇条が反映されたもので、隊員は紛争当事者の主張や立場の一方に肩入れすることなく行動しなければならないという。これら三つの平和維持の原則が最初に公式に取り入れられたのは、一九七三年の第二次国際連合緊急軍に関連して、国連安全保障理事会へ提出された報告書においてであった。これら三原則は、平和維持活動を定義するものとなった。すなわち、当事者の合意、公平性、自衛のための武力の行使がないのであれば、それは平和維持活動ではなく、そのようなミッションを行うためには部隊を重武装させることはできない、というものだ。冷戦後の初期においてはまだこの現実は完全には理解されていなかった。

冷戦の終結は、それまで平和維持の範囲を制限してきた政治面での障害の多くを取り除くことになった。一九八九年から一九九〇年にかけてナミビアで実施されたミッションで、国際連合は停戦監視と敵対行為の封じ込めからさらに前進して、平和維持任務の中に、自由で公正な選挙の監視、そして和平案の履行まで含めるようになった。このミッションの成功により、国際社会における人権派たちの活動を推し進めるような雰囲気が生まれたが、これは東西関係の雪解けにより可能となったものだ。実際のところ、国際社会が注視すべき場所が不足することはなかった――冷戦の雪解けは、同時に世界の多くの地域で紛争の勃発を誘発していたからだ。その中でも特筆すべきは、旧ユーゴスラビアを構成していた共和国が六つに分裂したことであり、各共和国の国境線が民族グループの居住地に沿ってうまく引かれていなかったという事実に端を発した、激しい内戦であった。最も危険だったのは、隣国のクロアチアに支援されたボスニア系クロアチア人、隣接するセルビアから支援されるボスニア系セルビア人、近隣からのサポートを得られないボスニア系イスラム教徒から構成されるボスニアであった。国連ミッションとして一九九二年夏に激化した大虐殺に対応するために展開された「国連保護軍」(the UN Protection Force: UNPROFOR)は、ボスニア系イスラム教徒が人道支援を確実に受けられるようにするとともに、のちには彼らをいわゆる「安全地帯」の中で守る任務が付与された。

平和維持軍と位置づけられた「国連保護軍」は、その当初は国連憲章第六章に基づいて編成されたものだ。部隊は軽武装で、公正にミッションを遂行するために派遣され、部隊自体は当事者間で停戦が合意されるまで展開されなかった。ところがすぐに問題が浮上した。イスラム教徒への「中立」な人道支援は、ボスニア系セルビア人がこれを「国際社会は一方の勢力に加担している」とみなしたことから不可能だった。したがってセルビア人は、イスラム教徒だけでなく、国際的な平和維持軍の兵士も標的にした。それと同時に、非国家主体《ノンステートアクター》間の停戦合意を取り付けることは、国家主体《ステートアクター》と交渉するのと大きく異なることも明らかになった。各派閥の指導者たちが停戦に合意したとしても、彼らが指揮下の部隊の活動を常に統制できるとは限らなかったからだ。その結果が、無数の交渉による停戦とその破棄であった。そしてセルビア人が人道支援の行く手を阻んで「安全地域」を脅かした時に、ついに平和維持軍の兵士たちは必要に迫られて、国連憲章第七章のもとで認められる「自衛を超えた武力の行使」を指示されたのだ。

一九七三年以降、文字通りの意味に加えて、「自衛における武力の行使」は、軍用車部隊が道路障害物を通過するのを妨害する兵士のように、「武装した者が平和維持軍の兵士に与えられた命令を妨害したときに武力を使用する」という意味で解釈されるようになった。しかしこの分野に関するポスト冷戦期初期の思想家であるマラック・グールディング（Marrack Goulding）は、冷戦中は緩やかな解釈による「自衛」はめったに実行に移されなかったと指摘している。なぜなら「この慎重な姿勢は、公正に関する適切な理解、当事者の継続的な協力に関する信頼、部隊の武装レベルは当事者が彼らの約定に従うという仮定を基準としていたという事実に基づいていた」からだ。[*4] ボスニアではそのような慎重な姿勢は脇に追いやられたが、これは人道援助と安全地域という命令が自衛における武力行使を越えなければ達成不能であったためだ。当初は慎重な形で制限していたが、この動きは一九九四年と一九九五年にセルビア側の拠点に対して行われた精密誘導航空攻撃の実施で頂点に達しており、結果として一九九五年のデイトン和平合意への道を開くことになった。この三年間の経験から、平和維持をめぐる新たな環境下で行動しながら従来型の平和維持の概念を維持することはできないことが明白となった（表6・1参照）。

表6・1　ボスニアにおける国連保護軍：平和維持の環境にない場合に平和維持の原則を適用することの誤り

●国連保護軍は、1992年にボスニアで一般市民に援助物資を配布するために編成された。
●平和維持活動として設立された国連保護軍のミッションの成否は、当事者の協力にかかっていた。同様に、彼らからの「協力」は、その活動が公正とみなされるか否かにかかっていた。
●しかし、そのマンデート（任務と職務権限）は、これらの原則に矛盾していた。このミッションは、援助物資を当事者のうちの一者（より弱い当事者、すなわちイスラム教徒）のみに配布することを求めていたことから、「公正なもの」とはみなされなかった。その結果、より強い当事者（すなわちセルビア人）が、平和維持部隊の兵士たちに常に協力的であったわけではなかった。
●国連保護軍は、援助物資を送り届ける上で自衛を超える武力の行使を許可されたが、国連ミッションそのものには、さらに強力なマンデートに見合うだけの兵力と装備が与えられなかった。その結果、援助物資の多くが配送できなかった。
●国際社会は1993年に、いわゆる「安全地域」において一般市民を防護するため、国連保護軍のマンデートを拡大した。しかし国連保護軍は、砲撃に反撃したり攻撃を抑止するために必要となる兵力も重火器も保有していなかった。
●人道援助ミッションのように、安全地域でのマンデートには当事者の同意と協力が前提となる。しかしこのマンデートは公正性の原則と両立しないため、ボスニアの当事者たちは国連保護軍に協力しなかった。
●ボスニア系セルビア人は、イスラム教徒の街を数多く砲撃し、いくつかの事例（スレブレニツァの虐殺を含む）では街を侵略している。
●「安全地域を設立する」というマンデートが抱える根本的な矛盾は、NATOのエアパワーの導入によりさらに拡大した。NATOの空爆開始によって「公正性」という認識はさらに損なわれてしまい、さらには安全地域構想は現地の当事者たちのある程度の「合意の原則」というものに依存していたにもかかわらず、その原則そのものをますます機能不全に陥らせてしまった。
●国連保護軍はそのミッションから見れば失敗であり、1995年に撤退した。それはデイトン和平合意を発効させることを狙いとした、NATO主導の強力なミッションに引き継がれることになった。

出典：　Elinor C. Sloan, *Bosnia and the New Collective Security* (Westport, CT: Praeger 1998).

冷戦後の平和維持に関する戦略思想：一九九〇年代初期

冷戦中の国連の平和維持は、前述の原則に基づいた特定のタイプの活動に限定されており、国家主体《ステートアクター》が関与していた。大きな例外の一つとして挙げられるのが、一九六〇年代初期に行われたコンゴにおける国連ミッションであり、コンゴが植民地支配から独立へと移行する内戦の際に、国連の部隊が巻き込まれている。冷戦後には国連が対処する紛争の典型として国内における戦争が多数を占めるようになり、国連の部隊に対して前例のない挑戦を突き付けるようになった。一九九〇年代前半におけるカンボジア及びソマリアでの大規模ミッションとともに、ボスニアにおける国連の経験は、平和維持全体を取り巻く戦略思想を大きく刺激することとなった。最初の挑戦の一つは、「平和維持」の大きな看板の下で国連が行っていた多くの種類の活動の間に、概念的な境界線を引くことであった。この問題に関する基準となった文書は、国連事務総長であったブトロス・ブトロス＝ガリ（**Boutros Boutros-Ghali**）が一九九二年に発表した「平和への課題」（***Agenda for Peace***）であり、この報告書は、冷戦後の危機を管理するための、相互に関連する数多くの異なる手段について検証している（表６・２参照）。

これら四つのタイプの活動（そのうちの一つは、単に「紛争の平和的解決」に関する国連憲章の第六章を強調するもの）に加え、ブトロス＝ガリは、自身が「平和執行部隊」と呼ぶ、新たな要求を提案した。ガリ事務総長はこれらの兵力を、停戦は合意されたが守られておらず、したがって部隊が停戦を回復・維持する必要があるような、特定の状況に対応するものとしている。彼が指摘した最大の問題は、任務が折に触れて「平和維持軍のミッションや、平和維持軍に兵力を提供する諸国の期待を上回ることがありうる」という点だ。したがって本当に必要になるのは、交戦中の当事者間に停戦を作り出す基本ミッションを帯びた、さらに重武装した兵力だった。そのような平和執行部隊は「憲章第四〇条が定める暫定措置として正当化

表6・2　冷戦後の危機を管理するための一連の手段

- 予防外交：当事者間の争いの発生や、現存する争いの紛争へのエスカレーションを防ぐとともに、紛争が発生した場合の拡大を防止するための行動。
- 平和創造：主として国連憲章第六章で想定されているような平和的手段を通じて、敵対する当事者間に合意を取り付けること。
- 平和維持: 現地に国連の存在を確立することであり、これまでは全当事者の承諾をもとに、通常は国連の軍事・警察要員が、また文民も頻繁に参加して行われる。
- 紛争後の平和構築：紛争の再開を防ぐため、平和を強化・固定化するのに役立つ構造を、確認・支援する行動。

出典 Boutros Boutros-Ghali, *An Agenda for Peace* (New York, NY: United Nations, June 1992), 11.

できる」と彼は主張した。[*5]

ところが当時の学術研究では、平和執行は概念的に、国際連合憲章の集団安全保障の権限の中核である第七章の第四二条に基づく強制措置活動とは別個のものであることが指摘されている。[*6] 平和維持軍の兵士とは異なり、平和執行部隊は当事者の同意抜きで展開し、自衛を超える武力行使が必要になる可能性が高く、極端な場合、そのような部隊は戦闘部隊と見分けがつかない。ただし軍事的及び政治的目的が異なるという点から、第四〇条の平和執行は、第四二条の強制措置とは引き続き区別されている。第四二条のミッションにおいて国連安全保障理事会は、理事会の決定で有罪と認定された侵略者を打倒するためにそれ自身が当事者として行動するのに対して、平和執行に従事する国際部隊は、現地の部隊を打倒するのではなく、無力化する責任を帯びて展開されるのだ。

「平和への課題」を発表してから二年半後に、ブトロス＝ガリは「平和への課題＝追補」（一九九五年）を発表した。予期せぬ問題が発生してきた分野や、少なくとも一つの根強い誤解を強調する目的で記述されたこの「追補」は、冷戦後の平和維持における「新たな様相」についてわかりやすく詳述しており、「平和への課題」が発表された時には始まったばかりであったボスニアにおける経験から学んだ、厳しい教訓をありのままに反映していた。この根強い誤解とは、「国際部隊は自衛を超える武力を行使しても公正であると認められる」というものだ。事務総長は人道援助を行った国連の努力に言及しつつ、武力の行使が認められても当事者間では公正でいられるような「新たな種類の軍事作戦」について語っている。[*7] ところが実際のボスニアでの経験は、強制的であると同時に公正であることは不可能であることを明らかにしていた。[*8]

「追補」では、「旧《ふる》い」国際安全保障環境と「新しい」国際安全保障環境とを区別しつつ、現代（一九九〇年代）の紛争が、国家間よりも国内で発生する可能性が高いと述べられている。これらの紛争は、正規軍だけでなく、民兵や武装した市民によっても戦われているからだ。市民は主な犠牲者になると同時に、主な標的ともなってきたのだ。これ以前の一九八〇年代後半には、ミッションが交渉の後に設定され、紛争解決を果たすためのマンデートを付与される、新たな形の平和維持活動が現れていた。ナミビアはこの種の活動の中でおそらく最も成功した例であるが、この手法はアンゴラ、エルサルバドル、カンボジア、そしてモザンビークでも効果的に用いられた。その結果、平和維持任務は冷戦期の主要ミッションであった停戦ラインのパトロールから、軍の非武装化、難民の帰還、新たな警察部隊の創設、憲法改正の監督、選挙監視、そして経済復興の調整といった、実に幅広いさまざまな機能まで含むようになった。これらはすべて、のちに「安定化・復興ミッション」と呼ばれるようになった（後述）。従来型の平和維持活動がほぼ完全に軍事要員で構成されていたのに対して、いわゆる「第二世代」の平和維持は、軍事部門に加えてかなり大きな文民部門が加わっていた。

その他にも「追補」は、平和維持の限界について、いくつかの困難な教訓を反映していた。事務総長はボスニアにおいて、国連保護軍は当事者の同意、公平性、そして武力の不行使という平和維持原則に基づき、人道援助の輸送と一般市民の防護というマンデートを付与されていた、と記している。その後になって平和維持軍の兵士は、武力の行使を要求する追加のマンデートを与えられたのだが、これはそれまでのマンデートと矛盾するだけでなく、そのマンデートに見合うような強力な軍事能力が平和維持軍兵士には与えられなかったのだ。[*9] ガリは「平和維持活動にとって、既存の構成、軍備、兵站支援および配備が武力行使できないような条件にありながら武力の行使を要請されること以上に危険なことはない」と述べてから、「平和維持の論理は、平和執行とは全く違う政治的・軍事的前提から発している」と記してその問題の核心に切り込んでいる。[*10]

この後者の指摘は、一見して自明のように思われる。ところが実際には、冷戦後初期の頃にはこの分野の戦略思想において範囲を拡大しつつあったミッションはそもそも大きな「スペクトラム」（連続体）の一部であり、「一方には、最小限の部隊と国連派遣部隊への最低限のリスクから構成される最低限の強度の活動があり、その反対には、紛争レベルが高くてこれに応じたより大きな軍部隊が関与する活動がある」という説明の仕方は普通に行われていた。[*11] この考え方の下では、活動のスペクトラム、または領域は、停戦監視員と平和維持ミッションから始まり、不安定な停戦の監督と人道支援の防護を通って、国連憲章の第七章の強制措置に向かって激化していくことになる。

ところがわずか数年のうちに、このような視点は学界や政策決定コミュニティの間で変化した。「平和維持と平和執行の間のグレーゾーン」のようなものを許容することは、国連の兵士と彼らが守ることになっていた市民の双方に、重大な危険をもたらすことになったからだ。[*12] 平和維持と平和執行で明らかになってきたのは、両者が「別々のものであり、相互に両立しない活動」であり、混交することはできないということだ。平和執行は平和維持の原則を免除され、「敵を識別できることを前提とした、おおむね標準的な軍の原則に従って実施されなければならない」のである。[13]

平和執行の目的は、第四〇条の活動の暫定的な性質を踏まえて、敵対行為の停止をもたらし、交戦中の当事者間における政治解決を交渉することであったし、現在でもそうである。最大の問題は、これを広い意味でどのような条件の下で行うかだ。国家間の戦闘を論じる中で、クラウゼヴィッツは両交戦国がどのような性格を持っているのかを理解し、その中から「ある作戦重心……あらゆるものの源泉ですべての力と運動の中心」を明らかにして、すべてのエネルギーをこの点に向けるよう助言している。[14]しかし、クラウゼヴィッツの「両交戦国」とは、自国と敵国の二者を意味している。平和執行では、そこには外部からの介入者と国内戦争に従事する二つの当事者の、少なくとも三つの当事者がいる。ここに平和執行のおかれた状況の複雑さがある。国際社会は、孫子の述べる「己《おのれ》を知る」必要に加え、少なくても二つ（ボスニアの事例では三つ）の現地当事者たちの作戦重心を明らかにする必要がある。クラウゼヴィッツの言葉を借りれば、国際社会は二者、またはそれ以上の「敵」に同時に直面しており、それぞれの敵を交渉のテーブルにつけるためには、それぞれ異なる戦略が求められる。それゆえにユーゴスラビア紛争の期間中には、敵対関係を中断させようとして互いに完全に矛盾する措置がとられるような事態を見たのだ。まず一方では、劣勢な当事者を支援し「交渉による解決がしばしば必要とする軍事的手詰まりを作り出す」ことで「この争いにおけるいかなる当事者にも軍事的勝利を拒否」[15]しなければならないという措置がとられた。その一方で、「争いに飛び込んで競争者の一人が他の者を打ち負かすのを助ける……もし、和平が優先されるのであれば、介入ではライバルの間で最強の者を支援すべきだ」[16]という措置もみとめられた。敵対行為の停止と和平合意のための状況を作り出したのは前者、すなわち地上において勢力均衡を作り出すために、劣勢な当事者の側に立って行動する軍であった。しかしこの方策は、他の事例においては正しくない可能性が出てくるのだ。

「平和への課題＝追補」は、現実《リアリティ》に関する特筆すべき声明で終わっている。ガリは、国連にはその当初の国連創設の中核的理由であったはずの、強制執行活動を先導する軍事的能力がない、と述べたのである。つまり「国連憲章が達成したことの一つは、平和への脅威、平和への侵害または侵略行為に責任を負う者に対する強制措置活動をとる権限を国連に与えたことである……しかしながら、安全保障理事会も事務総長も、現在は活動を展開し、指示し、指揮し、管理する能力を持たない」と言明したのだ。[*17] もちろん一九九一年にクウェートからイラクを成功裏に駆逐した多国籍軍の作戦に、国連が権威を与えたのは事実であるが、軍自体はアメリカによって率いられていた。ところがボスニアにおける国連保護軍と同時期に行われたソマリアにおける国連の活動は、これとは対照的に国連が主導した活動であり、第六章に基づいて開始され、その後の状況の悪化に伴い、第七章の下での活動に移行した。ソマリアでは緊張と敵対行為が継続し、ボスニアでは国連が兵士を撤退させ、ＮＡＴＯと英仏の緊急対応部隊による武力の行使が行われるまで、敵対行為の停止が達成されることはなかった。

事務総長の声明は結果的に、かつては国連の兵士「ブルーヘルメット」のものであったようなミッションを、地域機構が主導する道を開いた。例えば、ボスニア・ヘルツェゴヴィナ紛争におけるデイトン和平合意を受けてボスニアに展開した「和平履行部隊」（Implementation Force: IFOR）はＮＡＴＯの指揮下にあり、これを引き継いだ「平和安定化部隊」（stabilization force: SFOR）も同様であった。ＮＡＴＯはコソボ、アフガニスタンやその他の地域でも、大部隊を指揮し続けた。二〇〇四年にＮＡＴＯは平和安定化部隊のミッションを、国連ではなく、別の地域制度機関である欧州連合に引き継いだ。このような地域機構の発展は、実際は国連憲章とも合致するものであり、同憲章では第八章の中で、地域レベルの取り決めや機関は、地域紛争を安全保障理事会に付託する前に平和的に解決するようにあらゆる努力をしなければならない、と定めている。

冷戦後の平和維持に関する戦略思想：一九九〇年代後半と二一世紀

マラック・グールディングは、冷戦の最初期においては、「国連平和維持の進化」について考察することが可能であったのにもかかわらず、それから数年もたたないうちに「必要に迫られた平和維持の展開」を論じるほうが適切な状況になってきたと書いている。[*18] その証拠に、一九九〇年代前半の一連の案件のおかげで、国内紛争において政治的目標のために外部の軍事力をどのように運用すべきなのかを急いで学ぶ必要が出てきたのだ。一九九〇年代半ばに出てきた米英の公式の軍事ドクトリンを含む多くの文書が導き出した厳しい結論は、平和維持と平和執行の間には「同意面での断絶」があり、これはこの二つのタイプの活動が相容《あいい》れないものであるというものであった。「同意」が、「死活的に重要な決定要素」から「二者択一のオプション」へと格下げされたことは、結局は「どっちつかず」で現実には使えない理論の証拠だと捉えられることになった。[*19]

このような結論にもかかわらず、その後も引き続き「平和維持」と「平和執行」の間に位置する集団的軍事活動の領域を概念的に確立しようとする試みが行われた。これらの研究はまるで判で押したように、基礎となる平和維持の「同意原則」、「公平性」及び「自衛における武力の行使」と、状況によりもたらされる三原則を超えたいという衝動を一致させようと試みると同時に、ミッションの有効性のために、引き続きある程度は「三原則」に従うものであった。もっとも初期の試みの一つは、一九九〇年代半ばから後半にかけて、当時の米海兵隊司令官のチャールズ・クルラック（Charles Krulak）大将によって提案された「三ブロック（街区）の戦争」という概念だ。彼の主張によれば、新たな種類の紛争の性質は「街中の三ブロックの中」のようなものであり、あるブロックでは部隊が人道支援を提供し、別のブロックでは平和維持を行い、そのまた別のブロックでは中強度の戦闘を遂行するというものであり、異なるブロックで異なる武力の行使を行うことになるという。[*20] しかし、平和維持と戦闘は、相互に相容れない原則を前提としているので、この「三ブロックの戦争」はそもそも実行不可能であった。この当時の軍隊に求められた、矛盾した任務の性格を凝縮したようなこの概念的な研究は、クルラックが退役したとたんに米国内では顧みられなくなった。

これとは別の初期のアイディアとしては、「拡大平和維持」に関するものがある。一九九五年版の「英陸軍野外教令」は、これを「敵対する当事者間の全般的な同意に基づいて行われるが、状況の変化が激しい可能性が高い状況下で実施される平和維持活動の、より幅広い側面」と定義している。[*21] 一九九〇年代末期の学術研究では、拡大平和維持のアプローチを、仮に現場の戦術レベルでは同意がなくても、作戦及び戦略レベルで同意があればその下での部隊規模が十分に大きいという前提から、平和維持軍が効果的に行動できる「説得された同意」（induced consent）であると解釈されている。つまり「上位レベルでの調停の正統性《レジティマシー》がカギであり、この同意を戦術レベルでも感じられるように効力を発揮させる必要がある」というのだ。[*22] この流れに沿う形で、ＮＡＴＯの二〇〇一年版の「平和支援活動」（peace support operations: PSO）に関するドクトリン文書でも、「戦略レベルでは合意があるかもしれないが、戦術レベルでは自分たちの指導者に対して暴力的に反抗し、平和支援活動に敵対的な集団がいる可能性がある」と述べている。[*23]

ここでいう「平和支援活動」とは、一九九〇年代に取り入れられた用語で、平和創造（peacemaking）、平和維持、平和執行、そして平和構築（peacebuilding）をまとめて指す場合に用いられる。同様に、二〇〇八年に発刊された平和維持ドクトリンに関する国連の上級文書の中では、「説得された同意」の概念が中心的に描かれている。「和平又は停戦合意に対する当事者の〝同意〟は、動的で多層的な概念である。これはミッションの成功に必要不可欠であるが、戦術レベルでは欠落していることがあると理解されている」と国連は主張しているのだ。[*24]

もちろん「同意」は変化するものであるため、武力の行使の原則への影響も避けられなかった。アルジェリアの元外務大臣ラクダール・ブラヒミ（Lakhdar Brahimi）が議長を務めた国連平和維持活動を検討する上級委員会が二〇〇〇年に報告した「ブラヒミ報告」（*Brahimi report*）では、現場の当事者の同意、公平性、自衛に限定される武力の行使は平和維持の基盤原則であり続けることが強調されていた。同時に、この報告は幾分矛盾する表現で、[*25]平和維持軍の兵士は自衛を超えて武力を行使することが作戦的に正当化されたり、道徳的にそうすることを強要される可能性があると主張している。[*26]二〇〇〇年代後半に、平和維持ドクトリンに関する国連の上級文書は、武力の不行使を戦略レベルでは維持する一方で、「ミッションを守るために戦術レベルにおける武力の行使は必要となる可能性があるという認識」によって再定義された、[*27]「強力な平和維持」（robust peacekeeping）という概念を導入した。この文書はさらに、「新たなドクトリンには、同意が欠落していて戦略レベルでの武力の行使が含まれる平和執行と、戦略レベルでは同意が存在しつつも戦術レベルでは妨害者《スポイラー》をうまく扱うために武力が行使される可能性のある平和維持を区別している」と明示している。[*28]そして当然のように、この上級文書が起草される段階で、実際の現場において戦術レベルと戦略レベルの武力の行使の区別をどのようにつければいいのかという疑問が提示されている。

その他にも、二一世紀に入った現在でも「公平性」の意味を分析しようという試みが続いている。ブラヒミ報告は「公平性とは、国連憲章の原則及び国連憲章の原則に根ざしたマンデートの目的の堅持を意味しており……妥協政策に等しくなるような、全期間を通じた全ての事例における全当事者への平等な取り扱いではない」と述べている。[*29] ここで注目すべきは、公平性と中立性は同じものではないということが議論されている点だ。二〇〇一年のＮＡＴＯのドクトリンによれば、「公平性は……一連の原則又はマンデート、あるいはその双方に対する一定の判断を必要とする一方で、中立性の見解には、これらは必要とされない。平和支援活動の実行は、当事者にとって公平ではるが、ミッションの実施においては中立ということはあり得ない」という。[*30] これまでも、そして現在も主張されているのは、公平な取り組みというものが、平和支援活動を他の軍事作戦と区別してきたということだ。なぜならば、そのような活動では、ゴールが軍事的勝利ではなく特定の政治的な最終形態であり、「特定の当事者を支持したりこれに対抗するのではなく、どちらかといえば公平かつ公明正大なもの」であるからだ。「道徳的な公平性」（**Principled impartiality**）は、ＮＡＴＯが使用した別の用語で、そこでは当事者が誰であるかではなく、マンデートから見て何が行われ、何が行われていないかによって、武力が適用されるのだ。

「公平な介入」は、少なくとも一つの事例では機能したと考えられている。一九九九年から二〇一〇年に行われたコンゴ共和国における国連ミッションでは、平和維持軍の兵士は中強度の戦闘と、和平に対する違反に対する公平な態度を成功裏に組み合わせたと見なされている。[*31] コンゴにおけるその次の国連安定化ミッションは、この点でそれほどの成功をおさめなかったが、これは国連が、二〇一四年に中央アフリカ共和国における類似のミッションを設定することを思いとどまらせなかった。「平和維持と平和執行を混交しない」という教訓が明らかになってから二〇年経っても、国連内には戦術レベルでの同意がないかもしれない場所に展開し、自衛を超えてマンデートを守るために武力を行使し、そして紛争のすべての当事者の目に「公平」と写るような活動を行う平和維持活動を求めて、国連憲章の第七章下での「平和維持」活動を授権するという変わらぬ信念が存在したのだ。[*32]

安定化と復興

平和維持の発展に先行・並走する形で、軍隊が文民部門と協力してどのように、そしてどの程度活動すべきかという問題に関する戦略思想の進化がおきている。平和維持から平和執行への動きと同様に、この変化は国際社会が直面してきた紛争の「国内化」によって突き動かされたものだ。一九六〇年から一九六四年に行われたコンゴでのミッションは、大規模な文民を含んだ最初の平和維持活動であったが、軍と文民の交流に関するいかなる戦略思想を伴うものではなかったし、その後の数十年にわたる同種の国連ミッションの先駆けとなるものでもなかった。

新しい世代の平和維持の導入例として挙げられるのは、冷戦の雪解けにしたがってナミビアに設置された「国連独立移行支援グループ」(The United Nations Transition Assistance Group) である。このミッションでは、前述したように、軍部隊は文民と協力して働き、交戦中の当事者の非武装化、難民の帰還、そして選挙監視などの任務が実施された。この経験を念頭に、ブトロス＝ガリは、「平和への課題」に紛争後の平和構築の概念を取り入れたのだ。この文書では、国際社会は和平をまとめ上げるのを助けるため、交戦中の当事者の非武装化を行い、武器を破壊し、難民を帰還させ、選挙を監視し、保安要員を訓練し、政府機関を立ち上げるべきだと述べている。この議論に実質的に含まれているのは、当事者たちが包括的な和平調停の文脈に示されたこれらの事項に合意しており、軍と文民の責務の間に明白な齟齬がないとしても、これらは主に文民の任務である、という点だ。

ところがその数年以内に、多くの紛争後の国内の状況から、ナミビアの経験が示ししていたものよりもミッションの内容は厳しいものになることが明らかになってきた。それを受けて、それまでは主に文民の仕事と考えられて来た業務における軍の役割や、平和維持活動がどの時点で平和構築の機能に移行して任地を去るべきかという点について、活発な議論が行われ始めた。[*33]「安定化」という用語が復興という言葉に加えられ始めたのは、このような激化した状況を反映したからであり、このために「安定化」と「復興ミッション」、あるいは単に「安定化作戦」という言葉が生まれた。

文民主体の「平和構築ミッション」から、軍が支配的な「安定化作戦」への理論の進化は、かなりの部分でボスニアにおける現場での経験によるものであった。一九九五年末に平和履行部隊が展開したとき、そのミッションは「停戦の強制」、「部隊の撤退の監督」、「当事者間の離隔地帯の設置」などに明確に限定されていた。人道支援の提供や自由な選挙の保証、警察部隊としての行動、復興、その他に文民主体の責務と思われる任務の実行などは含まれていなかった。しかし、平和履行部隊のマンデートが成功裏に進捗するにつれ、部隊は国際社会から「文民部門を助けるべきだ」という圧力にさらされるようになった。一九九六年末に平和安定化部隊が展開したときの任務は、平和履行部隊の時と同様に、和平を強化するために必要な安全な状況を作り出すことにあった。しかし実際の任務は、文民部門の履行の方に集中したものであった。この流れに沿って一九九六年に発表された「拡大平和維持」に関する「英陸軍野外教令」では、紛争予防、動員解除、軍事援助、人道救援や移動の保証と拒否といった、従来型の平和維持任務から大きく外れた軍事活動が明らかに含まれていた。

拡大平和維持の概念は、多次元的で包括的な解決法へと進化していった。この解決法には、和平への障害となっていると広く認められていた従来型の平和維持――ある紛争を解消するどころか膠着状態にしてしまう――を克服しようとする試みを含んでいた。新たなタイプの国際活動は、これまでのものとは対照的に、紛争をもたらしたそもそもの根本的要因に取り組む手助けとなりうるものだった。「どのような目的のために武力を行使するのか」というクラウゼヴィッツ的な質問への回答は、包括的な紛争解決に向けて努力しながら、その下で当事者たちが交渉のテーブルに着き、紛争の解決に合意するような条件を作り出すことであった。もちろんそのような「条件」というのは何も決まっていないのだが、多くの選択肢の中では（上述したように）当事者の一方を軍事的に打ち負かすか、当事者間に勢力均衡を作り出すというのが有力な二つの条件として考えられる。

現在行われている安定化と復興ミッションに関する議論では、軍の役割をどこまで拡大するのかという論点が中心となっている。その初期のものとなる（米国同時多発テロ以前の）二〇〇一年のドクトリンの中では、NATOは包括的な和平調停に伴って展開される軍の主要な役割を、文民組織が和解と平和構築プロセスに集中できるような、安全な環境を作り出すことにあると定めていた。この文書は、「助けたいという軍の熱意は、依存関係を作り出す危険とバランスの取れたものであるべきであり」、軍が長期的な開発戦略を犠牲にしかねない形で短期的な優位を獲得しようとする危険について警告を発している。[*34] これを言い換えれば、NATOは平和構築活動における軍の役割に、概念的な限界を設けたということだ。

米国の同時多発テロ事件以降のアフガニスタンにおける安定化ミッションの開始にしたがって、この分野における戦略思想が変化し始めた。その後の数年間にわたる平和構築の努力の中で、米軍の軍事ドクトリンの中には軍がより中心的な役割を演じるべきであるという考えが組み込まれるようになった。二〇〇五年の米国防総省のある指示書では、安定化作戦が「国家内に治安を確立しあるいは維持するために行われる平和から紛争に及ぶ軍事及び文民活動である」と定義された。決定的に重要なのは、この文書では具体的に「安定化作戦は米国の軍事ミッションの中核であり……それには戦闘任務に匹敵する優先順位が与えられなければならない」[35]と述べていた点だ。この指示書によれば、安定化任務が文民専門家によって実行されることが最善であるが、軍は文民が実行できない場合に備えて、治安を維持するために必要なあらゆる任務を遂行できるようにしておかなければならないという。

　米軍による安定化作戦の受け入れには、異論がないわけではなかった。たとえばある批判者たちは、戦闘作戦と安定化作戦は同等に置かれるべきものではなく、安定化作戦や平和構築作戦を一定期間を以上行ってしまうと軍の戦闘能力が劣化すると主張した。二〇一〇年代末に出されたある学者と米軍の元将校による議論によれば、この方面における特筆すべきドクトリン上の変化については、まだ議論が十分に尽くされたとは言い難いという[36]。それにもかかわらず、安定化作戦は何年にもわたって特筆すべき概念的な進化を遂げながら、米陸軍のドクトリンの中心に位置づけられている。二〇一四年以降のドクトリンは、「平和活動（平和創造、紛争予防、平和維持、平和執行、そして紛争後の平和構築）」と五つの「安定化任務（市民生活の安全の確立、文民統制の確立、重要な公共事業の復旧、統治の支援及びインフラの開発支援）」の間に境界線を引き、対反乱作戦《COIN》のように平和活動に大規模な安定化の要素を含む可能性があることが指摘されている（第5章参照）。このドクトリンでは、軍隊の最初の役割は市民生活の安全の確立であるが、安定化が進むにつれて軍は他の四つの任務を支援する準備を行う必要があると述べられている[37]。

　近年の米国のドクトリンでも、世紀の変わり目から、安定化と復興という用語がお互いにどのように発展してきたのかを概念的に明確にしている。実質的にこれらは同心円を描いて構成されており、その中心には3Dアプローチ（防衛［defence］、外交［diplomacy］、開発［development］）があり、次にこれを取り巻いて構築される政府全体による取り組みがあり、第三の全てを含む階層に包括的な取り組みがあるという。一九九〇年代後半から二〇〇〇年代初期には、戦争で荒廃した国家に安定をもたらすために、外交官と政府の援助機関と協力して働く「軍」に焦点が当てられていた。この3Dアプローチの具体例が、二〇〇二年にアフガニスタンにおいて米国によって開始され、その後NATOでも取り入れられた「地方復興チーム」（Provincial Reconstruction Team: PRT）という概念である。アフガニスタンでは、最終的には二〇数個のNATOの地方復興チームが設立され、軍は援助スタッフと非政府組織（NGO）が復興事業を行えるように治安を提供するという考えの下、各チームは軍民混交の約二五〇名から構成されていた。実際には、治安状況から多くの地方復興チームでは軍人がその大部分を占め、参加する文民の数はわずかであった。地方復興チームと3Dアプローチは、彼らが中で任務を遂行する社会の現実と理想のギャップの大きさや、軍、外交官、そして開発機関の間で一般的に存在する組織文化の違いを明らかにすることになった。[*38]

アフガニスタンにおけるミッションが続くにつれ、安定化作戦には3D（軍、外交官、開発）の相互作用よりもはるか上のものが必要であるとが明らかになってきた。文民警察や諜報機関のような、その他の機関の関与も必要となったのだ。このため、原形となった3Dを含めこれに追加する形で、多くの政府省庁の間での省庁間協力を特徴とする「全政府アプローチ」が浮かび上がってきた。さらに言えば、アフガニスタンへ派兵した軍の提供国たちは、理論上は3Dアプローチや全政府アプローチを取り入れたが、現場の治安状況からそれが実行に適さない場合もあったのだ。また、非政府機関や参加国以外の国々の関与に加えて、国際機関の関与もあった。したがって、二〇〇〇年代半ばまでに行われた概念的な思考のさらなる進化では、安定化作戦において、国家及び各組織を横断するような軍民協力の必要性を表現する「包括的アプローチ」の観念が、ＮＡＴＯ及びその同盟国に採用されてきた。したがって包括的アプローチには、原形となる３Ｄアプローチと全政府アプローチに加えて、より幅広い参加主体が包有されている。西側諸国によるアフガニスタンへの大規模な関与は終わったが、安定化作戦を伴う国内紛争や対反乱作戦では、包括的アプローチを念頭に置いた作戦の重要性は変わっていない。[*39]

人道的介入

国際社会が「中立的」な意図によって行動できない明らかな例として挙げられるは、人道的介入である。国家主権に関する原則——国家は基本的に国内管轄権に関する事項について他の国家の国事に干渉すべきではないというもの——は、一六四八年のウェストファリア条約後に提起され、その後の数世紀にわたって、国際法において暗黙的に守られてきた。一九四五年に国連憲章はこれを「この憲章のいかなる規定も、本質上いずれかの国の国内管轄権内にある事項に干渉する権限を国際連合に与えるものではない」と明白に述べることで成文化した。[*40]同時に国連憲章は、不干渉原則が「第七章に基づく強制措置の適用を妨げるものではない」[*41]という「例外」も提示している。ということは、独裁政府や大量殺戮から人々を守るための攻撃的な戦争を含む、国連の強制措置は許容されるということだ。[*42]しかし、冷戦の対峙とそれに伴う国連安全保障理事会の行き詰まりは、冷戦期間中は大規模な残虐行為（例えば、ウガンダにおけるイディ・アミン［Idi Amin］やカンボジアにおけるポルポト［Pol Pot］によるもの）があっても、この選択肢は実行されないということを意味していた。

冷戦の終結は、現実の悲惨な残虐行為が解決法を求める中で、そのような状況における新たな視点のための政治環境を提供することになった。そのため、一九九九年におこなわれたスピーチや、二〇〇〇年に開催された国連ミレニアム総会への「ミレニアム報告書」の中で、コフィー・アナン（Kofi Annan）事務総長は、「もし、人道介入が本当に国家主権に対する受け入れがたい侵害だとすれば、我々はいかにしてルワンダの集団殺害やスレブレニツァの大虐殺、そして我々の共通の人間性のすべての教えに影響する組織的・徹底的な人権侵害に対応**すべきなのか**」と問いかけている。[*43] 元国連事務総長が言及したのは、一九九四年の春にルワンダにおける多数派のフツ族によるツチ族五〇万人以上の虐殺と、一九九五年夏にボスニア系セルビア人が、八〇〇〇人のボスニア系イスラム教徒の男性及び少年を殺戮した事件のことだ。ここでの最大の問題は、国連安全保障理事会が人道的介入を許可する際のガイドラインや、全般的な概念面での理論的根拠を決定することにあった。これらの政治的目的のために兵力を運用する**タイミング**についての戦略的考察の結論が「保護する責任」（Responsibility to Protect）構想であり、一般にはＲ２Ｐとして知られている（表６・３参照）。

「保護する責任」（Ｒ２Ｐ）という判断基準は、大きな議論を巻き起こした。たとえばここに「正当な権限」を含めてしまうと、授権が与えられずそれにより行動する道義的責任が免除された場合、国家に逃げ場所を与えるものだという意見もあった。「正当な理由」の閾値《いきち》は、解釈の幅が広く、被害のレベルや、将来の被害レベルを予測、あるいは理解するのを誰がどうやって行うのかの目安についても、現実的な指針を提供するものではなかった。道徳的に「正当な意図」を主張することは、国益に基づく介入が人道的な副次的効果を持つような状況を排除している。この視点からは、国家の動機よりも、人道面からみた結果に注目するほうが良いということになる。「成功に対する合理的な期待」については、どのようにこれを決定するのか、誰が決定するのか、長期的な成功と短期的な成功のバランスをどうやってとるのかなど、

表6・3　R2P

●他国において危険にさらされた人々を守るために、国家がその国に対して強制的な行動をとることが適当であるか、あるとすればいかなるときかという疑問に答えるために、2000年に「干渉と国家主権に関する国際委員会」が設立された。その結果は、2001年12月に報告書の形で示された。
●国連憲章の元来の原則は、加盟国家の主権を擁護することにある。しかし、委員会はそこにはこれらの国の中において、人々の利益や福祉を促進するための強制任務も存在すると主張している。このジレンマに折り合いをつけるために、委員会は主権を「権限」ではなく「責任」であると考えるよう提案した。
●主権国家は自らの市民を回避可能な大惨事から守る責任を有するが、この国家がこれを実行できないか、しない場合、あるいは国家自身が残虐行為の加害者である場合は、より幅広い国際社会がこの責任を負うという。
●「主権の意味についての現代的な理解」に関して、主権には二つの責任が含まれている。外的には、他国の国家主権の尊重であり、内的には当該国内の人々の、尊厳と基本的人権の尊重である。
●委員会は、「介入する権利」ではなく、どちらかと言えば「保護する責任」に焦点を当てた。軍事介入が明白に擁護される場合として、次の６つの場合があるとしている。
ａ　正当な権限を持つ場合：憲章第七章の強制措置活動を授権する国連安全保障理事会が「最も適当な組織」である。大国の拒否権によりこれが不可能な場合は、委員会は　国連総会の「平和のための結集決議」の下か、あるいは地域機構による多国籍の介入により活動することを提案している。
ｂ　正当な理由がある場合：以下に示す二つのうちいずれかの状況下で介入は正当化される：大規模な人命の損失、または大規模な「民族浄化」が現在存在しまたは差し迫っていること。
ｃ　正当な意図がある場合：介入の一義的な目的は人々の受難をやめさせたり、回避することである。
ｄ　最終手段の場合：軍事介入は平和的解決のためのあらゆる外交的及び非軍事的選択肢が尽くされた場合にのみ正当化される。
ｅ　均衡的な手段である場合：計画される軍事介入の規模、期間、激しさは、合意された人道保護目的に必要最小限のものであるべき。
ｆ　合理的な期待がある場合：介入が人道危機を停止あるいは回避に成功し、行動を起こさない場合よりも介入により状況が悪化する可能性が最小である見込みがあるべきだ。

出典 International Commission on Intervention and State Sovereignty, *The Responsibility to Protect* (Ottawa, Canada: International Development Research Centre, 2001), Chapters 2, 4 and 6.

さまざまな疑問を提起することになった。[*44]

たしかにこのような批判には説得力はあるが、実際にはこれらの判断基準ははるか以前から存在する「正戦論」(*jus ad bellum*)における武力行使に関する議論を基にしたものであり、その歴史は一三世紀にさかのぼり、さらに二〇世紀における出来事から冷戦の終結期に至るまで修正されてきたものだ。これらの判断基準は、この不完全な世界において、我々が望みうる最善のものであろう。それでもこれらをさらに洗練させようとする試みも行われてきた。たとえばロバート・ペイプ(Robert Pape)は、「現在の状況から将来の損害が予想可能である」という視点に立って、「大規模」とは、国家が二〇〇〇名から五〇〇〇名の市民を殺害し、将来の死の閾値《いきち》が二万から五万人と予期される大量殺戮の状況を意味すべきだと主張した。さらに、国家は軍事作戦が求められる期間内で多くの人命を救うために効果的であり、介入者にとってのコストが低い場合にのみ介入すべきだ、と述べた。これは、識別可能な対象住民、分離可能な対象住民、役に立つ現地同盟勢力、組織化された国際的連携、介入者にとって圧倒的有利なパワーバランス、格好の攻撃目標があるときに最も生じやすい。決定的に重要なのは、人道的介入では国際社会は敵対勢力を識別し、脅威にさらされている当事者が誰なのかについて合意し、脅威にさらされている側に立って介入することが必要であるということだ。人道的介入とは、別の言葉で言えば、第四二条に基づく強制執行活動であり、本質的に暫定的で当事者間で公平で、政治的には(これは軍事的であることを意味しない)第四〇条の平和執行活動とは異なるものである。[*45]

国連総会は、二〇〇五年に採択された「国連首脳会合成果文書」（World Summit Outcome）決議の中で「保護する責任」への取り組みを承認した。この導入については、少なくても二つの点で特筆すべき点があった。第一に、保護する責任は、いくつかの国から西側社会の介入主義を正当化するためのツールであるとして批判され続けており、したがって承認の見込みは「確実」からは程遠かったこと。第二に、その他の喫緊《きっきん》の課題であった「テロリズムの定義」と「先制戦争の実施の基準」は、合意が得られず含まれなかった点である。保護する責任について、「国連首脳会合成果文書」は、「各個々の国家は住民を大量殺戮、戦争犯罪、民族浄化、そして人道に対する罪から守る責務を負って」おり、国家がこれに失敗した場合には、状況に応じて、国連は国連憲章第七章の下での集団的行動の準備を行うと述べている。[*46]

これまでのところ「保護する責任」の概念は、「適当と認められた」唯一の事例、すなわち、二〇一一年にＮＡＴＯが主導した、リビアへの介入で実行されただけだ。リビアにおける国連憲章第七章の下での国際活動を許可した「国連安保理決議一九七〇」は、「リビア当局の、その住民を保護する責任を想起し」という言葉を含んでいた。[*47]大部分とはいかないまでも、多くの専門家たちは、この介入の細部や有益性についてはさておき、当初の介入は国益ではなく本当に「人道的な動機」によって突き動かされていたことに合意している。しかしこのミッションは、その目的の一部に明らかに体制転換《レジームチェンジ》を含むものへと変わっていった。その最大の証拠は、ＮＡＴＯのミッションがリビアの指導者ムアマル・カダフィ（Muammar Gaddafi）の死の数日後に終結したことだ。このミッションが元々のマンデートであった「攻撃の脅威にさらされている市民の防護」という限定的なゴールを飛び越えてしまったことから、西側社会は「保護する責任」の概念を進展させる好機を失ったと主張する者もいる。[*48]少なくとも国際社会は、その後のいかなる危機——特にシリアでは効果的で低コストの介入というペイプが描いた状況に合致していない――においても「保護する責任」を持ち出していない。

まとめ

冷戦の終結は、国際の平和と安定への脅威に取り組むための国連安全保障理事会に新たに見出された政治手腕と、冷戦下では凍結されていた緊張状態がはじけ飛んだことによる世界各地における国内紛争の同時併発的な増加の、双方をもたらした。このような状況が合わさった結果として、一九九〇年代初めには国連ミッションの数が劇的に増加することとなった。ところがこれまでの国連ミッションの経験には「第六章半」の平和維持しかなかったため、国際社会は新たな冷戦後の環境にそぐわない活動を立ち上げてしまったのだ。その当初のカギとなる教訓は、「平和維持と平和執行は、同意の原則、公平性及び自衛における武力の行使の関係が異なるため、相互に相容れない概念である」ということであった。しかし必要に迫られた結果として、これら二つのミッションの中間にあるグレーゾーンの中での概念的及び実際的な努力が止まることはなかったし、これは今日も続けられている。

その合間にも、冷戦後初期の平和維持への努力――当初は「第二世代」の平和維持と呼ばれていたが――は、平和構築の概念に関する種をまいている。新たなプレイヤーが加えられ、あるいは単に概念化の過程で考慮に加えられることで、このテーマは安定化と復興、そして3Dから全政府アプローチへ、そして究極的には包括的アプローチへと拡大した。今日、戦争で荒廃した社会を安定化するためには、幅広いプレイヤーたちの参加が重要であると認識されている。一九九〇年代後半以降、平和構築、平和維持、そして平和執行は、まとめて「平和支援活動」として知られるようになったが、これはこれらのミッションの当事者たちの地位が暫定的なものであり、したがって国連憲章第七章第四〇条（もし第六章の下でないのなら）の下にあると認められる、重要なポイントである。第三のタイプの活動は「人道的介入」であり、これは明らかに憲章第七章第四一条及び第四二条――「敵」が認定される――の下で行われる。ここでは、軍の役割と利用に関する戦略思想は、平和維持と安定化に関する思想と並行して走っており、国際的な法的枠組みを前進させながら、今のところはまだたった一件の実際的な応用にとどまっている。

【質問】

1　従来型の平和維持活動におけるカギとなる原則とは何か？
2　冷戦の終結とともに平和維持の性質はどのように変わったのか？
3　一九九〇年代にどのような新しいタイプの平和維持が認識されたのか？　そしてこれらの活動の関係の関連性について得られた重要な教訓とは何か？
4　一九九〇年代の新たな世代の平和維持に関するアイデアは、二〇〇〇年代の平和維持に関する戦略思想にどのように反映されているのか？
5　安定化と復興活動の発展を突き動かしていたものは何か？これらは軍事ドクトリンにどのように反映されてきたのか？
6　３Ｄ、全政府アプローチ、そして包括的アプローチの概念は、互いにどのように関係しているのか？
7　「保護する責任」ドクトリンの一部として発展してきた人道的介入の判断基準とはどのようなもので、これらの判断基準はどのように批判されてきたのか？

註

1 国連憲章第七章のもとで授権された最初の活動は米国が主導した多国籍軍による一九九一年の湾岸戦争である。朝鮮戦争に対する国連の対応は、「平和のための結集決議」に基づいて国連総会から授権された。これは、新たな中国共産党政府に対する国連安保理の議席が西側により拒否されたことに抗議して、ソビエト連邦が一九五〇年に国連安全保障理事会を一時的に欠席していたことにより可能かつ必要となった。

2 United Nations, *The Blue Helmets: A Review of United Nations Peacekeeping*, second edition (New York, NY: United Nations Department of Public Information, 1990), 15.

3 Ibid., 18.

4 Marrack Goulding, 'The Evolution of United Nations Peacekeeping', *International Affairs* 69:3 (1993), 455.

5 Boutros Boutros-Ghali, *An Agenda for Peace* (New York, NY: United Nations, 1992), 26.

6 以下の議論については次を参照のこと：Elinor Sloan, *Bosnia and the New Collective Security* (Westport, CT: Praeger, 1998), 7.

7 Boutros Boutros-Ghali, *Supplement to An Agenda for Peace* (UN Document A/50/60-S1995/1, 3 January 1995), para. 19.

8 Richard K. Betts, 'The Delusion of Impartial Intervention', *Foreign Affairs* 73:6 (November/December 1994), 25.

9 格上げされたマンデートが、格上げされた軍部隊の規模と能力に合致していないのには様々な理由がある。ポスト冷戦期初期の時代には、多くの西側諸国が軍備を縮小する一方で、ボスニアに追加の部隊と装備を送るために兵力に余力がなかった。一方の米国は、直近のソマリアでの経験で傷ついており、国連ミッションに地上部隊を送ることを拒否していた。同時に、国連安全保障理事会はそのメンバーの間の政治的相違、特にロシアの長年にわたるセルビア人への歴史的支持、主として西側（ＮＡＴＯ）のイスラム教徒とある程度はクロアチア人も防護し援助を与えようという試みを、整合させようとしていた。これは平和維持ミッションであり、強制措置活動（すなわち戦争）ではないという建前は、このような緊張を抑制するのを助けていた。

10 Boutros-Ghali, *Supplement to An Agenda for Peace*, para. 35.
11 John Mackinlay and Jarat Chopra, 'Second Generation Multinational Operations', *Washington Quarterly* (Summer 1992), 116-117.
12 Goulding, 461.
13 Charles Dobbie, 'A Concept for Post-Cold War Peacekeeping', *Survival* 36:3 (Autumn 1994), 121.
14 Carl von Clausewitz, *On War*, ed. by Michael Howard and Peter Paret (Princeton, NJ: Princeton University Press, 1976), 595-596.
15 John Gerard Ruggie, 'Wandering in the Void', *Foreign Affairs* 72 (November/December 1993), 30.
16 Betts, 28, 32.
17 Boutros-Ghali, *Supplement to An Agenda for Peace*, para. 77.
18 Goulding, 451.
19 David Jablonsky and James S. McCallum, 'Peace Implementation and the Concept of Induced Consent in Peace Operations', *Parameters* (Spring 1999), http://strategicstudiesinstitute.army.mil/pubs/parameters/Articles/99spring/jablonsk.htm/ (accessed 20 July 2016).
20 A. Walter Dorn and Michael Varey, 'The Rise and Demise of the 'Three Block War', *Canadian Military Journal* 10:1 (2009), 41. 二〇〇五年のカナダでは「3ブロックの戦争」概念は新しいものに見えたが、数年後にカナダ側の提案者であるリック・ヒリアー（Rick Hillier）参謀長が退役すると放棄された。
21 British Army, 'Wider Peacekeeping', *RUSI Journal* (NATO Document AJP-3.4.1, January/February 1996), 45.
22 Jablonsky and McCallum.
23 NATO, *Peace Support Operations* (NATO Document AJP-3.4.1, July 2001), para. 309.
24 Cedric de Coning, Julian Detzel and Petter Hojem, *UN Peacekeeping Operations Capstone Doctrine*, Report

of the Oslo Doctrine Seminar, Oslo, Norway, 14 and 15 May 2008, 2.

25 James Sloan, 'The Evolution of the Use of Force in UN Peacekeeping', *Journal of Strategic Studies* 37:5 (2014), 691.

26 United Nations, *Report of the Panel on United Nations Peace Operations* (UN Document S/2000/809, 21 August 2000), paras 48-50.

27 De Coning et al., 2.

28 Ibid., 4.

29 United Nations, *Report of the Panel on United Nations Peace Operations*, para. 49.

30 NATO, para. 307.

31 Dorn and Varey, 43.

32 Mats Berdal and David H. Ucko, 'The Use of Force in UN Peacekeeping Operations: Problems and Prospects', *RUSI Journal* 160:1 (February/March 2015), 7-8; Sloan, 700.

33 Boutros-Ghali, *Supplement to An Agenda for Peace*, para. 52.

34 NATO, para. 224.

35 Department of Defense, *Military Support for Stability, Security, Transition, and Reconstruction Operations* (Directive 3000.05, 28 November 2005), paras 3.1 and 4.1.

36 Gian P. Gentile, 'Let's Build an Army to Win *All* Wars', *Joint Force Quarterly* (Spring 2009), 28.

37 US Army, *Stability*, Field Manual 3-07, Washington, DC (2 June 2014), paras 1-120 and 1-122.

38 Janice Gross Stein and Eugene Lang, *The Unexpected War: Canada in Kandhar* (Toronto: Viking Canada, 2007), 279.

39 US Army, paras 3-120.

40 UN Charter, Chapter I, Article 2(7).

41 Ibid.

42 William V. O'Brien, *The Conduct of Just and Limited War* (New York, NY: Praeger, 1981), 23.

43 Kofi Annan, *We the Peoples: The Role of the United Nations in the Twenty-First Century* (UN Document A/54/2000, 27 March 2000), para. 217. 太字強調は原文ママ。

44 これらの点をさらに詳しく論じたものとして以下を参照のこと。Jennifer Welsh, Carolin Thielking and S. Neil MacFarlane, 'The Responsibility to Protect: Assessing the Report of the International Commission on Intervention and State Sovereignty', *International Journal* 57:4 (2002).

45 Robert A. Pape, 'When Duty Calls: A Pragmatic Standard of Humanitarian Intervention', *International Security* 37:1 (Summer 2012): 42 fn 4, 53-58.

46 United Nations, *2005 World Summit Outcome* (UN Document A/RES/60/1, 24 October 2005), paras 138 and 139.

47 United Nations Security Council, *Resolution 1970* (UNSC Document S/RES/1970, 26 February 2011).

48 Jonathan Eyal, 'The Responsibility to Protect: A Chance Missed', in Adrian Johnson and Saqeb Mueen, Eds, *Short War, Long Shadow: The Political and Military Legacies of the 2011 Libya Campaign* (London: Royal United Services Institute, Whitehall Report 1-12, 2012): 53-62.

【参考文献】

Berdal, Mats and David H. Ucko. 'The Use of Force in UN Peacekeeping Operations: Problems and Prospects', *RUSI Journal* 160:1 (February/March 2015).

Betts, Richard K. 'The Delusion of Impartial Intervention', *Foreign Affairs* 73:6 (November/December 1994).

Boutros-Ghali, Boutros. *An Agenda for Peace* (New York, NY: United Nations, 1992).

Boutros-Ghali, Boutros. *Supplement to An Agenda for Peace* (UN Document A/50/60-S1995/1, 3 January 1995).

Eyal, Jonathan. 'The Responsibility to Protect: A Chance Missed', in Adrian Johnson and Saqeb Mueen, eds, *Short War, Long Shadow: The Political and Military Legacies of the 2011 Libya Campaign* (London: Royal

United Services Institute, Whitehall Report 1-12, 2012).

Goulding, Marrack. 'The Evolution of United Nations Peacekeeping', *International Affairs* 69:3 (1993).

Mackinlay, John and Jarat Chopra. 'Second Generation Multinational Operations', *Washington Quarterly* (Summer 1992).

Pape, Robert A. 'When Duty Calls: A Pragmatic Standard of Humanitarian Intervention', *International Security* 37:1 (Summer 2012).

Ruggie, John Gerard. 'Wandering in the Void', *Foreign Affairs* 72 (November/December 1993).

Sloan, James. 'The Evolution of the Use of Force in UN Peacekeeping', *The Journal of Strategic Studies* 37:5 (2014).

United Nations. *Report of the Panel on United Nations Peace Operations* (UN Document S/2000/809, 21 August 2000) (The Brahimi Report).

Welsh, Jennifer, Carolin Thielking and S. Neil MacFarlane. 'The Responsibility to Protect: Assessing the Report of the International Commission on Intervention and State Sovereignty', *International Journal* 57:4 (2002).

part 3

科学技術《テクノロジー》と戦略

第7章 ❖ 統合理論と軍事トランスフォーメーション

歴史の記録を振り返って見るとわかるように、戦場において「統合《ジョイント》」、つまり海上、陸上兵力そしてさらに最近では航空兵力を「統合」的に作戦で使用するというアイディアは、それほど目新しいものではない。ヨーロッパでは、すでに一七世紀から海上兵力と陸上兵力を協同させることが考え始められていた。もちろんこの当時の統合作戦では、地上部隊を自国から離れた土地に上陸させ、洋上からその部隊へと補給することなどに限定されていた。最初の本格的な統合作戦が行われたのはアメリカの南北戦争であり、地上の目標に対する洋上からの攻撃や、海軍部隊の上陸などが実行された。統合作戦の価値とその重要性が最も明白になったのは第一次世界大戦であり、主に英陸軍と英海軍の協力が欠落していたせいで、ダーダネルス戦役（ガリポリの戦い）を失敗したことが大きい。この戦争の後半には敵味方の双方とも統合的な戦い方を実行しており、航空機を地上部隊の支援のために使っていた。その二〇年後にはドイツが第二次大戦開始直後に「電撃戦《ブリッツクリーグ》」という戦術を使っており、これはエアパワーとランドパワーの統合による実力と潜在力を明確に見せることになった。その後、アメリカは太平洋で統合作戦を実行していたが、ノルマンディー上陸作戦は第二次大戦において最も複雑な統合作戦となった。

ところが歴史的にも軍種同士というのは互いの協力を拒《こば》む傾向がかなり強く、この現実は戦略思想の中にも反映されている。たとえばジョミニは水陸両用作戦について議論をしており、コルベットも海軍力とランドパワーのつながりについて多少議論をしているが、クラウゼヴィッツが海戦を無視したことは有名であるし、マハンは海軍力の地上戦での使用についてはわずかな注目しかしていない（そしてそれについて触れているときも、それを避けるようにしかアドバイスしていない）。ドゥーエに至っては、エアパワーを他の軍種とは独立した形で使用するように頑強に主張しているだけだ（ただしミッチェルは空軍を陸軍と協力させて作戦行動させることに価値を見出していた）。たしかに電撃戦は戦術レベルでは目覚ましいものであったが、その後、統合作戦についての特記すべき思想体系がまとめられたわけではなかった。ウィリアムソン・マーレー（Williamson Murray）によれば、第二次大戦の後半に実現した軍種間の協力関係というのは、そこでピークを迎えただけで、そのような協力関係は一九九一年の湾岸戦争まで再び見ることができなかったという。[*1]

本格的な統合作戦というのは、二一世紀のものではないとしても、おそらく二〇世紀後半から始まった現象であろう。一九七〇年代に始まった民間における情報分野での技術革新が軍事技術の分野に広まってきたおかげで、陸上・海上・航空兵力は、往々にして「シームレス」な三次元の戦場と呼ばれる統合された形で運用されることが段々と可能になり、しかもそれが望ましいものとなってきたのだ。現代の統合作戦についての戦略思想は、米陸軍の画期的な「エアランド・バトル」という概念から始まっており、これは一九八〇年代初期に発表され、冷戦終結の頃に公式に採用された（第3章を参照）。ところが少なくともアメリカの場合、さらなる統合の促進に関する実際問題として、法律を成立させる必要があった。一九八六年の「ゴールドウォーター・ニコルズ法」は、とりわけ軍種間の協力関係を促進し、競合関係を減少させることを狙ってつくられたものであった。統合作戦的なアイディアは、部分的には一九九〇年代の「軍事における革命」(Revolution in Military Affairs：RMA) の一部として採用・推進されることになった。ちなみにＲＭＡは、のちに「軍事トランスフォーメーション」と呼ばれるようになっている。ただし実際の本格的な統合作戦は、二〇〇一年から二〇〇二年にかけてのアフガニスタンや、二〇〇三年のイラクにおいて実行された。

本章では、冷戦後に出てきた統合作戦の戦略思想を検証する。最初に、いわゆるＲＭＡ、そして後に「軍事トランスフォーメーション」と呼ばれるようになったものの起源とその中身、そしてそれに関わった思想家たちに注目していく。これらの人物にはウィリアム・ペリー (William Perry) 元国防長官、アンドリュー・クレピネヴィッチ (Andrew Krepinevich) 元米陸軍中佐、米国防総省の総合評価局 (Office of Net Assessment) の局長を長年つとめているアンドリュー・マーシャル (Andrew Marshall)、学者のエリオット・コーエン (Eliot Cohen)、未来学者のアルヴィン・トフラーとハイジ・トフラー (Alvin and Heidi Toffler)、ウィリアム・オーウェンス (William Owens) 元米海軍大将などが含まれる。その後に本章はＲＭＡ・トランスフォーメーション全体に関する議論で出てきた細かい概念について触れることになる。これには「ネットワーク中心の戦い」(ＮＣＷ)、「効果ベースの作戦」(Effects Based Operations：EBO)、「迅速かつ決定的な作戦」(Rapid Decisive Operations: RDO)、そして「衝撃と畏怖《いふ》」などが含まれる。これらの概念は環境的な枠組みを越えたものであり、海・陸・空という戦いの次元には分類できないものだ。したがって、これらは統合作戦の戦略思想として捉えることができる。ここでの重要な理論家として挙げられるのは、アーサー・セブロウスキー (Arthur Cebrowski) 米海軍中将、デイヴィッド・デプチュラ

(David Deptula) 米空軍中将である。また、ジョン・ワーデン (John Warden) 米空軍大佐、分析官のハーラン・ウルマン (Harlan Ullman)、そしてジェームス・マティス (James Mattis) 米海兵隊大将たちのアイディアも重要だ。RMAと軍事トランスフォーメーションは軍事やドクトリンに関するイノベーションの例として考えることができるだろう。したがって本章は、軍隊がどのように、そしてなぜイノベーションをしようとするのかという問題についてスティーブン・ビドル (Stephen Biddle) やスティーブン・ローゼン (Stephen Rosen)、セオ・ファレル (Theo Farrel) などの考えについて検証して締めくくっている。

軍事における革命（RMA）

現在のRMAに関する戦略思考の源泉は、一九七〇年代後半までさかのぼることができる。この当時、ソ連軍の将校たちが「軍事技術革命」(Military Technology Revolution: MTR) について書き始めたのがそのきっかけだ。この頃のソ連の通常兵力と人工衛星は、数量面でアメリカとその同盟国のそれを圧倒的に──少なくとも三倍の規模で──上回っており、その差があまりにも大きかったため、NATO側は常に先制攻撃を含む「核兵器の使用」というカードを放棄できなかったほどだ。ところがこの時代にはすでにコンピューターの応用や人工衛星による監視、そして長距離ミサイルなどの軍事技術面における進歩が顕著に現れており、これによってソ連側の専門家たちは通常兵力の能力バランスが西側に優位になることを懸念し始めた。一九八〇年代半ばまでに、ソ連の軍人の間でMTRへの関心が最高潮に達しており、ソ連軍参謀総長だったニコライ・オガルコフ (Nicolai Ogarkov) 元帥は、「ソ連は国防費をアメリカのように電子関連技術への投資に振り分けるべきだ」という意見記事を頻繁に発表していた。

ウィリアム・ペリー

ソ連の崩壊によってオガルコフの訴えは聞き入られなくなってしまったわけであるが、それでも彼をはじめとするソ連の専門家たちの指摘していた傾向の読みは正確であった。一九七〇年代後半にアメリカは「相殺戦略」（offset strategy）を打ち出しており、これはソ連の数的優位を、アメリカの技術面での優位性で相殺《オフセット》することを狙いとしていた。この戦略に関する中心的な人物の一人として挙げられるのが、ウィリアム・ペリー（William Perry）である。彼はカーター政権で研究・エンジニアリング担当国防次官を務めた後に、第一次クリントン政権で国防長官を務めた。一九九一年のフォーリン・アフェアーズ誌の論文で述べているように、アメリカはソ連の脅威に対抗するための手段として「高い技術」を明確に追及している。[*2] ここでのアイディアは、より良い艦船や戦車、それに航空機などを造ること――いくら先進的なプラットフォームを作っても数の面では負ける――ではなく、個別のプラットフォームを支える新しいテクノロジーを発展させることにあった。こうすることによって、各プラットフォームの戦闘効率を何倍にも高めることができるからだ。端的にいえば、ここでの究極の目標は、テクノロジー面での**相乗効果**《シナジー》の利用を通じて、米軍全体を強化することにあった。そしてテクノロジー面でこの目標の実現に貢献する目立った進化は、指揮・統制・通信、コンピューター・インテリジェンス（Ｃ４Ｉ）の分野や、ステルス／低被探知性、精密誘導技術、そして情報収集・監視・偵察（ＩＳＲ）の分野で見られたのである。

これらのテクノロジーのインパクトは、湾岸戦争でも明らかに見られることになった。戦場の指揮官をサポートするため、史上初の衛星システムの使用を含む、最先端のＣ４ＩとＩＳＲの組み合わせが使われ、これがペリーの言う「戦場認識」、つまり敵味方の部隊の位置についての知識を劇的に上昇させた。それによって現場の指揮官たちは今までの作戦では不可能だったレベルで、戦場で起こっていることを知ることができるようになったのだ。また、戦闘機にステルス技術を組み込んだり、より正確な精密誘導兵器で武装したりすることによって、多国籍軍側は敵の防空システムを迅速に制圧し、「航空支配《エア・ドミナンス》」を達成することができたのだ。ペリーは後に書いた論文で、ステルス技術と精密誘導兵器の発達、新しいレベルの状況又は「戦場認識」、そして兵站に先進技術を応用した「効率的兵站」(focused logistics)などの相乗効果が証明され、戦闘力の強化が実現したと強調している。[*3]

アンドリュー・マーシャル、アンドリュー・クレピネヴィッチ、そして総合評価局《ONA》

この「強化された戦闘能力」が本当に革命的なものかどうかは、九〇年代を通じて軍関係者の間でも広く議論された。知的な面での支持の議論は、アンドリュー・マーシャルとアンドリュー・クレピネヴィッチに代表される米国防総省内部の総合評価局(Office of Net Assessment: ONA)によってリードされていた。クレピネヴィッチは一九九二年にこのONAから発表した論文——これはその当時まだMTRと呼ばれていた概念についての、おそらくアメリカで初めての研究——の中で、軍事革命はテクノロジー面での変化が、作戦面(もしくはドクトリン面)でのイノベーションと組織の順応とが組み合わさり、戦争の様相と行為を根本的に変化させた時に起こってきたと論じている。[*4]これは一九九〇年代を通じたONAの「公式的」な定義のエッセンスとなった。後にクレピネヴィッチは、戦闘力や軍隊の軍事的有効性に関する「桁違いのもの」によって劇的な変化がもたらされ、まったく新しい状況が生じるのであれば、われわれはようやく「革命的だ」と捉えることができると論じている。彼によれば、この基準を応用した場合、軍事における革命は一四世紀から一〇回ほど起こったことになる[*5](表7・1を参照のこと)。

表7・1　軍事革命

1993年に米国防総省のONAは、RMAを「革新的な技術の応用によってもたらされた、戦いの本質における大規模な変化であり、軍事ドクトリンや作戦、組織面でのコンセプトの劇的な変化と共に、軍事作戦の様相と遂行を根本的に変えるもの」と定義している。この定義から言えば、14世紀から少なくとも10回の軍事革命が起こったと認めることが可能だ。

●歩兵革命：長弓の技術が戦術面での革新と相まって、戦場における支配的な存在が騎兵から歩兵に移り変わることが可能になった。

●砲術革命： 砲身の長大化、冶金技術の革新、そして火薬の性能の向上などによって、砲兵が強力かつ安価になり、それにともなう攻城戦における組織変化によって城を守る側が不利になった。

●航海術と射撃の革命：船の動力がオールから帆に変わり、これによって船に重量のある大砲を載せることが可能になって、軍艦が「浮上している兵士の要塞」から「砲台」に変わった。

●要塞革命： 低く厚い壁の登場によって大砲の効果が薄れ、優位が防御側に移った。

●火薬革命：マスケット銃という技術革命が、横隊的(の後に方陣的)な戦術への、ドクトリン面での変化と結びついてもたらされたもの。

●ナポレオン革命：産業革命と兵器の大量生産 によって国民皆兵の登場を可能にしており、これによって野戦軍の規模が桁違いの大きさになった。

●地上戦革命：鉄道や電信のような新しい民生技術が戦略的な機動性を向上させ、指揮官が戦場で大規模な部隊を維持しながら広範囲に分散した作戦を連係させることができるようになった。

●海軍革命：帆船が蒸気船に、そして木造船が鉄造船に変わったことによって、より重く大型の戦艦や大砲が実現し、いままでの舷側に大砲を積むような戦術から、新しい戦術の採用へとつながった。

●戦間期の機械化、航空機、そして情報関連の革命：機械化に関する技術革新と無線通信は、最終的に航空機と機甲部隊を使用した、ドイツの「電撃戦」という統合作戦につながった。

●核革命：核兵器の登場によって起こったものであり、ドクトリンの理論化や弾道ミサイルの登場とも相まって、超大国の軍の中に新しい軍事組織の創設を促すことになった。

出典：Andrew F. Krepinevich, “Cavalry to Computer: The Pattern of Military Revolutions,” *National Interest* (Autumn, 1994).

専門家たちの中には、「根本的に変えるもの」という意味を、さらに厳密に規定している者もいる。たとえば戦略国際問題研究センター（ＣＳＩＳ）の専門家たちは、ＭＴＲが一度起これば「既存の戦い方を時代遅れにしてしまう、テクノロジー、ドクトリン、もしくは組織面における根本的な進化」が起こるとしている。[*6] リチャード・ハンドリー（Richard Hundley）も同じように、ＲＭＡが一度発生すると軍事作戦の本質や遂行面におけるパラダイムシフトが起こることを強調しており、これによって「支配的なプレイヤーの一つかそれ以上の能力を、時代遅れか無効にしてしまうもの」であるとしている。[*7] クレピネヴィッチ自身は、ＭＴＲについての最初の論文で、テクノロジーの進化や軍事面でのイノベーションが「既存の概念的な枠組みを無効化」する累積的な効果をある時点で発揮した場合に、その変化を「革命的」と捉えることができるとしている。[*8] たとえばスタンドオフ精密誘導攻撃が、最高の戦車による大規模な梯団の持つ優位性を無効にしたり時代遅れにしたとなれば、これは「革命的である」と見なされるという。歴史上の例から見れば、これと同じ例は、大砲の発展によってそれまでの厚い城壁による防御が時代遅れになってしまった、いわゆる「砲術革命」に当てはまるのかもしれない。

ただしＯＮＡの研究者たちは、軍事技術の発展が必ずしも「革命」を構成する必要条件となるわけではないことを強調している。つまり本物のＲＭＡが起こるためには、テクノロジー面、ドクトリン・作戦面、そして組織面の、三つのイノベーションが必要だというのだ。ＯＮＡは、ＭＴＲという言葉を後にＲＭＡとあらためているが、これはその革命に、テクノロジー以上の要素が含まれていることを強調するためであった。そしてアンドリュー・マーシャルは、彼自身が書いた数少ない一般に入手できる文献の中で、過去のＲＭＡ（例：電撃戦）において決定的な要素となったのは「テクノロジー面での斬新さではなく、既存の入手可能なシステムを凌駕《りょうが》するような、革新的な作戦概念と、組織体制の採用である」と書いている。[*9]

米陸軍大学のある学者もこれと同じように、「本物のRMAは、テクノロジーを越えて、組織、ドクトリン、そして戦略における変化を引き起こすものである」と書いている。[*10]

このような枠組みで考えた場合、ペリーをはじめとする人々によれば、現在のRMA関連のテクノロジーは、C4I、ISR、そして精密誘導兵器ということになる。これらのテクノロジーによって可能となった、もしくは促進されることになったドクトリン面での変化には、海軍や空軍の持つプラットフォームから地上の標的を狙うスタンドオフ精密誘導攻撃、作戦地域に迅速に到達できるという意味や、非線型な作戦行動を実行して分散した戦場において敏速で機動的であるという意味での、遠征軍的な地上部隊、そして非常に重要なのは、軍種間で全体的な統合化が進んでいるということだ。組織的な変化には、敏捷かつ機動的な部隊の創設がその中心にあり、しかもその部隊は過去のものと比べても規模が小さく、しかも目前の特定の任務に柔軟に対応できるものを目指しているのだ。

多くのRMAの思想家たちが「テクノロジーだけではない」と宣言をしているにもかかわらず、その批判者たちは、彼らがテクノロジー面を強調しすぎていると非難している。たとえば軍事戦略について数多くの著作を書いているコリン・グレイ（Colin Gray）などは、クレピネヴィッチの「とりわけRMAが起こるためには新しいテクノロジーが必要になるという議論」は「致命的な誤りだ」と記している。グレイは、RMAが「軍事力とその効率における非連続的な増加」にあると指摘しつつ、結局のところそれには「その定義からして、RMAには必ずしも新しいテクノロジーの刺激を必要としているわけではない」と強調している。ところがこの分析が正しかったとしても、やはり「RMAには新しいテクノロジーが含まれない」と議論するのは困難である。クレピネヴィッチによって指摘された一〇回の「革命」の中で本格的なテクノロジーの進化が含まれていなかったのは「要塞革命」だけであり、「核革命」はその性質からしてほぼ全面的にテクノロジーの進化によるものであった。後にグレイは「変化を本当に突き動かすものが、テクノロジー面でのイノベーションそのものであったり、確実にそれを含むものであったりするような軍事的な分野での非連続性が存在する」ことを認めている。[*11]

エリオット・コーエンとトフラー夫妻

実際のところ、RMAの推進者たちにとって、テクノロジーの発展の役割を無視することは難しい。歴史的な視点を強調することで知られるエリオット・コーエン（Eliot Cohen）は、一九九六年の論文の中で、「現在のRMAは、それ以前の革命と同じく、民間のテクノロジーの世界から生まれたものであり、今回は情報通信技術の台頭に求めることができる」と指摘している。[*12] これはまさに未来学者であるアルヴィンとハイジのトフラー（Alvin and Heidi Toffler）夫妻の一九九三年の著作『アルヴィン・トフラーの戦争と平和』（*War and Anti-War*）で示された主張そのものであった。彼らの分析によれば、「戦争のやり方は、われわれの富の生産方法を反映したもの」であった。[*13] 人類の歴史全体から見ると、これまでの人間の富の生産方式は二つの「波」を経験しており、この著作が書かれていた時代には、三番目の「波」に突入していたことになる。「第一の波」では、ほとんどの人々は狩りや農作などを通じて、手作業で苦労しながら生活を支えており、この時代の戦い方も至近距離での戦いであった。「第二の波」は産業革命によって始まったのだが、この時代に人々は工場などで大量生産に従事する形で生活を支えることになった。そしてその戦い方も、ナポレオンの「国民皆兵」にはじまる大規模なものになり、これがアメリカの南北戦争や両世界大戦へと発展し、原子爆弾の開発によってそれが頂点に達した。「第三の波」は一九七〇年代に始まり、情報テクノロジーの発展が「脱集中化」や精密性、スマートな経済（部屋中を占めていたコンピューターがパーソナル・コンピューター、そして携帯可能なデバイスに取って代り、個人向けの製品が生まれ、知識労働者が出てきた）、そしてこれらの変化が一九八〇年代後半までに戦争の戦い方にも反映され始めたのだ。

トフラー夫妻は、「第三の波」の戦い方の特徴をいくつも挙げており、これには小規模な部隊編成や、現場レベルの部隊の自律性の向上、そして教育度と専門性の高い兵士を指摘している。ところが彼らは「システムの統合」の重要性の高まりも指摘しており、これはテクノロジーの発展によって準備された、統合作戦への流れの増加を予兆させるものであった。ここでとくに重要なのは、各軍種が別の軍種と互いに「話す」ことを可能にさせる、高度に発展したC４Iであるという。コーエンが強調したように、民間の情報テクノロジーを軍事に採用することによるインパクトのおかげで「新しい軍隊は、ますます統合的な軍になっていくのであり……世界中の軍事組織では、陸・海・空などの伝統的な軍の分類の仕方は……崩れつつある。航空作戦が地上の作戦と不可分なものになっただけでなく、海軍の部隊が広範囲にわたる地上の目標に対して攻撃を仕掛ける例も増加してきた」のだ。[*14]

ウィリアム・オーウェンスと「システムのためのシステム」

テクノロジーの進化によって促進された軍種間の統合化は、一九九〇年代のＲＭＡのコンセプトに関する議論において中心的な役割を果たしていた。その結果として生まれた戦争のやり方の変化に関するビジョンを明確に表明した最初の戦略思想家の一人は、ウィリアム・オーウェンス（William Owens）元米海軍大将であった。ウィリアム・ペリー、アンドリュー・マーシャル、そして元統合参謀本部議長のジョン・シャリカシュヴィリ元米陸軍大将のようなＲＭＡの父たち[*15]と同じような主張を唱えるオーウェンスは、一九九四年にペンタゴンで統合参謀本部副議長を務めることになった。この役職についた途端、彼は一〇年ほど前から起こっていた軍事技術の進展を利用して、それをさらに加速させることを最も積極的に提唱する軍人の一人になった。

オーウェンスは、冷戦後の統合作戦の戦略思想家としてまとまった著作を書いた人間としては、「唯一」とは言えないまでも、数少ない人物の中の一人であることは間違いない。一九九〇年代半ばから書き始めたさまざまな論文の中で、彼は統合やＲＭＡについての見解を表明しており、それらをまとめて二〇〇〇年に『戦争の霧の払拭《ふっしょく》』（*Lifting the Fog of War*）という著作として出版している。このタイトルは、米軍の持つ人工衛星、無人機、偵察機、そしてまさには特殊部隊にまで至るものを幅広く指していた。これによって、米軍は戦場における敵味方の位置を、天候や昼夜を問わず知るための前例のないほどの能力を得たのであり、これは司令官が昔から必要としていた「丘の向こう側を見通す」ための能力を、新しいレベルにまで引き上げてくれることになったというのだ。歴史的に、敵軍と自軍に関する明確な情報の欠如は、軍事作戦の効果の発揮を妨げてきた。ところが新しい技術の発展によって「戦争の霧を払拭」する可能性が出てきたのであり、指揮官に戦場を見通して理解するための能力を与えつつあったのだ。

オーウェンスの戦略思想で二番目に強調されていたのは、クラウゼヴィッツの有名な警告である、戦争における「摩擦《フリクション》」であった。オーウェンスによれば、先進的な軍事システムには三つの異なる分野、つまり「見る」部分（ＩＳＲ）と「教える」部分（Ｃ４Ｉ）と「行動する」部分（精密誘導兵力）が存在するという。ところが最大の問題は、これらのシステムがそれぞれの分野に「縦割り」（**stovepiped**）になっており、互いにコミュニケーションがとれないことだ。最大の難関は、これらの三つの大きな分野を互いに重ねて相互作用させることだ。もしこれらのシステムが決断者にほぼリアルタイムで監視情報を集めることができるようにデザインされていれば、その結果は支配的な戦場知識・認識になる。もし司令官が精密誘導兵力を使うシステムに対してほぼリアルタイムで決定を伝えることができるようになれば、ほぼ完璧な任務遂行が可能になるだろう。そしてもしＩＳＲシステムが「行動した」人々に情報を直接送り返せることになれば、戦場で即座に完全な戦果の評価を行えることになる。[*16] 三分野のシステムをこのような形で融合するアイディアは「システムのためのシステム」(system of systems) という概念に結実し、数年前にペリーによって最初に発見された「シナジー」（相乗効果）を表すことになったのだ。

オーウェンスにとって、「システムのためのシステム」や、ＲＭＡにおける技術面の全般的な発展は、本質的なところで戦争の遂行における統合化というものにつながっていた。オーウェンスは一九九〇年代半ばに、「この広範囲な概念（システムのためのシステム）が次の一〇年間に広まるにつれて、それにＲＭＡと統合作戦の新しい認識がついてくる。なぜならこの革命は、究極的には全ての軍種からの貢献に左右されるものだからだ」と論じている。[*17] ＲＭＡは「国防総省《ペンタゴン》が、真に統合された作戦を推し進めるために戦闘ドクトリンを正しく書き直すことがないかぎり、ただの見込みでしかない」と後に彼が強調している。[*18]

ジョン・シャリカシュヴィリと「ジョイント・ビジョン二〇一〇」

実際に統合作戦を実行に移すための戦略思考については、「ジョイント・ビジョン二〇一〇」を挙げることができよう。これはジョン・シャリカシュヴィリ陸軍大将の下で作成されたものだ。この文書の多くは、とりわけ地上部隊に関連したアイディア――たとえば戦いにおける機動性、分散、脱集中化、そして非線形性――に充てられていた。結果として、本書の第二章のランドパワーの章には、一九九六年に発表された米軍の「ジョイント・ビジョン二〇一〇」と、その後に続いて二〇〇〇年に発表された「ジョイント・ビジョン二〇二〇」の議論などが含まれることになった。ところがこれらの文書で行われていた全般的な概念として強調されていたのは、統合作戦能力や、各軍種間の能力のシームレスな統合を達成する必要性などであり、しかもこれは資源に制約のある時代において、冗長性を少なくしながら有効性を維持することが必須とされていた。

「ジョイント・ビジョン二〇一〇」の中で紹介された新しい作戦概念には「精密交戦」、「全次元的防御」、「効率的な兵站」、「優勢機動」などが含まれていたが、統合作戦理論における概念的な考えの中で最も推奨されていたのは、「優勢機動」であった。この概念の背後にあったアイディアは、陸・海・空・宇宙の戦力をシンクロさせた形で使用することであり、多くの戦場で迅速かつ敏捷に作戦を行い、これによって軍事面で敵に勝る大きな優位性を達成するということであった。「ジョイント・ビジョン二〇一〇」は、とくに「次元を越えた」形で作戦を遂行する軍隊を想定しており、たとえば航空兵力と海上兵力が地上のターゲットを攻撃することや、地上兵力や海上兵力が防空システムを攻撃することなどが考えられていた。[*19] これもまた明らかにオーウェンスが推進していたアイディア、とりわけ「システムのためのシステム」や「支配的な戦場認識」などが色濃く反映されていた。

批評

「先進的な軍事技術によって戦争の霧と摩擦を減少させることができる」という考えは、そもそも議論を呼ぶものであり、結果として批判を集めることになった。たとえばここで主張されている現象というのは歴史的に一度も存在したことがないし、敵の考えや望み、そして行為などから完全にかけ離れており、クラウゼヴィッツが「紙の上での戦争に対する実際の戦争の違い」と呼んだものの典型的な例となっている。ある専門家は「戦争に人間が関わり続ける限り、いかなるテクノロジーも摩擦、曖昧さ、そして不確実性などを完全に消滅させることはできない」と指摘している。[20] 技術進化が戦争の霧と摩擦を減少させるという楽観的な議論に対して、ロバート・スケールズ少将（第２章を参照）は一九九七年に書いた論文の中で、戦いは「本質的に不確実な試みのままであり、チャンス、摩擦、そしてストレスにさらされた状況における人間の思考の限界のために、その結末を予測することを大いに制限している」と警告している。[21] もちろん公平に見れば、オーウェンスの論文や「ジョイント・ビジョン二〇一〇」のシャリカシュヴィリも、このような批判が来ることを予《あらかじ》め見越していた。彼らは確かに「新しいテクノロジーでも戦争の霧と摩擦は完全に晴れる」とは論じておらず、むしろそれらの影響を緩和し、戦いにおける支配的な立場をアメリカに与えるのに十分な、相手との差異をもたらすものだと論じたのだ。[22] それでも「ジョイント・ビジョン二〇一〇」を発表してすぐに、彼らの論調には以前の革命を推進するようなレトリックから変化が感じられるようになった。スティーブン・ビドルは二〇〇四年の先駆的な研究で、潜在的なＲＭＡによって「すべてが変化する」というのは見当違いであることを、かなりの説得力を持って論じている。ある国が戦場において戦闘力を大きく向上させたとしても、それは部隊が実際に戦闘を行う際のドクトリンや戦術のような戦い方を変えたことに原因がある可能性があるという。これらの変化は第一次世界大戦までさかのぼることができるし、この価値は二一世紀に入っても変わらないはずだ[23]（第２章を参照のこと）。

軍事トランスフォーメーション

一九九〇年代後半になると、ＲＭＡという概念はあまりにも劇的で、しかも将来を楽観視しすぎているように見られ始めた。さらにいえば、その「革命」のほとんどが数十年先までの継続的な変化を見越していたにもかかわらず、その概念がまるでその「革命」が最終段階に至った状態を示していると見なされ始めたこともある。このため、ＲＭＡという言葉に代わって、次第に「軍事トランスフォーメーション」や、単に「トランスフォーメーション」という言葉が使われるようになってきた。ところがこの名称自体はそれほど新しいものではない。たとえばマーシャルは、以前からＲＭＡのことを「トランスフォーメーションの過程である」と指摘しているし、[*24]コリン・グレイやオーウェンスたちも、ＲＭＡのことを「戦争のトランスフォーメーション」（変遷）と同等視している。[*25]一九九〇年代初期の学界における軍事イノベーション（以下を参照のこと）についての説明と同じように、ＲＭＡからトランスフォーメーションへの強調の変化は、特定の戦争や国際的な出来事によって進められたわけではなく、九・一一事件までの比較的平和だった時代に進んだのだ。

アーサー・セブロウスキー、ＮＣＷ、そして軍事トランスフォーメーション

ブッシュ政権の初期には、アメリカではＲＭＡという言葉が忘れ去られており、代わりに「トランスフォーメーション」という言葉に取って代わっていた。ところが名前やそれが発表された時期は変わったが、本質的な内容はそれほど変わっていない。それどころか、二〇〇一年後半から二〇〇二年前半のアフガニスタンにおける戦争と、二〇〇三年のイラク戦争は、一九九〇年代半ばのＲＭＡの推進者たちが約束していたことの正しさを証明していたように見える。機動性の高い分散化した陸軍の特殊部隊は、空軍や海軍のプラットフォームからの精密誘導攻撃を要請している。この戦争では、先進的な指揮・統制、監視、そして精密誘導システムが大規模に、そして統合的に使われた。したがって、ドナルド・ラムズフェルド国防長官が二〇〇二年初頭に「軍をトランスフォームする」と書いたり講演したりしているにもかかわらず、

彼が実際に表明していたのは、より小規模で機動的な部隊、精密交戦、戦場認識の向上、そして特に統合の必要性といった、初期のＲＭＡの議論と瓜二《うり》つのものであった。[*26]

革命的な考えを持ったアーサー・セブロウスキーは、このように変化しながらもあまり状況は変わらないという中で、一九九八年に「ネットワーク中心の戦い」(network-centric warfare: NCW) という概念を初めて発表した。第一章でも述べたように、ＮＣＷのアイディアの背後にあったのは、別々のプラットフォーム同士がリンクされた時の戦闘能力の達成であり、個別のプラットフォームの戦闘力の向上ではなかった。彼は「われわれは軍事における革命（ＲＭＡ）のまっただ中におり、これはナポレオン時代の……国民皆兵の登場以降には見られなかったものである」と書いている。セブロウスキーとジョン・ガルストカ (John J. Garstka) は、アメリカ海軍協会の「プロシーディングス」誌に掲載された画期的な論文の中で、「われわれが〝プラットフォーム中心の戦い〟と呼ぶ戦いから、〝ネットワーク中心の戦い〟への根本的なシフト」が起こっていると論じている。[*27]

エリオット・コーエンはこのシフトの革命的な性質について、一九世紀半ばからつい最近に至るまで、戦いを支配してきたのは「プラットフォーム」であった。最新の艦船、航空機、そして戦車がライバルを圧倒し、しかもほとんどの場合が、ライバルのものをあっという間に時代遅れにしてきた。そして今、また変化が起こった。プラットフォーム自身は以前ほど重要ではなくなり、それらが運んでいるもの――センサー、弾薬、そしてあらゆる種類の電子機器など――の質のほうが決定的に重要になった。[*28]

と論じている。「ネットワーク化された戦い」の潜在力を説明するために、セブロウスキーとガルストカは、個人向けのパソコンがインターネットにつなげられた途端にその力が急激に増大するという、民生品の世界の例をヒントとして挙げている。彼らが指摘したのは「重要なのは、単なるコンピューターではなく、ネットワークにつながった状態にあるコンピューターのほうである」という点だ。[*29] 彼らの見方によれば、ＮＣＷは「クラウゼヴィッツには申し訳ない」が「新しい戦争の理論」であり、その理由は、これが新しいパワーの源泉を発見し、これらがどのように新たな構造と組織、そして政治・軍事戦略を示唆《しさ》するものであるのかを明示していたからだ。[*30]

ＮＣＷが提唱された当初の中心的な存在は米海軍であり、彼らは概念だけでなく、実践面でも取り組みを行っていた。Ｃ４Ｉにおける技術面の進展は米海軍で最も急激に見られ、これはＮＡＴＯ諸国の他国の海軍たちとの技術面での相互運用性という意味からも積極的に進められた。ところがセブロウスキーが提唱したＮＣＷという概念は、海軍だけでなく、すべての軍種にも関連性を持つものだ。たとえば陸では戦車、装甲兵員輸送車、そして砲兵隊の戦闘力を相互的にリンクさせることにつながり、空では無人機のセンサーからの情報を有人戦闘機とリンクして戦闘力の向上につなげることも可能だ。最も顕著で革命的な変化は、ＮＣＷが統合的な世界に適応されなければ不可能であるという点だ。そのために必要となるのは、陸・海・空のプラットフォーム同士の情報交換を可能にすることであり、たとえば地上の偵察車両が、戦闘機の照準ポッドや無人機などから画像を受け取るケースなどが考えられる。これは軍事トランスフォーメーションにとってはかなりの難題であるが、それでもラムズフェルド長官がセブロウスキーに取り組むように指示をしたのは、まさにこの難題だった。

二〇〇一年の九・一一事件のちょっと前に、ラムズフェルド長官はセブロウスキーを国防総省内に新設した戦力変革局（Office of Force Transformation: OFT）の局長に任命している。米軍のトランスフォーメーションの推進を任務として発足したＯＦＴは、軍事トランスフォーメーションに向かうためのアメリカの戦略的アプローチに関する幅広い声明と、各軍種のトランスフォーメーションのためのロードマップを形作るために策定された「トランスフォーメーション計画指針」（Transformation Planning Guidance）も発表した。ここでの「トランスフォーメーション」は、「変化しつつある競争と協力の質を、我が国の優位を活用し、非対称的な脆弱性から守るための、新しい概念、能力、人材、そして組織の組み合わせを通じて変化させる過程」と定義された。[＊31] 二〇〇三年まで公表されなかったこの二つの文書で共通して浸透しているテーマは、作戦面で本物の「統合」を容易にして最終的に結実させるための、技術とドクトリンの追及と実行であった。相互運用性《インター・オペラビリティ》――これは情報を相互交換できる能力のこと――が最初のカギとなるステップであり、これは初期のコミュニケーションシステムがほとんど共通の枠組みを持たないまま軍種ごとに発展させられたという経緯を踏まえて考えると、非常に難しい問題であった。技術面での相互運用性が達成できれば、軍隊が初めて「ネットワーク化」されるのだが、ＯＦＴから発表されたセブロウスキーの考えでは、ＮＣＷにはさらなるステップが必要であった。その文書によれば、「ＮＣＷは、情報時代における軍事用語であり……これはネットワーク化された軍隊が戦闘面で決定的な優位を作り出すために、新しく出現した戦術、テクニック、そして技術を組み合わせることを意味していた」のである。[＊32] それでも特定の状況下で行動するための規約や共通手段――統合ドクトリンなど――の確立が必要であり、その結果として、全軍種も統合作戦コンセプトをそれぞれ作成するよう求められた。相互運用性のための技術や統合ドクトリンによって可能になった統合化は、分散・脱集中化した部隊のように、元々ＲＭＡに関係している戦争の遂行における新しい要素を最終的に受け入れることにつながった。

　セブロウスキーは死後に発表された論文の中で、自身の経歴と戦略思想を振り返りつつ、米軍が「情報、知識、そして戦いの理解、そして最も重要なのは、それを戦う際の精密誘導の正確性が、爆発的に増加する寸前の状態まで来ている」と述べている。[＊33] 彼の視点から言えば、軍事関連技術の進化は、それ自身の中に道徳的な質が含まれていることになる。なぜなら精密誘導の正確性を高めることが出来れば、目標をより少ない人命の喪失で達成できることになるからだ。ところがそれほど楽観的ではない人々もいる。たとえば彼の同僚たちの中には、たしかに先端テクノロジーが戦いで有益であることは認めつつも、それが大規模な軍隊とネットワーク化した部隊の間での交換取引的な要因になるかどうかについては疑っている者もいる。それでもNCWに関連する多くの概念や、初期の「システムのためのシステム」、そしてRMAに関するあらゆる議論や、それが目指していた戦争の様相――とりわけ非線形のシンクロ化された戦争の性質――などは、二〇〇〇年代初期に一気に開花することになった。

「効果ベースの作戦」や、それに関連する概念

二〇〇〇年の終わりまでに、統合理論に関係している戦略思考が、より洗練させた概念を「NCW」という大きな枠組みの議論に巻き込むようになり、そこに含まれるのが「効果ベースの作戦」(effects-based operations: EBO) や「迅速かつ決定的な作戦」(rapid decisive operations: RDO) である。NCWは米海軍で主に発展させられたものであったが、EBOやRDOなどは、主に米空軍を中心に議論されてきたと言えよう。ところがNCWやEBO、そしてRDOというのは、それぞれ別軍種から出てきたものではあるが、一緒にまとめて検討されるべきものであるという事実こそが、そこに内在する「統合性」というものを示していると言える。これは、EBOとRDOについての広範な議論と普及――そして後のこれらの概念の妥当性に対する反論が――が、アメリカ統合戦力軍によって行われたという現実においても、同様に見られるものだ。

ジョン・ワーデンとディヴィッド・デプチュラ

ＥＢＯのルーツは、ジョン・ワーデン（John Warden）の戦略思想にある。この元米空軍大佐は、一九九一年の湾岸戦争の航空作戦を計画したことや、さらには敵の重心に関する「五つの環モデル」（Five Rings Model）――この「五つの環」とは、司令部とリーダーシップ、重要な戦争産業、インフラ、国民、そして展開された軍隊のこと――を発表したことで知られており、これらは（直列ではない）同時的な精密照準爆撃による「並列戦」（parallel warfare）と呼ばれる戦略の攻撃にさらされることになる（第３章を参照）。ところがワーデンの戦略思想は、軍事力の行使以外のことについても言及している。戦争における心理学的な効果を強調した孫子とリデルハートの「間接的」アプローチのように、ワーデンは破壊や殺害ではなく、むしろ相手に対していかに混沌や混乱、そして麻痺状態をつくるのかを中心に考えている。それに加えて彼は、軍事的な手段を経済や政治的な手段に組み込むことの重要性を強調している。

ディヴィッド・デプチュラ（David Deptula）は、湾岸戦争ではワーデンの部下であり、後に米空軍の中将を務め、すでに退役している。彼はワーデンが提唱したアイディアを発展させて、ＥＢＯの概念の枠組み作りに組み込んでいる。二〇〇一年に発表した研究論文の中で、「湾岸戦争の航空作戦で使われた戦いの概念は〝並列戦〟と知られるようになったが、これは攻撃目標のリストにあるものを絶対的に破壊することではなく、特定の効果を達成するという点に主眼が置かれていた」と論じている。[*34] 彼は「破壊ベースの戦い」と「効果ベースの戦い」の区別を強調しており、ワーデンによって分類された「特定の重心を叩く」という目標は、敵の全滅や消耗戦による弱体化ではなく、敵の行動に対して望ましい効果を上げることにあったというのだ。

デプチュラ版のＥＢＯは、「そもそも敵部隊を無能化することは敵軍を破壊するのと同じくらい有効である」という前提の上に立っており、戦争において破壊を狙うような考え方に代わる優れた手段は、敵の作戦行動を行う能力をコントロールすることを念頭に置いたものであるとしている。初期のエアパワーの理論家たちが産業や住居の中心地を破壊することを提唱したのに対して、このＥＢＯではさらに「敵の戦争遂行能力や国民の戦争継続の意志をくじくだけでなく、重要な機能を制御するための敵の能力そのもの」を狙うことを提唱している。[*35] 彼はその一例として、湾岸戦争の開始直後に米軍がイラクの発電所を破壊したことを挙げているが、これによってイラクの他の発電所の管理者たちは自分たちの場所が狙われることを恐れて、あらかじめ発電所の操業を停止さたことを挙げている。これは軍事力を破壊のために使わずに目標を達成するという典型的な例だ。この意味で、デプチュラやそれ以前のワーデンなどは、セブロウスキーと共に、「血を流さない形で戦争の狙いを達成したい」という願望を共有していた。のちにデプチュラが強調したように、ＥＢＯの論理的な結論としては、安全保障面での目標を、破壊もしくは目に見える形の混乱に訴えかけることなく達成することにあったのだ。[*36] 孫子の考え方の提唱者として、彼は戦いにおける最高のスキルは戦わずに敵を屈服させることにあると考えており、ＥＢＯを国力における軍事、経済、そして外交面での手段をそれぞれリンクさせる踏み台として強調したのだ。

また、デプチュラはＥＢＯを統合作戦的な枠組みの中に正面から当てはめて考えている。彼によれば、消耗戦や殲滅戦のような古い戦争の考え方では、陸上兵力が世界の中心に位置しており、海上・航空兵力は陸上兵力を支援する役割を果たしていた。ところが新しい「効果ベース」の戦争計画のアプローチではこれとは対照的に、統合戦力軍司令官がその中心に立ちながら、すべての軍種が統合的に役割を果たすのだ。それ以外にも、彼はＥＢＯを新しい国防用語であるＲＤＯという言葉に結びつけながら、このような作戦は迅速で小規模な部隊で「効果ベース」の結果を達成することを狙うと論じている。

ハーラン・ウルマンと「衝撃と畏怖」

ＲＤＯという概念は、ハーラン・ウルマン（Harlan Ullman）が最初に提唱したものである。ウルマンは元米海軍将校であり、戦略国際問題研究センター（ＣＳＩＳ）の専門家である。一九九六年に出版した『衝撃と畏怖：迅速な支配の達成』（*Shock and Awe: Achieving Rapid Dominance*）という薄い冊子の中で、ウルマンとその同僚であるジェームス・ウェード（James Wade）は、「迅速な支配」とは「衝撃と畏怖の支配を押しつけることにより……相手の意志、知覚、そして理解に影響を与えること」であると主張している。「迅速な支配」における「迅速」とは、敵が反応する前に敏速に動くことであり、「支配」とは、敵の意志を物理・心理の両面から作用して支配することを意味していた。もし十分にタイミングの良い形で行動し、自軍が相手の状況に対する認識と理解に過負荷を与え、戦術・戦略レベルで何も抵抗できなくして、相手に行動する意志を失わせてしまうことができれば、この戦略は「効果的」になるとウルマンは主張している。[*37]

アメリカ統合戦力軍

ＲＤＯ、衝撃と畏怖、そしてＥＢＯまでもが、そもそもはエアパワーのコンセプトとして生まれたものだ。ところがこれらは後に、統合作戦に合わせる形でさらに発展させられた。この傾向の明確な兆候は、ＥＢＯやＲＤＯについての戦略思想のかなりの部分が、アメリカ統合戦力軍（the Joint Forces Command）によって追求されたということだ。二〇〇一年に発表されたドクトリン用の文書では、ＥＢＯが「軍事的・非軍事的なすべての能力の適用を通じて、望ましい戦略的な結末、もしくは敵への〝効果〟

を獲得することに焦点を当てた考え方」と定義された。[*38] 同様に、ここでの「効果」とは、物理的もしくは心理的・行動学的な面から生みだされる成果のことを意味していた。統合戦力軍が強調していたのは、このコンセプトの統合作戦への適用性や付加価値であり、ＥＢＯは協同活動の改善を狙った、統合戦力軍の司令部や参謀たちの思考過程のことであると論じたのだ。さらに言えば、統合作戦の計画と実行における努力の統一を達成するために、その達成目標は（ワーデンの当初の分析と同じように）軍事行動を政治や経済のようなその他の国力の手段と、調和・同期させることにあった。アメリカ統合戦力軍は、ＥＢＯを初期のＮＣＷのコンセプトにさらにリンクさせるようになり、未来の統合作戦は「知識中心」、「効果ベース」、そして「ネットワーク化」したものになると論じたのである。ＥＢＯは、米軍内の他の統合組織から「ＮＣＷを支える概念」と見られるようになり、軍事作戦の効果そのものへの焦点の絞込みが「ＮＣＷの狙いの本質である」と見なされるようになってきた。[*39] ところが二〇〇七年に、統合戦闘センターは「効果ベースのアプローチは、実質的にまだ統合作戦についての考え方の改良版にとどまっている」と論じている。[*40]

アメリカ統合戦力軍は、ＲＤＯを「知識、指揮・統制を統合するもの」、ＥＢＯを「望ましい政治・軍事的な効果を達成するためのもの」と定義している。ＥＢＯは、より作戦の目的（効果を達成するためのもの）を意味しているが、ＲＤＯはＮＣＷに近い形の軍事行動の概念の一つとして、より「如何に軍事行動を行うかというもの」と捉えられていた。アメリカ統合戦力軍は、現在行われている軍事行動を、順次的、漸進的、線形的、そして消耗を基礎とした、軍種同士の競合の回避を要求する軍事行動が特徴であるとしている。それに対してＲＤＯは同時的、並列的、分散的、効果ベース的、そして軍種を完全に「統合」した能力を持つものであるとして対比させているのだ。後者の観点から言えば、ＲＤＯには優勢機動（これは主にランドパワー的な概念だ）の統合運用と、精密交戦（これは主にエアパワー的な概念）が必要だということになり、これは「ジョイント・ビジョン二〇一〇」でも要求されている。軍事用語では、ＲＤＯの背景にある考え方は、敵軍を支離滅裂にするために「敵の意思決定サイクルの中に侵入する」というものだ。アメリカ統合戦力軍によれば、二〇〇〇年代初期のＲＤＯは軍事トランスフォーメーションの本質を構成しており、それによって、敵が反撃することが出来ず、混乱を招き、支離滅裂になる様々な方向や次元からアメリカとその同盟国が攻撃することになり、最終的にはアメリカの国益に対抗してこないように敵の振る舞いが変わるということだ。[*41]

二〇〇三年のイラク戦争までの数年間、「衝撃と畏怖」には陸・海・空、そして宇宙から、多くのターゲットに対する、情け容赦の無い一連の波状攻撃が必要になると見られるようになっていた。ここでのアイディアは、敵を倒す際に精密誘導兵器と機動的な部隊――これは元々ＲＭＡの概念の中核にあったもの――に頼りながら、同時に大規模な破壊や民間人の犠牲を避ける、という点にあった。イラク戦争そのものがこの戦略を具体化したものであり、実際に地上の機動戦力の派遣と共に、数百のターゲットに対する精密誘導攻撃が並列的に行われたのだ。結果として、「イラクの自由」作戦を「衝撃と畏怖」の正しさを証明したと解釈する人々もいたが、ある程度失敗だったのではないかと見る人々もいた。この戦略の中で達成されなかったものは、イラク側の戦争遂行の意志を最初からくじくための心理的なショックを起こすことを狙って、戦争開始の時点においてイラクの指導層を斬首するということであった。

いずれにせよ、その後のイラク国内の反乱という屈辱的な経験は、将来の戦略思考に影響を与えることになった。アメリカ統合戦力軍は、二〇〇〇年代後半までにＲＤＯの構成概念を捨て去っているのだが、おそらくこの理由は、なぜ常に作戦を迅速に行わなければならないのかということについて、説得力のある説明が見つからなかったことにあるようだ。何人かの批評家たちが指摘するように、政治指導者たちは、段階的な対処のほうが核兵器の使用のエスカレートを避けたり、同盟国を確保するという意味では望ましい、もしくは必要だと思う理由がいくらでもあるのだ。ＥＢＯはＲＤＯよりも注目された期間は長くなったのだが、それでも多くの批判を集めることになり、二〇〇〇年代末にはほぼ忘れ去られてしまった。

「効果ベースの作戦」に対する批判

ＥＢＯの中核は、望ましい戦略的結果や作戦における目標を明確にして、その目標を達成するのに必要な手段を得るように促す、計画策定のためのツールであった。これは、第一に手段に重点的に取り組むという歴史的な傾向からの変化として現れた。この傾向は、通例、破壊をもたらすものであった。つまり橋を破壊したいのか、それとも敵の補給物資の流れを断ち切りたいのだろうか？　もしくは兵站を寸断したいのか、敵の再補給全体を阻止したいのだろうか？　という質問になったというのだ。[*42] ところが批評家たちはＥＢＯによる「新しい考え方」そのものは、それほど新しいものではなく、計画立案者たちは以前から常に戦略的結果や目標について考えていたことを指摘している。

さらに問題なのは、二〇〇〇年代後半に統合戦力軍司令官を務めたジェームス・マティス（James Mattis）海兵隊大将を始めとする人々によって表明された懸念である。これは効果ベースの取り組みが、結果をコントロールする能力についての危険な自己欺瞞につながる、という指摘だ。ＥＢＯは「特定の状況下で敵がどのように反応するのかを予測できる」という前提に立ったものだ。この概念は、単なる最初の効果だけでなく、第二、第三の効果まで見通せるものであるという考えを元にしている。この信条が暗示していたのは、戦争は「アートと科学」ではなく「科学である」というものであり、「戦争と戦略的な結果は、ある程度コントロール可能である」という考え方である。その前のNCWと同様に、EBOは「人類史上ありえなかったもの」として批判され、ましてやクラウゼヴィッツの格言にあるように、戦争というのはそれ以外の人間の営みに比べて「カルタ（トランプ）遊び」に似ているものなのだ。

二〇〇八年までにマティス将軍は自分自身がEBOについての指針を出すことが必要であると感じて、「EBOについてのさまざまな解釈のおかげで、統合軍の中に混乱が生じていると私は確信している」と述べつつ、「EBOは統合作戦を助けるというよりも、むしろそれを阻害するレベルまで濫用《らんよう》され拡大解釈されている」と指摘している。[*43] 米陸軍・海兵隊、そしてそれ以外の専門家たちがとくに懸念していたのは、EBOが達成不可能な予測可能性を想定し、得られるはずのないレベルでの敵についての知識を要求し、あまりに規定的でオーバースペックな点、そして戦争における人間的な側面を軽視していた点だ。EBOは、地上部隊による作戦を犠牲にして空からの精密照準爆撃を過大に強調したように、まるで敵が回避できる「知的な側面におけるマジノ線」のように見なされたのだ。それでもEBOは完全に消滅したわけではない。マティスと統合戦力軍は、その教義の中からいくつかの有益なアイディアを維持しており、軍と非軍事組織の相互作用、行動の統一性を促すこと、そして目標達成までに至る進歩状況を見るための定期的な作戦評価の実行への注視は採用されている。

トランスフォーメーションが及ぼした影響

統合理論に関する戦略思想は、EBOをはじめとする軍事的な狭い意味において議論されていたのだが、トランスフォーメーションという概念は二〇〇〇年代を通じてより幅広い意味で議論されるようになって

表7・2 軍事技術革命(MTR)、軍事における革命(RMA)、軍事トランスフォーメーション:概念同士の関係性

●MTR、RMA、そして軍事トランスフォーメーションについて考えるときに有用なのは、それらを連続した同心円の関係、つまり後に出てきたものが前に出てきたものを含んで拡大したものであるような段階的に発展してきたものと捉えることだ。
●MTRは指揮・統制・通信・情報・監視センサー、さらには精密誘導弾の分野における、1991年の湾岸戦争の時に示されたような戦争のやり方を変えた新しいテクノロジーのことを意味している。
●RMAという概念は、MTRの概念を以下の3つの分野で拡大させたものだ。先進的な軍事技術(MTR)、組織的な変化、そしてドクトリンの変化である。たとえば最先端の精密誘導兵器を持つだけでは十分ではなく、それはスタンドオフの精密誘導兵力のドクトリンや、そのような攻撃を可能とする空軍内の組織変化と合同で行わなければならないのだ。同様に、陸軍は縮小され、組織変更しやすく、機動性に富み、精密誘導式の重火砲を使用しつつ、最新式の通信手段によって分散した非線形な作戦を行うべきだとされている。これを実現させるのが最新式のテクノロジーなのだが、組織とドクトリン面での変化がなければこれまでの「革命」は発生しなかったのだ。
●軍事トランスフォーメーションというアイディアはこれをさらに拡大したものだ。2000年代中盤からこの概念はRMAの要素をすべて引き継ぎながら発展させられており、それに加えて「変遷中のトランスフォーメーション」という大きな看板の元に安定化や再建任務、対反乱作戦、さらにはSOFなども加えた軍による任務を含むようになっている。

参考文献: Elinor Sloan, *Military Transformation and Modern Warfare* (Westport, CT: Praeger Security International, 2008), Chapter 1.

きた。九・一一事件後の安全保障環境やアフガニスタン・イラクでの戦争のおかげで、トランスフォーメーションはRMAとしてまとめられたアイディア（表7・2を参照）よりもはるかに多くの考えを取り込むことになった。たとえばこれは新たに支配的となった「安定化」や「復興」、そして対反乱作戦（COIN）という概念などにも配慮しなければならなくなり、それと同時に以前からの最先端のテクノロジーの導入や、冷戦時の重厚な部隊を「分散化」させるという課題も引き続き取り組むべきものとされたのだ。

軍事イノベーション

統合化、RMA、そして軍事トランスフォーメーションに関する冷戦後の戦略思想と並行して、軍事におけるイノベーションと変化についての考えも多く出てきた。今日の西洋の軍隊、とりわけ陸軍は、冷戦終了当時と比べて構造、組織、ドクトリン、そしてテクノロジー面でも大きく異なる存在になっている。この変化は、第一次世界大戦の最中に戦車が導入されたことや、戦間期に戦艦から空母へと戦力が移り変わっていったことにも比肩できるものだ。ところがここでの問題は、そのようなイノベーションがどのように、そしてなぜ起こったのかという点にある。そしてその答えは、たとえば「戦いに負けて強制的に取り入れざるを得なかった」というほど明白なものではないのだ。

軍事イノベーションに関する戦略思想についての議論は冷戦が終わる前から始まっており、二〇一〇年代に入っても続いている。たとえば冷戦時に書かれた画期的な『軍事ドクトリンの源泉』（*The Sources of Military Doctrine*）という本の中で、著者のバリー・ポーゼン（Barry Posen）は新しい軍事ドクトリンの台頭と実施について説明しようとしている。[*44] 戦間期のイギリス、フランス、そしてドイツの例を検証しつつ、ポーゼンは軍隊の運用における画期的な制度改革というのは、政府や文官からの介入が最大の要因であると分析している。たとえばドイツの電撃戦《ブリッツクリーグ》やイギリスの戦闘機軍団や防空システムの設立は、それぞれドイツ陸軍やイギリス空軍から抵抗を受けており、政府や文官からの強い圧力がなければ決して台頭しなかったというのだ。一般的な通念とは反対に、ポーゼンは政府や文官たちのほうが軍事ドクトリンに影響を与えるのであり、彼らによる介入の度合いがイノベーションのレベルを左右することが多いと主張したのだ。

ポーゼンによれば、政府・文官が軍の運用方法の変更や軍事介入の仕方を変えようとする理由は、国際的な政治情勢によって説明できるという。政治的に孤立したヒトラーは、多極世界で侵略的な作戦を実行する電撃戦の攻撃力を使えたのであり、これによって軍事力を強制外交のために意図的に活用したのである。イギリスは防御的な戦闘機軍団をつくったおかげで政治の指導層がドイツの攻撃力に対して防御的・抑止的な態勢をとるのを下支えする軍事態勢をとれたのであり、それ以前の英軍はイギリスの大戦略を支えることはできなかった。ポーゼンは地理が軍事ドクトリンに大きな影響を与える可能性があると分析しているが、ドクトリンを変える上で重要な役割を果たすと考えられることの多いテクノロジーは実は影響が少なく、もしあったとしても国家のリーダーたちの国際的な政治体制に対する認識のフィルターを通した形で現れるというのだ。

冷戦期の終わりに出版された『次の戦争に勝利するために』（*Winning the Next War*）という本の中で、スティーブン・ピーター・ローゼン（Stephen Peter Rosen）はポーゼンの研究を発展させている。ポーゼンを始めとする人々の「軍事面でのイノベーションは主に政府文官たちによって推進される」という結論や、軍事的での大敗北が平時における変革のためのきっかけとなるという一般的な通念に対して、ローゼンが論じたのは「敗戦や文官による介入も、平時において軍事組織がなぜ、そしてどのようにイノベーションを起こすのかを適切に説明できていない」ということだった。[*45] アメリカはベトナム戦争での敗北をきっかけとしてより効果的な対反乱作戦への改良をしたわけではないし、それ以前の時点から、米陸軍はジョン・F・ケネディ大統領から個人的に指示を受けていたにもかかわらず、軍全体で対反乱作戦の能力向上に失敗しているのだ。ポーゼンとは対照的に、ローゼンは第二次大戦前のイギリスの戦闘機軍団や防空システムの設立は、政府文官たちによる介入ではなく、軍内部において段階的にドクトリンが開発されていたことに由来すると述べている。

ローゼンは平時に行われた軍事イノベーションについて三つの実例を検証している。その三つとは、米海軍の戦艦から空母への移行、米海兵隊の水陸両用戦の導入、そして米陸軍のヘリコプターの導入である。戦時の三つの例は、英陸軍の戦車の開発、米海軍の潜水艦部隊、そして米空軍の戦略爆撃部隊である。「軍は状況に迫られて戦時にイノベーションを起こす可能性が高い」という一般的な認識とは違って、ローゼンは平時のイノベーションのほうが戦争開始の時点から効果的に使われるために成功する可能性がはるかに高く、戦時中のイノベーションは部分的な成功しかおさめていないと結論づけている。軍事イノベーションが実際面で効果を発揮するためには組織として変わらなければならないし、変化には時間がかかり、そして戦時中に時間的な余裕はないのだ。

ポーゼンと同じように、ローゼンは軍事変革とイノベーションを説明する上で、やはり国際的な政治環境が重要な役割を果たすと見ている。ところがローゼンによれば、このインパクトを表明する鍵を握っているのは政府・文官ではなく軍の士官たちだというのだ。平時における変革を引っ張るのは、国際的な安全保障環境の構造の中での新たな流れについての軍の計画担当者たちの認識だという。たとえば海兵隊が水陸両用戦の能力を必要だと感じたのは、アメリカが戦間期に太平洋を目指す世界的な海軍国家として台頭したことに由来するという。このような概念の必要性を最初に自覚するのは比較的下位にある士官たちであり、これが段々と上層部に受け入れられていくというのだ。ローゼンによれば「これらの事例におけるイノベーションのパターンは驚くほど似ており、軍の士官たちこそが将来の戦争の戦い方や、その勝ち方についての新しいアイディアを発展させた」のである。[*46] 軍人ではない政治のリーダーたちは軍事イノベーションの促進や運営についてはわずかな役割しか果たしていない。変革が起こるかどうかというのは、イノベーションを奨励する組織構造面での変化があるかどうかにあり、そのためには若い士官たちがトップに上り詰めるまで（少なくとも半世代）の期間を必要とするのだ。

それから一〇年して、ＲＭＡについての議論が高まりつつも、部隊は低強度の平和維持活動に従事していた頃に、セオ・ファレル（Theo Farrell）とテリー・テリフ（Terry Terriff）は軍事変革についてさらに検証する必要があると提唱した。彼らは二〇〇二年に「西側の軍は、ローテクとハイテクを同時に進めている。彼らは低強度の国内紛争に集中するためにローテクに行っているのであり、同時に情報処理や通信面での世界規模の革命において優位になるためにハイテクにも行っている」と書いている。「研究者か政策担当者、そして非軍人か軍人かにかかわらず、軍事変革についての理解は明らかに必要だ」というのだ。[*47] ファレルたちは軍事変革を、単なるドクトリンよりも広く定義しており、それには最終目標や、実際の戦略、そして、もしくは軍事組織の構造などの変化まで含まれると述べている。さらに、彼らは「変革」と「イノベーション」も区別しており、イノベーションは軍事変革を実現する三つの道のうちの一つでしかなく、その他の二つは「順応」と「模倣《もほう》」だと論じている。[*48] 彼らは「軍に軍事変革をさせようとする原因は何なのか？」という疑問に対する答えを求める中で、実に複雑な原因があることを突き止めている。それらには、政治・文化の両面における文化的な規範の変化もあれば、国家安全保障に対する新たな脅威（これはポーゼンやローゼンによって特定された国際政治環境のことだ）、そして程度によるが、テクノロジーにも原因があるという（表７・３を参照のこと）。

その後の二〇一〇年には、ファレルとテリフはステン・ライニング（Sten Rynning）も加えて、アメリカ、イギリス、そしてフランスにおける冷戦後の最初の二〇年間の軍のトランスフォーメーションを検証しており、要するに軍事変革の事例研究を行っているのだ。彼らは文官ではなく軍のリーダーたちが主にトランスフォーメーションを進めたのであり、しかもトランスフォーメーションの核となるデジタル化やネットワーク化されたプラットフォームなどは、実質的に平時において進められたことを突き止めている。そしてこの特定の状況（二〇年間にわたるトランスフォーメーション）においては、当時戦われていた戦争も変化を進める重要な刺激となっている。たとえば情報関連テクノロジーは、米陸軍が一九九一年の湾岸戦争で行った攻撃においてポジティブな効果を発揮しており、これがデジタル化を進める最大のきっかけをもたらした。そして米陸軍が一九九九年にコソボにタイミングよく部隊を派遣できなかったことは、冷戦時代の大規模な師団規模の兵力から、二〇〇〇年代初期に完成した、規模は小さいが数は多い戦闘旅団グループによって構成される小規模のモジュール方式の兵力への転換を促す、大きな刺激となったのである。著者たちは、英仏米の陸軍のすべてのケースで二つの外的要因――冷戦終結による戦略環境の変化と、情報通信革命にともなう社会・テクノロジー面での変化――の組み合わせが変革を促す最大の刺激となったことが判明したという。[*49]

表7・3　テクノロジーと軍事変革

●軍事変革やイノベーションに関する戦略思想には、テクノロジーが軍事ドクトリンや戦略の変化においてどの程度の影響力を持っているのかという議論も含まれる。
●戦間期のイギリス、フランス、そしてドイツの例を検証することによってバリー・ポーゼンは、テクノロジーそのものは軍事変革の説明としては弱いことに気づいた。新しい機材を導入しても、軍は単に古いドクトリンにそれを適合させるだけだというのだ。文官が介入するまで本物の変化は起こらず、彼らの介入への動機は、その新しいテクノロジーではなく、むしろ国際的な安全保障環境の変化から生じるというのだ。
●2002年の著作の中で、セオ・ファレルとテリー・テリフは軍事変革においてテクノロジーが複雑な役割を果たしていると分析している。時には軍事組織は新しいテクノロジーの発展によって変革するし、これは一種の「テクノロジー決定論」ということになるが、軍が戦略・政治環境のいくらかの変化によって必要となった新しいテクノロジーを求めることもあるとしている。
●ところが軍のトランスフォーメーションを検証した2010年の著作では、ファレルとテリフ、そしてライニングは、テクノロジーが変革のための重要なきっかけであったと分析している。実際のところ、情報テクノロジーは冷戦後の20年間における軍事イノベーションにおいて、他の時期のそれと比べても最大の役割を果たしている。テクノロジーと戦略の変化は、軍事イノベーションを発生させる利害、人物たち、アイディア、そして実際の運営経験などの、複雑な構図に関する決定的な背景を構成してきたのだ。

参考文献: Barry R. Posen, *The Sources of Military Doctrine: France, Britain, and Germany Between the World Wars* (Ithaca, NY: Cornell University Press, 1984); Theo Farrell and Terry Terriff, 'The Sources of Military Change', in Theo Farrell and Terry Terriff, Eds, *The Sources of Military Change* (Boulder, CO: Lynne Rienner Publishers, 2002); Theo Farrell, Sten Rynning and Terry Terriff, *Transforming Military Power since the Cold War: Britain, France, and the United States, 1991-2012* (Cambridge: Cambridge University Press, 2013).

まとめ

冷戦終了から最初の二〇年間における統合理論に関連する戦略思想というのは「戦いの本質の変化」という包括的な概念に密接につながっている。これらの大きな考え方は、突き詰めていくと民間における情報革命によって口火が切られたり可能になったものであり、次第にＭＴＲ、ＲＭＡ、そして軍事トランスフォーメーションという概念が付け加えられるようになった。当然ながら、これらの概念については専門家ごとに考え方が異なるし、さらにはそれぞれの概念がかなりの度合いで重複している部分もある。しかもいくつかの例では、変わったのはタイトルだけで、中身は同じものがあるほどだ。ＭＴＲ、ＲＭＡ、並列戦、「システムのためのシステム」、ＮＣＷ、軍事トランスフォーメーション、ＥＢＯ、あるいはＲＢＯや、「衝撃と畏怖」についての議論、そして「分散化」、「非線形」、「同時的」、さらには速度の強調といった特性、そして戦力の集中ではなくて効果の集中のような要求といった、ある特定の戦争行為の特質が、広く普及したり繰り返し起こったりしている。しかし常に変わりなく掲げられた目標は、戦闘における「統合化」であった。

統合理論の精緻化には、前進と後退の両局面があった。初期のＲＭＡのアイディアや、それに関する「システムのためのシステム」やＮＣＷの概念は、出てきた当初は多くの人々に受け入れられたが、後に歴史的経験と懸け離れているとみなされ、その数年後には軍事トランスフォーメーションの中核をなす概念として、ＲＤＯやＥＢＯが扱われた時も、それと似たような状況になっている。当初はアフガニスタンやイラクにおけるＲＭＡ／トランスフォーメーションを立証する戦争によって促進されたが、これらのより新しい概念は、それら自身だけでは歴史的にも立証不足であることが判明してしまった。ところが一九九〇年代や二〇〇〇年代に登場してきた戦争の遂行における多くの概念は、その実用性や関連性といったものが疑問視されることはあったが、それらを流れる統合化の重要性が疑問視されたわけではない。統合化への熱望、もしくはその具現化の達成は、ＲＭＡと軍事トランスフォーメーションの中核を構成している。したがってこれらの現象の中身と進捗は、ここ数十年間における軍事変革とイノベーションに関する戦略思想という文脈で考えると理解しやすいのかもしれない。

【質問】

1　アメリカとソ連のＭＴＲの由来は何だろうか？
2　ＲＭＡにおけるテクノロジー面、ドクトリン面、そして組織面での重要な要因には何があるか？
3　もし軍事変革が起こっているとすれば、それをわれわれはどのように知ることができるのだろうか？
4　「統合化」とは何を意味するのか、そして統合理論は先端的な軍事技術や、「システムのためのシステム」やＮＣＷのような概念と関連性を持っているのだろうか？
5　ＥＢＯとは何であり、それはどのように批判されたのだろうか？
6　「軍事トランスフォーメーション」とは何を意味し、この概念はＭＴＲやＲＭＡとどのような関連性を持っているのか？
7　軍事イノベーションはどのように起こるのだろうか？軍事イノベーションを背後から動かしているものは何なのだろうか？

註

1 Williamson Murray, 'The Evolution of Joint Warfare,' *Joint Forces Quarterly* (Summer 2002), 35.

2 William J. Perry, 'Desert Storm and Deterrence,' *Foreign Affairs* 70: 4 (Autumn 1991), 69.

3 William J. Perry, 'Defense in an Age of Hope,' *Foreign Affairs* 75: 6 (November/ December 1996), 77.

4 Andrew F. Krepinevich, *The Military Technical Revolution: A Preliminary Assessment* (Washington,DC: Center for Strategic and Budgetary Assessments, 2002) (originally written in 1992 for the Office of Net Assessment).

5 Andrew F. Krepinevich, 'Cavalry to Computer: The Pattern of Military Revolutions,' *National Interest* (Autumn 1994), 31.

6 Michael J. Mazarr, *The Military Technical Revolution: A Structural Framework* (Washington, DC: Center for Strategic and International Studies, March 1993), 16.

7 Richard O. Hundley, *Past Revolutions, Future Transformations* (Santa Monica, CA: RAND Corporation, 1999), 9.

8 Krepinevich, *The Military Technical Revolution*, 3.

9 Andrew W. Marshall, 'The 1995 RMA Essay Contest: A Postscript,' *Joint Forces Quarterly* (Winter 1995-96), 81.

10 Stephen J. Blank, 'Preparing for the Next War: Reflections on the Revolution in Military Affairs,' *Strategic Review* (Spring 1996), 17.

11 Colin S. Gray, *Strategy for Chaos: Revolutions in Military Affairs and the Evidence of History* (London: Frank Cass, 2002), 4-5, 45.

12 Eliot A. Cohen, 'A Revolution in Warfare,' *Foreign Affairs* 75: 2 (March/April 1996), 42.

13 Alvin Toffler and Heidi Toffler, *War and Anti-war* (New York: Warner Books, 1993), 2.[アルヴィン・トフラー＆ハイジ・トフラー著『アルヴィン・トフラーの戦争と平和：二一世紀日本への警鐘』フジテレビ出版、一九九

三年]

14 Cohen, 47.

15 James Blaker, *Understanding the Revolution in Military Affairs* (Washington, DC: Progressive Policy Institute, January 1997), 5.

16 William A. Owens, *Lifting the Fog of War* (New York: Farrar, Straus and Giroux, 2000), 99.

17 William A. Owens, 'The Emerging System of Systems,' *Military Review* (May-June 1995), 17.

18 Owens, *Lifting the Fog of War*, 97.

19 US Joint Chiefs of Staff, '*Joint Vision 2010*: America's Military Preparing for Tomorrow,' *Joint Force Quarterly* (Summer 1996), 42; US Joint Chiefs of Staff, *Joint Vision* 2020 (Washington, DC: Joint Chiefs of Staff, 2000), 20.

20 Mackubin Thomas Owens, 'Technology, the RMA, and Future War,' *Strategic Review* (Spring 1998), 67.

21 Paul van Riper and Robert H. Scales, Jr., 'Preparing for War in the 21st Century,' *Parameters* (Autumn 1997).available at http://strategicstudiesinstitute.army.mil/pubs/parameters/Articles/97autumn/scales.htm (accessed 21 July 2016).

22 William A. Owens, 'The American Revolution in Military Affairs,' *Joint Forces Quarterly* (Winter 1995/1996), 38; US Joint Chiefs of Staff, '*Joint Vision 2010*,' 41.

23 Stephen Biddle, *Military Power: Explaining Victory and Defeat in Modern Battle* (Princeton, NJ: Princeton University Press, 2004), ix.

24 A.W. Marshall, 'Some Thoughts in Military Revolutions', Office of Net Assessment Memorandum, 27 July 1993.

25 Gray, *Strategy for Chaos*, 9; William A. Owens, 'The Once and Future Revolution in Military Affairs,' *Joint Forces Quarterly* (Summer 2002), 55.

26 Donald H. Rumsfeld, 'Transforming the Military,' *Foreign Affairs* 81: 3 (May/June 2002).

27 Arthur K. Cebrowski and John J. Garstka, 'Network-centric Warfare: Its Origins and Future,' *U.S. Naval Institute Proceedings* 124: 1 (January 1998).

28 Cohen, 45.

29 Cebrowski and Garstka, 'Network-centric Warfare.'

30 James Blaker, 'Arthur K. Cebrowski: A Retrospective,' *Naval War College Review* 59: 2 (Spring 2006), 138, 140.

31 US Office of Force Transformation, *Transformation Planning Guidance* (Washington, DC: Office of Force Transformation, April 2003), 3.

32 US Office of Force Transformation, *Military Transformation: A Strategic Approach* (Washington, DC: Office of Force Transformation, Fall 2003), 13.

33 Blaker, 'Arthur K. Cebrowski,' 135. セブロウスキーは二〇〇五年一一月に癌で亡くなった。

34 David Deptula, *Effects-Based Operations: Change in the Nature of Warfare* (Arlington, VA: Aerospace Education Foundation, 2001), 3.

35 Ibid., 8.

36 David Deptula, 'Effects-Based Operations: A U.S. Commander's Perspective,' *Journal of the Singapore Armed Forces* 31: 2 (2005).

37 Harlan K. Ullman and James P. Wade, *Shock and Awe: Achieving Rapid Dominance* (Washington, DC: National Defense University Press, 1996), 14-15.

38 US Joint Forces Command, *A Concept for Rapid Decisive Operations* (RDO White Paper Version 2.0), 9 August, 2001.

39 Erik J. Dahl, 'Network Centric Warfare and the Death of Operational Art,' *Defence Studies* 2: 1 (Spring 2002), 5, 15.

40 US Joint Warfighting Center, 'An Effects-Based Approach: Refining How We Think About Joint Operations,'

Joint Forces Quarterly (Spring 2007), 3.

41 U.S. Joint Forces Command, Joint Forces Command Glossary, as quoted in Ian Roxborough, 'From Revolution to Transformation: The State of the Field,' *Joint Forces Quarterly* (Autumn 2002), 72.

42 Dahl, 15.

43 James N. Mattis, 'USJFCOM Commander's Guidance for Effects-based Operations,' *Joint Forces Quarterly* 51 (Winter 2008), 105.

44 Barry R. Posen, *The Sources of Military Doctrine: France, Britain, and Germany Between the World Wars* (Ithaca, NY: Cornell University Press, 1984).

45 Stephen Peter Rosen, *Winning the Next War: Innovation and the Modern Military* (Ithaca, NY: Cornell University Press, 1991), 18.

46 Ibid., 57.

47 Theo Farrell and Terry Terriff, 'The Sources of Military Change', in Theo Farrell and Terry Terriff, eds, *The Sources of Military Change* (Boulder, CO: Lynne Rienner Publishers, 2002), 3.

48 Ibid., 5-6.

49 Theo Farrell, Sten Rynning and Terry Terriff, *Transforming Military Power since the Cold War: Britain, France, and the United States, 1991-2012* (Cambridge: Cambridge University Press, 2013), 285.

【参考文献】

Cebrowski, Arthur K. and John J. Garstka. 'Network-Centric Warfare: Its Origins and Future,' *U.S. Naval Institute Proceedings* 124: 1 (January 1998).

Cohen, Eliot A. 'A Revolution in Warfare,' *Foreign Affairs* 75: 2 (March/April 1996).

Farrell, Theo and Terry Terriff, eds, *The Sources of Military Change* (Boulder, CO: Lynne Rienner Publishers, 2002).

Farrell, Theo, Sten Rynning and Terry Terriff. *Transforming Military Power since the Cold War: Britain, France, and the United States, 1991-2012* (Cambridge: Cambridge University Press, 2013).
Gray, Colin S. *Strategy for Chaos: Revolutions in Military Affairs and the Evidence of History* (London: Frank Cass, 2002).
Krepinevich, Andrew F. 'Cavalry to Computer: The Pattern of Military Revolutions,' *National Interest* (Fall 1994).
Krepinevich, Andrew F. *The Military Technical Revolution: A Preliminary Assessment* (Washington, DC: Center for Strategic and Budgetary Asssessments, 2002).
Mazarr, Michael J. *The Military Technical Revolution: A Structural Framework* (Washington, DC: Center for Strategic and International Studies, March 1993).
Owens, William A. *Lifting the Fog of War* (New York: Farrar, Straus and Giroux, 2000).
Owens, William A. 'The Emerging System of Systems,' *Military Review* (May/June 1995).
Rosen, Stephen Peter. *Winning the Next War: Innovation and the Modern Military* (Ithaca, NY: Cornell University Press, 1991).
Sloan, Elinor. *The Revolution in Military Affairs* (Montreal: McGill-Queen's University Press, 2002).
Sloan, Elinor. *Military Transformation and Modern Warfare* (Westport, CT: Praeger Security International, 2008).
Toffler, Alvin and Heidi Toffler. *War and Anti-war* (New York: Warner Books, 1993).[アルヴィン・トフラー＆ハイジ・トフラー著『アルビン・トフラーの戦争と平和：二一世紀日本への警鐘』フジテレビ出版、一九九三年]

第8章 ❖ サイバー戦争

サイバー戦争の戦略思想は未だ揺籃《ようらん》期にある。一九一〇年代のエアパワーの理論のように、この潜在的な武器の使用法についてのアイディア、原則、そしてドクトリンなどは、まだ初期の段階にある。そして第一次世界大戦で「エアパワーは戦争の道具として本当に利用価値のあるものかどうか」という疑問に対する答えが明らかになったように、戦争におけるサイバー攻撃の役割は、実際の戦争、つまりこの場合は二〇〇八年のロシアとジョージア（グルジア）との紛争においてその答えが出ている。「情報戦争は純粋に防御的なものだけか、それとも攻撃的なものが使えるのか」という一九九〇年代に行われた議論は、二〇〇〇年代から二〇一〇年代までに、サイバー戦争における攻撃能力とそれに伴うドクトリンの開発についての議論に明確に移り変わった。

本章では、サイバー分野における戦争のやり方についての戦略思想を検証していく。サイバー戦争がエアパワーやシーパワー、そしてランドパワーなどと大きく異なっているのは、それらを互いに区別する地理的な境界線を持っているかどうかという点にある。エアパワーやシーパワー、そしてランドパワーなどの大まかな違いというものは誰にでも見分けがつくものであるが、ではサイバー戦争と言った場合に、それは一体何を意味しているのだろうか？　この混乱は「情報戦」(information warfare)（サイバー戦争はその中の要素の一つだけ）という用語が頻繁に使われている事実によってもうかがい知ることができる。そのため、われわれは本書の目的のために、サイバー戦争の主な戦略思想家たちのアイディアを紹介していく前に、まずは「サイバー戦争」の範囲を定義することから始めたい。ちなみにその戦略家たちの集団には、ランド研究所のマーティン・リビッキー（Martin Libicki)、ジョン・アキーラ（John Arquilla)、そしてデイヴィッド・ロンフェルト（David Ronfeldt）や、米国防総省《ペンタゴン》の軍のトップたち、そして中国人民解放軍の人々が含まれる。ところがここで提供される情報は少ない。というのも、サイバー戦争の戦略思想は比較的最近のものであるだけでなく、軍事組織としての戦略思想家と、サイバー戦争とインテリジェンスの戦力資源《アセット》が密接に関わっているという事情から、公開情報の中にはほんのわずかな情報しか存在しないからだ。ここから明らかなのは、本章では現代のサイバー戦争に関する知識全体のほんのわずかな部分しか触れることができていないということだ。

サイバー戦争とは何か？

本章における「サイバー戦争」とは、サイバー空間における敵対的な行動のことを意味する。またこれは「サイバー攻撃」(cyber attack）や「コンピューターのネットワークに対する攻撃」(computer network attack：CNA）とも呼ばれているが、いずれも「相手のコンピューター・システムやネットワーク、それにその中に組み込まれたり送受信されているプログラムを、変化させ、混乱させ、だまし、劣化させたり破壊したりするための――おそらく長期に渡る――意図的な行動」と定義されている。[*1] もちろんコンピューターのネットワークを攻撃する上で最も直接的な手段は相手のコンピューターを物理的に破壊することであるが、本章での関心は物理的な攻撃ではなく、デジタル兵器の使用のほうである。サイバー戦争は攻撃的なサイバー・オペレーションのことであり、その他のサイバー・オペレーションは「コンピューターのネットワークの搾取」（computer network exploitation：CNE）に分類される。ところがCNEはCNAとは区別すべきものだ。なぜならCNEを実行するものは、平時のコンピュータ・システムの働きを邪魔しようとは**思っていない**からだ。ここでの狙いは情報を入手することであり、その期間も長期にわたるものになる可能性が高い。CNEとはスパイ活動、もしくは情報収集活動のことであり、本章ではサイバー戦争には含まれないものとする（もちろん実際には国家にとってそれがCNAかCNEかを判断するのは困難だ。この二つは技術的な面から見れば互いに密接なつながりを持っているからだ）。

サイバー戦争をCNAの範囲に限定して定義するという作業は、それ自体がサイバー戦争についての戦略思想の発展であり、その中にはいくつかの意味やタイトル、あいまいな示唆、そして冷戦終結後の数十年のコンテクスト（文脈）などが含まれていた。サイバー戦争を定義しようとした最も初期の試みとしては、ランド研究所のジョン・アキーラとデイヴィッド・ロンフェルトという二人の研究者によるものがある。彼らが一九九三年に発表した「サイバー戦争が来る！」という有名な論文の中で述べたのは、サイバー戦争とは、軍事レベルにおける紛争に関する知識のことを示している……それは情報に関する原則に沿った軍事作戦のことであり……それは情報・コンピューター・システムの妨害や破壊を意味している……それは敵のことについてすべてを知ろうと試みるものであると同時に、敵に自らのことをなるべく知られないようにすることを意味している。[*2]

サイバー戦争の黎明期に行われたこの議論から、二つのポイントが浮かび上がってくる。第一に、アキーラとロンフェルトのサイバー戦争についての視点は、後に一九九〇年代の「軍事における革命」(RMA)という概念に関連づけられたアイディアと、多くの部分を共有していたという点だ。この二人によれば、「サイバー戦争」という言葉は、情報革命における軍事的な戦いについて示唆されているものを議論するために作り出されたものであり、これには技術、ドクトリン、そして組織面での変化、さらには兵力の集中から情報支配への変化などが含まれている。これらのアイディアは、すでに第7章のRMAに関する議論で触れたので、本章では扱っていない。

第二のポイントは、情報や通信システムの破壊を含むアキーラとロンフェルトのサイバー戦争の議論が、「情報戦」(information warfare)という、より大きな概念を暗示していたことだ。一九九〇年代に流行した幅広く解釈できるこの「情報戦」というフレーズの中身を最初に詳しく分析したのはマーティン・リビッキーである。米国防大学の研究として発表された一九九五年の「情報戦とは何か?」(What is Information Warfare?)という論文の中で、リビッキーは当時の文献などで議論されていた情報戦のタイプを七つに分類し、それらのすべてが「情報戦」の要素をある程度持っていることを主張した。この分類には、敵の司令部や通信インフラなどの軍事的な目標に対する物理的な攻撃、もしくはCNAを仕掛ける「指揮統制戦」(command and control warfare)や、「インテリジェンスを基盤にした戦い」(intelligence-based warfare)、「電子戦」(electronic warfare)、「心理戦」(psychological warfare: PSYOPS)、CNAを民間の目標《ターゲット》に対して行う「ハッカー戦」(hacker warfare)、「経済情報戦」(economic information warfare)、そして当時は「未来のシナリオの中に存在する種々雑多なもの」として説明された「サイバー戦」(cyber warfare)である。[*3] これらはすべて、情報戦の一種として考慮されているのだが、そこに共通するのは「敵の情報に何かしらの影響を与える戦いの様相だ」ということだ。

専門家の中には、情報戦のアイディアや要素にはコンピューター・ウィルスのように、純粋な情報関連の兵器による情報システムの破壊が含まれると主張する人々もいる。ところがそもそも情報戦の多くの要素というのは、実は全く新しいものではなく、コンピューター・ウィルスを戦争のツールとして使用するかどうかとは全く関係のないものだ。たとえば「心理戦」などは数十年どころか数世紀以前にまでさかのぼることができる戦い方であり、ビラの投下やリストバンドの配布のように、そもそもあまりテクノロジーを必要としないものまで含まれている。電磁界の活動を含む「電子戦」も、敵の防空網の制圧といったよくある形の活動のように長い歴史を持っている。「指揮統制戦」には、ネルソン提督を射殺した船上の狙撃兵のような「斬首」的な行動が含まれており、今日においては司令部に対する物理的な精密攻撃という意味で使われることも多く、本書のエアパワーについての議論でも触れた「斬首戦略」(decapitation)を意味するものとしても使われる。

一九九〇年代の後半になると、米国防総省は「情報戦」の代わりに「情報作戦」(information operations)という言葉を使うようになり、これは平時におけるプロパガンダ(政治宣伝)もその中に含めたためだと言われている。したがって、この言葉の実質的な中身は、当然ながら元々の「情報戦」という意味からは少し異なるが、それでも今日の状況から考えれば、サイバー戦争を「情報作戦」という広い概念の一部としてとらえるほうが適切だと言えよう。米軍の統合文書である「情報作戦」では、このような作戦を「影響を与え、妨害し、相手の情報と情報システムを乱しつつ、自らはそれを守るための、電子戦、コンピューター・ネットワークの作戦、そして心理作戦の統合的な使用」であると定義している。[*4] 米軍の中には、引き続きこの中に物理的な攻撃も含めて考えている部署もある。たとえば米陸軍の「訓練教義司令部」（Training and Doctrine Command）は、サイバー攻撃の定義の中に、CNA、電子攻撃の他に、物理的な攻撃も含めている。[*5]

「相手の情報に影響を与える」という一つの原則があるにもかかわらず、情報作戦のさまざまな構成要素というのは、たった一つの作戦のカテゴリーの中で捉えられるようなものではない。これらのほとんどは、それぞれが単独の分野として扱うことが可能なほどなのだ。さらにいえば、リビッキーが述べているように、「コンピューターのハッカーたちや、電磁界の魔術師たち、早期警戒機のレーダーのオペレーターたち、ビラを撒く人々、爆撃機の操縦士、そして狙撃兵たちをひとまとめにしてカバーすることは、理論的にも非常に困難な任務」なのである。[*6] ただし本章の主な関心は、敵対的なデジタル攻撃の使用を通じて敵のコンピューター・システムやネットワークを変更し、妨害し、だまし、劣化させたり破壊したりする行為にある。われわれに必要なのは、まずはサイバー戦争の構成範囲をCNAに関するものだけに限定し、これによってその他の戦いの領域と同じように研究を行うのを可能にすることなのだ。

許容範囲

情報戦／情報作戦という広い枠組みの中には実に様々なタイプの作戦が含まれているが、一九九〇年代に行われていた情報戦の許容範囲についての議論では、暗黙的ながらも常に念頭に置かれていたのは、一つのタイプの作戦、つまり「コンピューター・システムにたいする、コンピューターによる攻撃」であった。アメリカでは遅くとも一九九八年まで、「攻撃的情報戦」（つまりCNA）は公的に議論してはならないタブーであると考えられていた。批評家たちは、米国防総省のコンピューターにアクセスを試みた側に対して国防総省が攻撃をし返すようなことは法的に許されないことであると批判しており、ブロッキングや情報のダウンロードのリクエストに対して反応を遅くするなど、いわば「専守防衛的」な手段に限るべきだという議論を展開していた。リビッキーは一九九五年の米国防大学の研究の中で、「防御的なハッカー戦についての議論は、軍関係以外のコンピューターを守る場合の米国防総省の役割に関するものである」と記すと同時に、「攻撃的なハッカー戦については、そもそもそれを行ってもいいのかという点について議論されている」と述べている。[*7]

ところがその数年以内に始まった議論は国防総省にとって有利なものに傾き、彼らは敵のコンピューター・ネットワークを無力化したりコントロールするためのサイバー攻撃の積極的な使用について、本格的に研究しはじめた。国防総省は一九九八年に国防総省のコンピューター・ネットワークの防衛を任務とする「コンピューター・ネットワーク防衛のための統合任務部隊」(**the Joint Task Force Computer Network Defense**)を創設しており、二〇〇〇年にはこの任務部隊に対して攻撃的な作戦の実行も許可されるようになった。その数年後にこの組織は攻撃と防御にそれぞれ特化した部隊へと分割された。二〇〇二年の「国家安全保障大統領令」(presidential national security directive)では、大統領が政府に対し、敵のコンピューター・システムに対するサイバー攻撃を行うための手引を作成するように指示したと報じられている。ところが二〇〇三年の「サイバー空間保護のための国家安全保障戦略」(National Strategy to Secure Cyberspace)では、それよりも控えめな「コンピューター・ネットワークの防衛」という分野だけにしか触れていない。この改訂版となる最新版は、オバマ政権では出されていない。

ところが二〇〇〇年代の終わりには、アメリカは専守防衛的な方向性という前提を破棄している。これは二〇〇七年のエストニアと二〇〇八年のジョージアへのサイバー攻撃(表8・1を参照)という事態を受けて早まったのは明らかであり、そして二〇一〇年にはサイバー軍がアメリカ戦略軍の下に創設されて

表8・1　エストニアにたいするサイバー攻撃

●2007年4月にエストニア政府はソ連時代につくられた戦争記念碑を首都のタリンの中心街から戦没者墓地に移すことを決定したが、これがエストニア内に住むロシア系市民による大規模な数千人規模の暴動を引き起こし、加えてロシアからの反発を巻き起こすことになった。
●それとほぼ同時に、エストニア中のウェブサイトがサイバー攻撃にあった。暴動はすぐに終わったが、インターネット上の攻撃は五月中頃まで引き続いただけでなく、その激しさを増したのであり、銀行や政党、大企業、報道機関、そしてほとんどの政府や議会、大統領府などのサイトまでがその標的となっている。
●エストニア側の機能回復は早かったが、この事件そのものは「国家に対する初めての攻撃」という意味で大きな注目を集めた。エストニア政府はロシア政府が犯人であると見たが、サイバー戦争の性質からそれを完全に特定できるところまでには至っていない。
●このようなNATO参加国に対する行動は、同盟内にサイバー攻撃がNATOの集団防衛に関する第五条で定められた「参加国への武力攻撃」に当たるのかどうかという疑問を再び浮き上がらせることになった。2014年のNATOサミットではこの議論が「イエス」に傾いたが、これもケース・バイ・ケースということだ（以下を参照）

いる。サイバー軍は作戦面で攻撃と防御の任務を再び統合し、防御するだけでなく、大統領の指示があれば敵に対して攻撃を行うということを公式に表明したのである。この目的のために、サイバー軍は防御的な能力に加えて、攻撃的なサイバー兵器を開発中だ。国家安全保障局の長官は、指揮官として二つの役割を請け負う。一つはアメリカの軍のネットワークを守るためのあらゆる作戦を展開することであり、もう一つは他国のシステムを攻撃する任務である。

この線に沿った形で、米空軍も「統合攻撃」能力を開発するよう指示を受けている。統合攻撃能力とは、つまりただ単に空と宇宙の面を統合するというだけでなく、統合作戦にサイバー能力も加えるという意味だ。[*8]

アメリカが行う可能性のあるサイバー戦争のオプションは、敵の通信を傍受するような、いわゆる「低強度」のサイバー侵入から、爆撃機を敵領空に侵入させるために防空網を無力化させるような「高強度」な攻撃まで、実に広範囲にわたるものだ。公式に変更が指示されたにもかかわらず、アメリカの政府高官たちは攻撃的なサイバー戦争について公の場で語ることをためらいがちであり、実際はそれを攻撃的な形で実行しているにもかかわらず、むしろ「コンピューター・ネットワークの保護」という面を強調するのだ（以下を参照のこと）。

その一方でＮＡＴＯは、少なくとも公式には「コンピューター・ネットワークの防衛」に限定して焦点を当てている。二〇一〇年に発表されたＮＡＴＯの戦略コンセプトは、いずれＮＡＴＯのドクトリンの中で現代の紛争のサイバー面について扱われることになると記されているが、その場合でもサイバー攻撃を受けた際に、攻撃してきた相手を察知し、検知し、その攻撃を阻止し、さらにはそこから復旧する能力が改善されるであろう。そしてここでは攻撃的なサイバー活動を戦いのツールにすることについては一言も触れられていない。さらに二〇一一年にＮＡＴＯの変革連合軍（allied command transformation：ACT）の指導部は、ＮＡＴＯが防衛主導的なアプローチを採っていることを認めている。[*9] エストニアへの攻撃を受けて二〇〇八年に発足したＮＡＴＯサイバー防衛センター（NATO Centre of Excellence on Cooperative Cyber Defence: CCDCOE）は、明らかに防御的な活動に集中している。現在ＮＡＴＯは「サイバー防御に関するＮＡＴＯの政策」は持っており（攻撃は含まない）、サイバー防御はＮＡＴＯの中心的な任務である集団防衛の一部であると明言しているのだ。[*10]

アメリカがアプローチの仕方を段々とシフトさせつつも、ＮＡＴＯが防衛的なスタンスを崩さないのに対して、中国は一九九〇年代後半の時点で攻撃的な情報戦のための能力を開発することを決定したとされている。一九九一年の湾岸戦争を見て彼らが教訓として学んだのは、「どの国家にとっても従来の通常兵器を使った〝戦場〟でアメリカに直接対抗するのは不可能だ」ということであり、一九九六年の台湾危機

（第三次台湾海峡危機）は、彼らが将来アメリカと対峙する必要に迫られる可能性を見せたのだ。この不可能を可能にするため、中国はアメリカの弱点や脆弱性を狙った「非対称」（asymmetric）的なアプローチに集中し始め、アメリカ軍が先進テクノロジーの面でコンピューター・システムやネットワークに最も依存していることに気付いたのである。アメリカのサイバー戦の専門家たちは、中国の情報作戦の理論家たちのあからさまな議論を記録しており、これには一九九九年以降にサイバー領域で攻撃的な行動をとることを述べた中国の軍の高官たちの話も含まれる。[*11] 中国のこの分野におけるオープンさは、ロシアの場合とは対照的だ。ロシアは（目立つところでは二〇〇八年のジョージア、二〇一四年と二〇一五年のウクライナ）サイバー戦争を行っているが、この分野の戦略思想について公開された文書は何も発表していないからだ。

戦略思想

サイバー戦争に関する戦略思想は、このような背景の中で議論されてきた。もし孫子が現代に生まれ変わってサイバー領域における戦争のやり方を書くとすれば、それは一体どのようなものになるだろうか？サイバー戦争のやり方というのは、サイバー戦争そのものの独特な性質とその最終目的から、自然と導き出されるものだ。

サイバー戦争の様相

サイバーとその他の次元――海、陸、空、そして宇宙――での戦いを異質なものにしている最大の要因は、おそらく「サイバー領域には支配できる**単一の**決定的な広がりが存在しない」という点であろう。サイバー空間というのは複製可能な構成物であり、複製可能であるということから、多くの場所に同時に存在していることになる。そもそも軍事的な征服が可能となるような独自の範囲や境界を持つ、「単一のサイバー空間」というのは存在せず、あらゆるシステムとネットワークは数限りない空間を持つことが可能なのだ。さらにいえば、サイバー空間はその他の次元と比較しても、大きく流動している。サイバー空間の全体量は常に変化し続けており、テクノロジーの変革や、ネットワークの追加、排除、代替、そしてその再構成と共に発展・拡大しているからだ。

もしわれわれが概念的にサイバー空間のたった一つを時間で区切ってとらえたとしても、これ自体が本質的に独特なものであることを認識せざるをえなくなる。なぜならそこには境界線が完全に欠如しているからだ。物理的な兵器とは違って、コンピューター・ネットワークによる攻撃は光速で世界中に対して行うことができるし、見えない形で多くの国境を越えてそのターゲットを狙える。アメリカの統合参謀本部は「サイバー空間作戦のための国家軍事戦略」(the National Military Strategy for Cyberspace Operations)という文書の中で、「地政学的な境界線が存在しないために、サイバー空間のオペレーションはほぼすべての場所に対して急速に行われることになる」と記している。[*12] サイバー戦争の瞬発的な性質や、全領域を同時に攻撃できる能力のおかげで、戦いにおけるサイバーの次元はとりわけ潜在的に危険なものとなっている。

また、サイバー戦争の様相が他の物理的《キネティック》な次元と大きく異なるのは、サイバー兵器を使った攻撃が広範囲に渡って大規模な被害をもたらす潜在性を持っているという事実にある。もちろんサイバー攻撃の短期的な効果というのは大量破壊兵器の効果とは比較にならないものだが、それが大規模な形で実行されれば、社会機能に深刻な影響を及ぼし、間接的に多くの犠牲者を生む可能性もある。識者の中には「サイバー戦争は潜在的には核戦争と同じくらいの破壊力を持っている」と論じる者もいるほどだ。ところがリビッキーはこのような主張にたいして、サイバー戦争は主に一時的なもので短時間に終わるものであるという点を論拠として反論を行っている。[*13] むしろ適切な分析としては「化学兵器や生物兵器のように、サイバー兵器というのは莫大な数の市民を攻撃することができるが……生物・化学兵器と違って、人間に対して直接的ではなく、間接的に影響を与える。したがってサイバー兵器というのは、本質的に完全に新しい地位《ニッチ》を占めている」という方が正しいのかもしれない。[*14]

サイバー戦争の狙い

「サイバー空間は複製可能な構成物である」という事実が意味しているのは、サイバー戦争が目指す目標が、地上部隊が敵の地上部隊を破壊するのを狙うような、敵のサイバー能力の破壊にはないということだ。「サイバー空間における〝征服〟に近い状態というのは、たしかに概念上は定義できるものかもしれないが、それでも実質的にサイバー空間そのものは従来の戦争の意味におけるような形で〝征服〟することはできない」のだ。[*15] よって、ここではCNAを通じた永続的なシステムの破壊は選択肢にはならない。システムが攻撃されれば、その脆弱性が暴露され、それが修復され、その部分が迂回されることになる。システムそのものは強靭化されて、脆弱性は弱まり、さらなる強制に対してはより抵抗力を高めることになるからだ。

破壊そのものが選択肢ではないことになると（サイバー攻撃が物理的な破壊につながるという比較的稀なケースを除く）、サイバー戦士たちは、それ以外の目標を探すことになる。直近の目標は、シグナル周辺に莫大なノイズを発生させ、有益な信号を雑音の海に埋もれさせることによって敵に目眩ましを与えることだ。また、データへのアクセスを阻害したり、既存の情報に間違った情報を加えることによって撹乱して、情報の信頼性を失わせたりする方法もある。さらに情報を盗み取ったり、敵が意図しないやり方を強要することによって、システムを操作することもある（これについては表8・2を参照）。アメリカの文献で普遍的に論じられている戦略目標として挙げられているのは「敵の行動の自由の拒否」である。アメリカの統合参謀本部は「情報面での優位」を確保するために「われわれの行動の自由を確保しつつ、敵が同じようなことをしてくる能力を拒否する」と論じており、[*16] そしてアメリカサイバー軍の司令官も「サイバー戦の主な効力は、サイバー空間における敵の行動の自由を拒否することにある」と強調している。

究極的にいえば、攻撃的なサイバー戦争の戦略的な目標は、敵を強制したり、自らの立場を主張したり、「他国に教訓を与え」たり、敵の能力を不能にしたり、他の軍種が実行している敵対的な作戦を優勢に支援するようなことにあると言える。アメリカのシンクタンクでは「戦略的サイバー戦争」のありえる目標として、「相手側に自らの意志を強要するという主な目的のために、サイバー空間において行われる国家同士の紛争である」と定義している。[*17] 国家が物理的な暴力を抑制しつつ、かなりの期間にわたってサイバー戦争を行うというのはありえる話だ。ところが「それだけで戦争に勝てるか」という疑問につながるエアパワーとは違って、サイバー戦争は本質的に戦争の形態として支援を行う役割を持っているにすぎない。リビッキーは「サイバー戦争で陸地を占領するのは実質的に不可能であるが、これはこれで問題にはならない。陸地は紛争が行われるための動機としてはほぼ時代遅れのものとなってしまったからだ」と指摘している。[*18] アメリカのサイバー軍も同じような形で、サイバー兵器は主に通常兵器による軍事作戦の補完的なものとして使用されるという点を強調している。

表8・2　スタックスネット・ウィルス

●サイバー戦争において敵のシステムを操作するという好例が、スタックスネットというウィルスである。
●2010年にイラン政府高官は、国内の原発の内の一基がスタックスネットというウィルスに感染したことを認めた。
●この悪性のコンピューター・ウィルスは、イランのナタンツにあるウラン濃縮施設の中の特定の機器を探して潜伏するように設計されていた。
●このウィルスはこの施設のドイツのシーメンス社製のガス遠心分離器のプログラムに影響を与え、制御不能にしてから破壊するものであった。ガス遠心分離器は高濃度のウランの製造に使われる可能性があると考えられていた
●また、このウィルスはその足跡を消すことによって、イラン側のオペレーターに「機器は正常に動いている」と勘違いさせる機能を持っていた。結果として、この破壊は一年以上気づかれることがなかった。
●このウィルスによってどの位の数の遠心分離器が影響を受け、その被害がどれほどのものであったのかについては明確な答えが出ていない。しかしスタックスネットというウィルスによって疑惑のイランの核開発計画は数年間遅れたと考えられている。
●スタックスネット・ウィルスは、戦いにおける画期的な事例となった。なぜならサイバー面での活動が、物理的かつ運動エネルギー的な効果を持つことができることを実証したからである。
●ウィルスはあまりに高度なものであったため、コンピューター・セキュリティの専門家たちは、その当初から一国もしくは複数の国家によって実行されたものと疑っていた。2012年にホワイトハウスはそのウィルスが、イランの兵器レベルの濃度のウランを作製する能力を後退させるために行った、アメリカとイスラエル政府による共同プロジェクトであったと認めている。

行為主体（アクター）たち

このようなサイバー戦争の様相に関する議論の暗黙の前提としてあるのは、「コンピューター・ネットワークが相対的に見て国内に普及している相手に対する一つの戦い方としては有益なものである」という考えだ。この理由から、サイバー戦争はとりわけ国家間の戦争の場合に適用可能なものであり、これに関しては国家がサイバー面での高価値なターゲットをわずかしか持っていないというくつかの例――一九九九年のコソボ紛争の時のセルビアと、二〇〇三年のイラクまで――が存在する。サイバー戦争が他の形の紛争と決定的に異なるのは、その成立条件として敵が同じような能力や脆弱性を持っていることが必須だということだ。アメリカの空と宇宙についての能力は、それらを持たない敵に対してはやはり圧倒的である。ところがサイバー戦争においては敵側もコンピューターのネットワークを持っていなければならないのであり、「ネットワークがなければインパクトを与えられない」のである。[*19] したがって、われわれが戦争のやり方におけるサイバー次元について論じているときは、主に注目されるアクターが「国家」であることになる。

戦争のやり方

マーティン・リビッキー：サイバー戦争の様相や狙われているであろう目標というのは、この次元の戦争のやり方に関する戦略思想の背景を物語っている。マーティン・リビッキーは『サイバー抑止とサイバー戦争』（*Cyberdeterrence and Cyberwar*）という本の中で、サイバー戦争のやり方のいくつかの特徴的な原則を指摘している。たとえば彼は、サイバー戦争が本質的に漸進的なものではないと述べている。「たしかにサイバー戦争は漸進的なアプローチをとっているように見える。なぜなら考慮の対象として非常に広範囲にわたるオプションがあると述べているからだ……ところがよく見てみると、このような漸進的なアプローチは間違っている可能性がある」と記している。[*20] この理由は、サイバーの次元での活動とその効果というのが、本質的に非線型なものであるからだ。戦術的な攻撃というのは、一般的には長期にわたって低い程度の不快感を引き起こすものであり、ある一定の値を越えると突然一気に戦略的な効果を発揮することになる。このようなプロセスは、他の領域では一般的なものであり、紛争の開始は一連の探索的な活動から始まって、敵と味方の弱点を学習するという段階を踏むのだが、第五次元ではこの例が当てはまらない。敵側は迅速に学習し、サイバー戦争は究極的には漸進的なものではないので、この領域におけるアプローチとして最適なものは「**奇襲**」(surprise)だということになる。リビッキーは、「サイバー攻撃というのは**欺騙**《ぎへん》であり、欺騙というのは本質的に予期していることと実際に得たことの差によって生まれるものだ……サイバー戦争というのは奇襲攻撃、つまり〝**青天**《せいてん》**の霹靂**《へきれき》〟のために作られたようなものである」と述べている。[*21]

人民解放軍：すでに述べたように、サイバー戦争についての戦略思想は、中国の人民解放軍の中でしばらく前から練り続けられている。歴史的に見て、中国の戦いのアプローチというのは「積極防衛」であり、自らは攻撃しないが、いざ攻撃された場合には対処する準備をしておくというものだ。ところが情報化時代に入って中国の戦争のやり方は「積極攻撃」とでも言えるようなものに変化している。これはつまり、「効果的なサイバー作戦のカギは機先を制することであり、サイバー攻撃を仕掛けて、さらには先制攻撃さえも辞さない」ということだ。このアプローチは、全般的に中国の「情報化」した戦い――軍事作戦においても先進テクノロジーを導入するというもの――という考えとリンクしており、すべての活動は「戦場における情報の優位を獲得する」という点に集約されてくるのだ。

人民解放軍は「網電一体戦」（Integrated Network Electronic Warfare）と呼ばれる戦略を発展させたが、これはネットワーク戦のツール（ビット）と電子戦兵器（電磁波）を敵の情報システムに対して複合的に使用することを意図したものであった。この戦略はサイバー戦争の原則の可能性をいくつか示している。それによれば、サイバー攻撃は紛争の開始や初期の時点で使用すべきだという。これは敵が瞬間的に何も見えない状態に陥った時を利用して、従来の火器による連続攻撃（プラットフォームや兵士など、物理的なものに対する攻撃）を行うことが狙われている。また、このアプローチではとりわけ敵のＣ４ＩＳＲ（指揮、統制、通信、コンピューター、情報、監視、偵察）と兵站システムのネットワークに対する統合的な戦闘の手法を明らかにすることを、情報戦における攻撃で優先順位のトップに位置づけている。「敵の情報システムに対する攻撃は、すべてのネットワークや通信、そしてセンサーなどを制圧することを狙っているわけではなく……むしろ人民解放軍の情報戦の計画者たちが、相手の意思決定や作戦、そして軍の士気に最も大きな影響を与えるはずだと想定している結束点（nodes）だけを狙うということなのだ」。[*22]

したがって、人民解放軍のアプローチは、量より質、そして効果のあるなしの方を重視したものであり、この「結束点」という考えからもわかるように、作戦面における「重心」を決定することを中心に考えられたものだ。サイバー領域における「相手の行動の自由を拒否する」という目標に沿った形で、中国は敵が戦闘作戦を支援するために行う情報の獲得、処理、伝達を阻止、混乱させるために、敵のＣ４ＩＳＲのインフラを攻撃し、情報支配（information dominance）または情報優越（information superiority）を実現しようとしているのだ。最後に、人民解放軍は敵のネットワークやシステムに対して同時多発的に攻撃を行うことの必要性を指摘しており、さらには情報を盗んだり操作したりするためにこっそりと、もしくは感知されない状態での作戦の価値を強調している。

アメリカ軍：サイバー戦争に関するアメリカの学術文献によれば、国防長官府、国防総省、海軍、陸軍、空軍、そしてアメリカ戦略軍（ＳＴＲＡＴＣＯＭ）レベルが発刊した少なくとも一三個の異なるドクトリン関連の文書が、アメリカがどのようにサイバー戦争を戦うのかを指し示している。ところがこれほどの量の文書が存在するにもかかわらず、アメリカのサイバー領域における戦い方についての情報は限られており、その理由もたしかに納得できるものだ。ＣＮＡの質は、防御を騙《だま》し、克服し、その裏をかく能力に左右されるものだが、防御の質というのは、敵の攻撃的なアプローチを予期する能力に依存しているからだ。攻撃的、もしくは防御的なテクニックが一度知られてしまうと、敵はそれに対処するための防御や攻撃のアプローチを比較的短期間のうちに開発してしまうからだ。

そうは言っても、サイバー戦争のやり方についてのアメリカの戦略思考の特徴はいくつか挙げることができる。たとえばアメリカの軍の文献に見られる主要なテーマの一つは**攻撃**を行うことの必要性についてである。歴史的に防御と攻撃のどちらが有利かについて疑問が発生し続けていたその他の次元とは違って、サイバー領域では攻撃側が有利であることが明確になっている。その証拠に、アメリカ戦略軍の高官も「サイバー領域での作戦における攻撃は、防御的なものよりもはるかに優位だ」と論じている。[*23] アメリカ国防総省の元副長官であるウィリアム・リン（William Lynn）も、サイバー戦争の攻撃的なアプローチの優位を同じように強調している。二〇一〇年に彼は「サイバー空間では攻撃側が優勢」であり、その理由は急速に拡張可能で境界線を持たないインターネットが本質的に「攻撃が支配的な環境」を創っているからだと主張している。[*24] 同様に、アメリカの同盟国たちもサイバー戦争では防御側よりも攻撃側がはるかに有利であると主張してきた。[*25]

もちろん「攻撃の優位」というのはアメリカ側の文献では有力なテーマとして扱われているが、それでもこれは「この戦いの領域の戦略思想においては防御が考えられていない」ということを意味するわけではない。防御についてのアイディアも多くの文献で散見されるが、それらも受動的ではなく、攻勢的な文脈において見られる。アメリカサイバー軍の元司令官は、アメリカには受動的な防御ではなく、ダイナミックな防御が必要だと述べており、これは攻撃が行われた後にその事実に気付いてから攻撃を防ぐのではなく、そもそも攻撃が行われる前にネットワークで敵を徹底的に捜索するという意味だ。[*26]つまりこれは、泥棒が一連のカギを試してドアに合うカギを見つけるのを許すのではなく、泥棒が玄関に入る前に積極的に捜査して逮捕するという形に近い。アメリカ国防総省はこの概念を「積極的防衛」(active defense)と呼んでおり、自軍の抱えるネットワークの内部も捜査している。この線に沿う形で、アメリカの国防専門家たちは「コンピューターのネットワークの防衛は、ただ単にすぐれたファイアーウォールやアンチウイルスのソフトを開発すること以上の課題を数多く抱えている」ことを強調している。[*27]またこれには、攻撃を行ってくる前の段階で脅威を認識するということや、たとえば米軍がＣＮＡを使って対処することにより、敵のサイバーシステムに侵入することを許可することまでが含まれることになる。これは一九九〇年代半ばに提示された「情報戦で使用できるのは防御的なものがほとんどであり、それらの防御は受動的なものだ」という米軍本来の見解とはかなりかけ離れたものだ（また、これはすでに述べたような中国の過去のアプローチとも異なる。彼らは同じ言葉を使っていたが、それは本質的にはるかに受動的なものであったからだ）。

全米研究評議会（the US National Research Council）も「受動的な防御はセキュリティを守るのに不十分」という面では上と同じような見解であり、成功するか、攻撃を止めるまで相手の攻撃の失敗を処罰せずに許しておくというのは非合理的であると主張している。この評議会では、相手の攻撃能力を抹殺、もしくは低下させるような手段をとることまで提案されている。この指示に従えば、CNAは防御的な目的のために使用しても良いということになり、あるサイバー面での脅威が玄関先にやって来る前に無力化すべきだということになる。また、この評議会は中国（そして以下に説明しているようなロシアの実践）と同じように、本格的な紛争が始まる前の危機の初期、もしくは開始の段階から、サイバー攻撃を使用することを進言しているのだ。*28

アメリカの軍のリーダーたちは、サイバー戦争のやり方には「スピード」が必須であることを強調している。たとえば統合参謀本部は「サイバー空間を移動する情報のスピードは光速に近づいて」おり、「戦争においては作戦のスピードが戦闘力の源泉である。スピードを活用できれば効率と生産性が結果として増大する」と指摘した。*29 この一部には、情報の流れのスピードを上げることによって相手に対してイニシアティブを取ったり、維持することや、敵の意志決定サイクルよりも速く作戦を行うことなどが含まれる。これ以外にもリンは、「サイバー戦では機動戦と同じようにスピードと敏捷性が最も重要である」と述べており、アメリカの同盟国たちも、スピードと奇襲、そして強制力の効率性が、サイバー戦争に関連性を持つ様相であると強調している。*30 専門家たちの中には、電子的な攻撃が行われる際のそのスピードのおかげで「冷静な状況判断を下すための時間を減らし」、これによって先制攻撃が有利になると警告している者もいる。*31 ここでも圧倒的に重要なテーマは、無言で内密的なアプローチである。あるアメリカのサイバー・セキュリティーの会社は、「以前のハッキングはノイズをつくることが主な目的であったが、現在は沈黙状態を保つことが目的となっている」と論じている。*32 識者の中には、サイバー戦争への最適なアプローチは、敵のコンピューターやネットワークに潜入して彼らを監視し、知られないうちに彼らの通信内容の一部を変更してしまうことだと論じる者もいる。[*33]

ロシア：サイバー戦争に関するロシアの戦略思想がまとまって述べられている文書は存在しない。ところが二〇〇八年八月のジョージア（グルジア）との短期的な戦争の際にロシアが行ったとされるサイバー攻撃の例（ただしロシアが行ったとする決定的な証拠はない）を見ることによって、彼らのサイバー戦争のやり方に関する視点の一部を導き出すことは可能である。専門家たちはこの戦争を、サイバー空間での攻撃が通常兵器による戦闘と協調した形で行われたという意味では史上初のものであったことを指摘している。このケースから、未来のサイバー戦争に関するいくつかの原則のようなものを導き出すことができる。この原則には、戦場にいる現場の部隊とサイバー部隊による、並行もしくは同時攻撃というアイディアが含まれている。作戦・戦術レベルにおいては、ロシアがサイバー空間で行ったとされるオペレーションは、望ましい効果を達成するために、陸上と海、そして空の領域での作戦と密接に同調した形で実行されたのだ。

また、ロシアは相手のサイバー面での「重心」を見極めようとしており、このケースではそれがジョージア政府の国外との通信や、対外発信の能力にあると見ていたようだ。ロシアの「愛国者」ハッカーたちは、物理的な「実戦」が始まる数週間前からジョージアのシステムに対して攻撃を始めており、これによって準備段階の作戦――これには監視活動や威力偵察などが含まれる――を重視していたことがわかる。これは従来型の軍事作戦を実際に支援するという形のＣＮＡに先立って行われたのだ。その結果としてジョージア側のハッカーたちが最初に攻撃対象として狙われたのだが、この事実によって判明したのは、サイバー戦争のやり方において重要なのが「先制攻撃によって反撃能力を妨害し、低下させ、さらにはそれを排除する」というアイディアであるということだ。専門家たちの中にはロシア・ジョージア戦争の例を元にして、「将来の〝愛国者的〟なハッカーたちはサイバー空間を、その他の戦いの次元を直接支援するものとして、火力・機動作戦と同程度に活用しようとする」と分析している者もいる。[*34]

戦争に関する問題点

限界点（閾値《いきち》）

サイバー空間における戦争が登場したことは、戦争に関する互いに関連した問題点をいくつも生起させることになった。たとえば最初の（そして最も根本的な）ものとしては、そもそもサイバー戦争が「戦争」と捉えることができるかどうかという点だ。「国家同士もしくは国内の当事者間で争われる、武力集団による紛争」という戦争の定義は、サイバー戦争の場合を考えると、大きな問題となる。ところがあるNATO軍の高官が述べたように、「もし参加国の通信指令施設がミサイルによって攻撃された場合にこれを戦争行為と呼ぶのであれば、同じ施設がサイバー攻撃によって無力化された場合には、われわれはそれをどう呼べばいいのだろうか？」[*35]この問いは、二〇〇七年にロシアがエストニアに対して行ったと推定されているサイバー攻撃が、北大西洋条約第五条において対応を必要とする「戦争行為」にあたるかどうかという文脈の中で発生してきたものだ。民間と軍の両方のターゲットを狙って高度に連携されたサイバー作戦を含む、二〇一四年のクリミアに対するロシアの行動を受けて、NATOはこの疑問に取り組むことになった。同年後半にはNATOのリーダーたちは「サイバー攻撃は、国家の安全保障や、欧州並びに大西洋の繁栄、安全保障、そして安定に対する閾値《いきち》に達する可能性を持つものであり、そのインパクトは近代社会に対して通常兵器による攻撃と同じくらい有害なものとなりえる……どのタイミングで第五条を発動すべきなのかは、北大西洋条約機構によってケース・バイ・ケースで決定されるものである」という点で合意している。[*36] ただしここでは、どのような閾値《いきち》が実際の対処を引き起こすのかについては明確に述べられていない。NATOサイバー防衛センターは閾値《いきち》というアイディアについて大っぴらに論じているが、その結論は要領を得ないものだ（表8・3を参照）。

サイバー空間における攻撃的な活動がどのタイミングで戦争行為になるのかという問題は重要であり、その理由は国際法、すなわち国連憲章の第五一条では、自衛における武力の行使は（物理的なもの・サイバー的なものに限らず）、「武力攻撃が発生した場合に」許可されているからだ。さらにいえば、先制的な軍事活動、つまり先回りの「自衛活動」は、まだ相手からの攻撃が行われていなくても、その実行が切迫している限りにおいては許されることになっている。アメリカの学者たちが強調してきたのは、サイバーの脅威に対処するかどうかにかかわらず、アメリカは攻撃の手法や、それが物理的なものかサイバー面のものかどうかには関係なく、とにかくその効果だけに集中すべきだということだ。[*37] 全米研究評議会もそれと同様に、「軍事力の使用」と「武力攻撃」に関する概念は、その手法ではなく、主に行動の効果によって判断されるべきだと主張している。[*38]

その効果の面だけを見れば、「サイバー攻撃」や「サイバー戦争」と呼ばれるもののほとんどは、陸海空などのその他の領域で「攻撃」と呼ばれるものと同等視できるものではない。それらの侵入行為はハッカーやスパイ活動、それに本質的に犯罪的なものであり、戦争行為というよりも「ネットワーク上の**不快物**」という方がよく当てはまると言えそうだ。法学者たちは、もし武力攻撃と同程度の効果をもたらすような何かとして、サイバー空間における戦争を定義することができれば、我々はサイバー空間における犯

表8・3　武力行使・武力攻撃としてのサイバー攻撃

●2009年にNATOサイバー防衛センターは国際的な専門家グループを招いてサイバー戦を規定する国際法に関するマニュアルを書いてもらうように要請している。
●センターの存在するエストニアの地名から名付けられた「タリン・マニュアル」では、サイバー攻撃のことを「攻勢・防勢にかかわらず、死傷者や物理的破壊が出ることが合理的に予期されるサイバー作戦」(p.106) と定義している。
●このマニュアルでは、サイバー攻撃がどのような場合に国連憲章第二条第四項の「武力の行使」に当たるものとして考慮されるのかという問題に対して取り組んでおり、ここでは国家は以下の判断基準でサイバー作戦を武力の行使に当たるものとみなすことができると述べている。
a）激しさ（ダメージの範囲、継続時間、強度）
b）直接性（すぐ現れる帰結）
c）率直性（サイバー作戦とその帰結との間の因果的つながりの度合い）
d）侵入性（国家主権を損なう度合い）
e）効果の測定可能性（帰結はどれほど明確か）
f）軍事的性格（サイバー作戦と現在進行中の軍事作戦には　関連性があるか）
g）国家の参加（作戦と国家アクターのつながりの度合い）
●また、同マニュアルはサイバー攻撃がどのタイミングで「武力攻撃」とみなされ、その対処としての合法的に自衛権の発動（国連憲章第51条）となるのかについても検証している。タリン・マニュアルを執筆した専門家たちは以下のように決定している。
a）サイバー攻撃は武力攻撃の閾値を超えるかどうかは規模とその影響を基に決定されるべきである。

b）この「規模」や「影響」の範囲の数値というのは、武力の行使における「最も重大なレベル」から「より軽微なレベル」の間を区別する必要があるという事実以上のことは合意されていない。

c）人を殺傷したり物的破壊を行うあらゆる武力行使がこの「規模」と「影響」の範疇に入る。

d）いかなる軍事プラットフォームや軍事施設に対する攻撃も武力攻撃に認定されうる。

e）サイバー情報収集、サイバー窃盗、そして必ずしも重要ではないサービスを一時的に妨害するサイバー作戦などは「武力攻撃」には当たらない。

f）「武力攻撃」には国境を越えた国際的な要素がなければならない。

g）自衛権は攻撃者が非国家主体であるような状況にも当てはまる。

h）武力攻撃の閾値を超えるサイバー攻撃に対する反応としては、物理的（キネティック）及び非物理的（ノンキネティック）なもの、つまり通常戦力やサイバー的な手段の両方が使われうる。
●たしかにエストニアは2007年に継続的にサイバー攻撃をしかけられているが、それが武力紛争というレベルに達しなかったため、武力紛争に関する国際法を当てはめることはできなかった。

参照: Michael N. Schmitt, ed., *Tallinn Manual on the International Law Applicable to Cyber Warfare* (Cambridge: Cambridge University Press, 2013); Andrew C. Foltz, 'Stuxnet, Schmitt Analysis, and the Cyber "Use-of-Force" Debate', *Joint Force Quarterly* (Winter 2012), 40-48.

罪行為と戦争行為を区別し始めることができるだろうと述べている。この観点を採用したとすれば、戦争や攻撃の判断基準は、物理的な環境における戦争とはそれほど変わらないものとなるはずだ。直接的に大量死、もしくは物理的な破壊（もしくはその切迫性）を生み出すことのない行動というのは「武力攻撃」とは認定されないだろう。[*39] この定義を柔軟に解釈する人もおり、たとえば「米国の送電網にウィルスを仕掛けることによって犠牲者が出たり地域の電源の喪失させたりするようなサイバー活動は戦争の定義に当てはまる」と論じる専門家もいる。[*40]

帰結

現在のアメリカのドクトリンは、国家によって行われた武力攻撃に相当するサイバー攻撃にたいしてどのような帰結で応じるかが不透明である。対処法として、通常兵器で武装した部隊による攻撃を提案する人もいれば、他にもサイバー的な手段を通じて反撃すべきだとする人もいる。ところがアメリカサイバー軍の司令官や、その他大勢の人々は、その対処として**均衡**（proportionality）、**識別**（discrimination）、**必要性**（necessity）など、長年伝統的に使われている戦争のルールと原則に沿って行われるべきだと指摘している。とくに「必要性」というのは（上述した）「先回りの自衛行動」のことを述べており、この概念が出てきたのは一八〇〇年代の初期のことだ。「均衡」と「識別」というのは正戦論でもおなじみのものであり、その由来は数世紀前までさかのぼることができる。「均衡」は「軍事的な目標を達成するために最小限の必要性」と比較して軍事力の行使（この場合にはCNA）が妥当かどうかという判断に影響を与えており、「識別」は副次的な（市民に対するものなど）損害と比べた場合の、軍事力の行使の判断に影響を与えている。リンはサイバー攻撃に対処する際には、「戦時・平時にかかわらず、行動を規定する法に則っていて、特定のケースにおいてどのような行動が必要で、適切で、比率の面でも妥当で、正当なものであるか」を基準にした、明確な交戦規則《ROE》（部隊行動基準）が必要であると指摘している。[41] 全米研究評議会はさらに詳細に論じており、武力紛争法によって定められている制限（ターゲットの区別、軍事的必要性、そして副次的損害の限定など）は、サイバー戦争に当てはまる可能性があると指摘している。「もしターゲットを物理的な兵器によって攻撃することに正統性があるのであれば、それに対するサイバー兵器による攻撃は、武力紛争法の下でも正統性を持つことになる」という。[42]

切迫性

一見するとこの判断基準はわかりやすいものであるように見えるが、その他の非通常戦争においてもその判断は困難で、特にサイバー戦争においては極めて難しいものとなっている。そもそも攻撃が「切迫している」というのはどのように判断すればいいのだろうか？　これに対する対応を認可するまでには、どの程度の確証が必要になってくるのだろうか？　九・一一連続テロ事件の後には、多国間で「必要性」や「切迫性」という概念を再定義する試みが何度も行われたが、これは「今にも起こりそうなテロ攻撃というのは国境に押し寄せる従来の軍隊のように明確に目に見えるものではない」という現実に、必要性や切迫性の概念を合致させようとするものだった。[*43] また、サイバー戦争では理想的にはいくつかの一般的な判断基準を含むもの（たとえば数多くの論理爆弾《ロジックボム》ウィルスを見つけること）が求められるようになるかもしれない。

所　属

武力攻撃がすでに発生し、もしくはその発生に切迫性があったとしても、サイバーの世界ではその対処において攻撃者の所属（attribution）の見極めという点で難しさが残る。たとえばわれわれは今日でも「ロシアがエストニアに攻撃を行ったとされている」と言わざるを得ないのだが、これは攻撃者のアイデンティティがいまだに明確ではないからだ。所属《アトリビューション》というのはサイバー戦争にとって「抑止」という概念を適用する際の最大の障害である。そもそも攻撃者のアイデンティティが判明しなければ、報復すると脅すこともできないのである。アメリカ軍は「サイバー空間においてアメリカの国益を害するような攻撃的な能力を敵が使用しようとするのを抑止する」という目標を立てており、同時に電子攻撃の策源地《さくげんち》を特定する能力を向上させている。それでもアメリカの政府高官たちは「拒否的抑止」――サイバー空間においては攻撃的なツールのほうが強力であるにもかかわらず、相手の攻撃の利益を拒否できるくらい防御を十分効果的なものにすること――のほうが「懲罰的抑止」や「報復のコストの押し付け」よりも効果的であると考えているという。[*44]

有用性

サイバー攻撃の「戦いのツール」としての有用性についても、いくつかの疑問が出されてきている。重要なインフラを制御しているシステムの冗長性の増加により、そのインフラが「電子的な真珠湾攻撃」に対して脆弱であるという、まるで二〇一〇年のリチャード・クラーク（Richard Clarke）の『サイバー戦争』（*Cyber War*）という著作で示されたようなシナリオは、おそらくかなり誇張されたものとなっている。ある専門家は「サイバー空間では小規模な攻撃が簡単にできるからと言って、それが大きな影響をもたらすようなインフラ攻撃が簡単だという意味にはならない」と記している。[*45] それと同時に、サイバー面での能力というのは、攻撃を受けた側がその攻撃を感知して武装解除してそのメカニズムを解読できるという意味から「賞味期限が短い」とも言える。したがって攻撃的なサイバー兵器というのは「使い捨て」的な性質を持っている。さらにいえば、それらが及ぼすダメージというのは物的破壊がないためにターゲットに対して短期的なインパクトしか持てないということになる。

予測不可能性

最後に、戦いのツールとしてのサイバー戦争の有用性があると判明したとしても、当局者たちはツールとしてのサイバー戦争には予測不可能性があるためにそれを実行するのをためらうことはありえる。たとえばもし一発の巡航ミサイルが敵の司令部を破壊するために使われたとしても、われわれはそのミサイルはたった一発だけであるために、その周辺や世界の反対側の施設を同時に破壊することはないと確信できる。ところが複雑なコンピュータ・システムの組み合わせにおけるCNAの効果を予測するのは、これよりもはるかに難しい作業となる。他国のコンピュータ・システムを狙ったウィルスというのは、偶発的に自国、もしくは同盟国のシステムに感染してしまうこともありえるからだ。サイバー空間の兵器の効果というのは本質的にグローバルなものであり、特定の地理的な区域に封じ込めることができるようなものではない。つまりそこには意図しない副次的なダメージや意図しない効果の可能性があり、サイバー攻撃の使用をリスクの高いものにしている。あるアメリカの政府高官が指摘しているように、軍事兵器に人が求めるのは、予想可能な時間と効果だが、サイバー領域にこれを求めることは難しい。[*46] ただしスタックスネットというウィルスはその反証例となるかもしれない。なぜならそれはイランの原子力施設で広く使用されているシーメンス社によって製造されたプログラムを狙ったものだったからだ。クラークはここからさらに話を進めて、ウィルスは「精密誘導破壊兵器である」と述べている。[*47] ところがウィルスに感染した一〇万個のホスト・コンピューターのうちの四万個はイラン国外のものであり、その内のいくつかはアメリカ国内のものも含まれている。この事実からわかるのは、そこには副次的、もしくは意図しないダメージの可能性が常に存在するということだ。

戦略的サイバー戦争の実現性

クラウゼヴィッツがわれわれに説いているように、戦争というのは敵に対して我が意思を強要せしめる行為のことだ。世界がデジタル面でつながり、デジタルシステムに依存することによって脆弱性も同時に高まりつつあることは、「サイバー能力は単独で戦争の効果的なツールとなるのか」という議論を巻き起こすことになった。初期のエアパワーの心酔者たちは「戦争はエアパワー単独で勝利することが可能であり、兵士を送り込む必要性を減少させ、戦いをほぼ血の流れないものにすることができる」と論じたわけだが、サイバー戦争の戦略的な潜在力を予見する人々も、「敵国家に麻痺的な効果を与えてカオスや騒乱を押し付け、物理的な強制力をほぼ使わずに」望ましい状態を引き起こすことによって、敵を我が意思に強要せしめることができるとしている[*48](表8・4を参照)。このようなシナリオでは、サイバー能力は上記で述べたような戦争の遂行という文脈における単なる軍事的な戦術レベルではなく、敵国の国民や政府を狙うという意味で作戦レベルや戦略レベルにおいても使用されうるのだ。このアプローチはクラウゼヴィッツが論じる「三位一体戦争」という概念でとらえることができるものであり、勝利するためにはその三位一体の国民、もしくは戦う意思や、軍、もしくは戦いのための手段、そして政府を効果的に攻撃しなければならないことになる。

ここでの最大の問題は、そのような最悪のシナリオを提供した人間たちが、手段と目的のつながり——大混乱の発生という事態と、そのような大混乱が狙った目標の達成にどのようにつながるのかという点——を提示できていないことだ。「サイバー戦が通常戦にかわって、目標を達成するための主たる手段になる」ことによって戦略的な効果を持つと論じる人々に欠けているのは、その結果につながるような説得力を持った論理である。「混乱を起こす能力がある」というのは、そのような混乱が将来起こることを意味しないし、単なる混乱自身が目標となるものではないからだ。たとえば表8・4のシナリオでは 領土的な「国力強化」が目標であり、「ある国のインフラや通信、もしくは軍の連携や計画立案などを妨害するのは一つの問題にすぎない。その一方で、そこで与えたダメージにより国力や国民の決意のバランスを長期的に傾けることはまた別の問題である。そのような長期的損害というのは、もしサイバー戦争が地上軍や、一時的な能力の喪失を活用することを狙ったその他の行動と共に使われた場合に発生するもの」なのだ[*49]。このような観点から見ると、インターネットというのは革命的な効果をもっているというよりも、むしろ権力や影響力における既存の国際的な不均衡を拡大することを約束しているだけにすぎないということになる。したがってサイバー戦争から主に利益を享受するのは、地域大国や弱小国ではなく、強力な

表 8・4　サイバー戦争における一つのシナリオ

専門家の中にはサイバー攻撃単独でも敵を自らの意思に強要できると予見する人々もいる。1990年代に発表された現在を見通した典型的なシナリオとしては以下のようなものがある。

●危機の発生：ある中東の国家がペルシャ湾岸地域において国力強化の機が熟したと決断し、アメリカが保護することを約束している石油資源の豊富な近隣国を脅し始めた。サダム・フセインの過ちを繰り返さないことを誓ったこの侵略国は、アメリカに対する直接の軍事対峙を避けて、より狡猾な攻撃、つまりいくつかの出来事とともに次々とコンピューターを混乱させるようなことをはじめた。

●攻撃：中東のある都市が特別な理由もなく突然三時間にわたって電源喪失した。コンピューター制御のアメリカの電話システムが数時間にわたって「クラッシュ」、もしくは麻痺した。誘導ミスにより貨物列車と旅客列車が衝突し、多くの乗客たちが死傷した。石油精製所のコンピューター制御の流量コントロールシステムが故障し火災や爆発が発生し、電子的な覗き屋（スニファー）が世界の金融システムを妨害（サボタージュ）し……ニューヨークとロンドンの証券取引所は株価が暴落する。

●アメリカではATMが顧客の口座にランダムに数千ドルを振り込んだり引き出したしたりする案件が発生してからそのニュースが急速に広まった。それと同時に、人々がパニックになり現金を引き出そうとして銀行に殺到する。コンピューターによる通話回線への攻撃によって、派兵が決定している米軍の部隊の駐留している基地の電話システムが麻痺する。様々なグループが米軍の戦争準備を非難するようネットで大規模に呼びかけを開始する。世界中の米軍基地のコンピューターが攻撃を受け、回線速度が落ちたり断絶したり、クラッシュを起こす。さらに不吉なのは、軍のコンピューター制御の最も高度な兵器システムのいくつかのスクリーンがちらつく案件が発生する……。

参照：Ann Shoben,‘Information Warfare: A Two-Edged Sword’, *RAND Review*, Autumn 1995, www.rand.org/pubs/periodicals/rand-review/issues/RRR-fall95-cyber/infor_war. html, accessed 18 December 2015.

通常軍事能力を持つ国民国家である可能性が高い。

サイバー戦争と非国家主体《ノンステートアクター》

サイバー空間というのは、現在のような国家によって構成されている世界をそれほど変化させるものではなく、むしろ国家と非国家主体との関係、そして非国家主体同士の間の関係を大きく変える可能性を持っている。*50 アキーラとロンフェルトは、一九九三年の「サイバー戦争が来る！」(Cyberwar is Coming!) という論文の中で「ネットウォー」というアイディアを最初に提唱した人物であり、彼らはこれを「一部はインターネットを通じた通信システムを通じて行われる、社会レベルの観念が争われる紛争」と定義している。*51 彼らは後の研究で、新しい情報技術によって可能となったネットワーク化された組織の台頭を論じており、これは従来の階層的な国民国家よりもまとまりのないネットワークを組織できる、小規模の非国家主体に権力が移行することを意味していると論じている。*52 分散しているが互いにつながった場所にある小グループが活動し、組織指導者がネットワーク化された組織を使うというこの広く知れ渡っていたアイディアは、アルカイダの台頭やその行動形式を先取りしたものであった。

デジタル情報技術は非国家主体の力を、地域だけでなく世界規模でネットワーク化したことによって強化したのであり、それまで国家にしかなかったリーチで多くの人間に広めることになったのだ。ところがテロリストたちがサイバー的なアプローチを戦いのツールとして使うかどうかというのはそれとは別問題だ。一九九〇年代と二〇〇〇年代、そして二〇一〇年代の現在でも、テロリストが強力な国家の重要なインフラを標的として狙い、その脆弱性に対して非対称的な攻撃をしかけることができるという議論はなされている。そしてその議論では、サイバー空間は「距離という概念の終焉」や「国境の終わり」を意味しており、テロリストたちは国家の中枢にまでわざわざ出向いて攻撃しなくてもよいことになる。[*53]

ところがテロリストたちがサイバー能力を攻撃的な兵器として使おうとしているのかどうかは明確ではない。九・一一事件後に、専門家たちは多くの国でテロリストが国内で活動するためのアジトが見つかったが、これらのアジトでは化学・生物・放射線系の兵器を使ったテロ計画の資料は出てきたが、どれもサイバー兵器を使った攻撃は計画していなかったという。ある専門家は、「数千件のテロ攻撃と数万件のハッキング事件との違いや、そしてサイバーテロ、もしくはインフラに対するサイバー攻撃がないことは衝撃的で示唆に富むものだ。つまりここから暗示されているのは、サイバーテロやインフラに対するサイバー攻撃は脅威とはならない可能性があるということだ」[*54]と記している。その一つの理由として挙げられるのは、サイバー戦争はテロリストが生み出そうとしている効果にはそぐわないという点だ。テロリズムというのは弱者のための戦略であり、目的を達成するために、恐怖やパニック、そして心理的なショック、物理的な攻撃の恐怖に頼るものだ。ところがある専門家が論じるように、サイバー攻撃というのはそれほど恐ろしいものなのだろうか？たしかに電力や銀行システムの妨害は怒りやフラストレーションを巻き起こすかもしれないが、恐怖は起こさない。「理論上サイバー戦争を魅力的なものにしている理由そのもの――直接的な接触がなく、直接的な害にさらされず、離れた場所からの攻撃――は、そのすべてがサイバーテロを恐ろしいものとはしない」のである。[*55]この要因は、サイバーツールによる戦略的な目標達成の難しさ――スタックスネットは二つの強力な国家の政府の協働を必要とした――と相まって、戦略的なサイバーテロリズムを起こりにくいものとしている。中にはテロリストたちがサイバー戦を完全に避けると論じる者もある。その理由は、彼らがネットワークと通信し、これを維持する能力が負うリスクが大きい点

にあるという。＊56

まとめ

サイバー戦争やサイバー空間における敵対的な行動に関する戦略思想は、未だ揺籃《ようらん》期にある。この領域は、一九九〇年代には軍事活動の分野としてはほぼ否定されていたのだが、二〇〇〇年代に入ってから攻撃的な情報戦、もしくはＣＮＡというものが、戦略面でも段々と注目されるようになってきている。「アメリカのパワーを非対称的に相殺したい」という願望によって動かされた人民解放軍は、この分野における戦略思想を提唱した初期の集団の一つであった。ランド研究所のマーティン・リビッキー、ジョン・アキーラ、そしてデイヴィッド・ロンフェルトたちもこの分野でいくつかの著作を生み出しており、アメリカの軍の高官や文官、それに学者たちを含む関係者たちも同じような仕事をしている。戦争のサイバー次元における戦略思想に関する研究というのは、二〇一〇年代に入ってから加速した。

サイバー攻撃はインテリジェンス収集と密接な関係を持っており、「ＣＮＡが一度行われると即座に敵の防御策や攻撃的なアプローチを招く」という意味から、この分野での戦争のやり方に関する多くの視点はいまだに機密扱いとなったままである。そのような事情にありながらも、サイバー戦争に関してはいくつかの共通するテーマを指摘することは可能である。まず、サイバー戦争は、主として国家主体《ステートアクター》の領域である。また、サイバー戦争は本質的に攻撃的な戦略に向いており、逆説的かもしれないが、防御的なアプローチでさえ、積極的、もしくは攻撃的な形で追及されるべきものである。また、サイバー戦争ではスピード、機動、そして敏捷性などが重要な要素であり、これらは紛争の開始期間、もしくは先制的な時点で仕掛けられるのが最適であることになる。サイバー戦争は持続的かつ定期的に増加するような性質のものではない。したがって、紛争がいざ始まれば、サイバー攻撃は通常兵器による攻撃と並列、もしくは同時多発的に行われるべきであり、しかも最大の効果を狙って密接に同期させなければならない。攻撃を受けた側は素早く対処してくるものであるため、たった一度のいわば「青天《せいてん》の霹靂《へきれき》」のような「奇襲」に最適なものである。

公開文書から導き出したこのような教訓は、現在のサイバー戦争の戦略思想のほんの表面をかすった程度の深さしか持っていないのは明らかだ。とくにＣＮＡの性質からわかるのは、われわれが「サイバー領域の戦争はどのような形で行われるのが最適なのか」ということが記された公式な文書などを目にすることは当分ないということである。サイバー戦争の一面というのは、現実の体験としていずれ明らかになるはずであり、これが将来的にはサイバー領域における戦争のやり方を理解する上で、最も役立つ事例になると見られている。

【質問】

1．サイバー戦争、もしくはサイバー攻撃は、サイバーネットワークの搾取《さくしゅ》のようなその他のサイバー作戦とどう違うのか？
2．サイバー攻撃は、より広い概念である情報戦や情報作戦とどのような関連性を持っているのか？
3．サイバー戦争を戦争のツールとして考えた場合のＮＡＴＯの立場はどのようなものか？
4．サイバーの分野の戦争遂行に関する戦略思想における、いくつかの特徴のある面というのはどのようなものか？

5. サイバー攻撃が武力の行使、もしくは武力攻撃だと判定される基準はどのようなものか？
6. サイバー攻撃を戦いのツールとして使う場合の強みと弱みは何か？
7. サイバー戦争が起こる可能性はどのようなものであり、それはなぜか？武力攻撃と呼べるレベルほどのサイバー攻撃をしかけそうなアクターはどのような者か？
8. サイバー領域は、非国家主体や「ネット戦争」とどのような関連性を持っているのか？

註

1 National Research Council, *Technology, Policy, Law and Ethics Regarding U.S. Acquisition and Use of Cyberattack Capabilities* (Washington, DC: National Academies Press, 2009), 11.

2 John Arquilla and David Ronfeldt, 'Cyberwar is Coming!,' *Comparative Strategy* 12 (1993), 146.

3 Martin Libicki, *What is Information Warfare?* (Washington, DC: National Defense University Institute for National Strategic Studies, ACIS Paper 3, August 1995) and Martin Libicki, *Conquest in Cyberspace: National Security and Information Warfare* (New York: Cambridge University Press, 2007), 16-17.

4 Keith Alexander, 'Warfighting in Cyberspace,' *Joint Force Quarterly* (Winter 2007), 59.

5 US Army Training and Doctrine Command, *Cyberspace Operations Concept Capability Plan 2016-2028* (Fort Monroe, VA: United States Army, February 2010), 21.

6 Libicki, *Conquest in Cyberspace*, 17.

7 Libicki, *What is Information Warfare?*, 51.

8 Richard Mesic et al., *Air Force Cyber Command (Provisional) Decision Support* (Santa Monica, CA: RAND Corporation, 2010), 16.

9 Author question to Polish General Mieczyslaw Bieniek, Deputy Commander NATO Supreme Allied Command Transformation, at the Ottawa Conference on Defence and Security, 25 February, 2011.

10 NATO, 'Cyber Security', www.nato.int/cps/en/natohq/topics_78170.htm, accessed 14 December 2015.

11 Timothy Thomas, 'China's Electronic Long-range Reconnaissance,' *Military Review* (November/December 2008).

12 Chairman of the US Joint Chiefs of Staff, *National Military Strategy for Cyberspace Operations* (Washington, DC: Department of Defense, December 2006), 4.

13 Libicki, *Conquest in Cyberspace*, 39.

14 William J. Bayles, 'The Ethics of Computer Network Attack,' *Parameters* (Spring 2001).

15 Libicki, *Conquest in Cyberspace*, 5.

16 Chairman of the US Joint Chiefs of Staff, 1.

17 Mesic et al., 8.

18 Martin Libicki, *Cyberdeterrence and Cyberwar* (Santa Monica, CA: RAND Corporation, 2009), 121.

19 Ibid., 140.

20 Ibid., 127.

21 Ibid., 143 and 158.

22 Bryan Krekel, 'Capability of the People's Republic of China to Conduct Cyber Warfare and Computer Network Exploitation,' report prepared for the US-China Economic and Security Review Commission, 9 October, 2009, 15.

23 David Hollis, 'Cyber War Case Study: Georgia 2008', *Small Wars Journal* (January 2011), 8.

24 William J. Lynn III, 'Defending a New Domain: The Pentagon's Cyberstrategy,' *Foreign Affairs* 89: 5

(September/October 2010), 99.

25 Keith Geers, *Sun Tzu and Cyber War*, (Tallinn, Estonia: Cooperative Cyber Defence Centre of Excellence (CCD CoE) Publications, 2011), www.ccdcoe.org, accessed March 2011.

26 William Matthews, 'U.S. Faces Many Cyber Threats, Commander Warns', *Defense News*, 27 September 2010, 23.

27 Mesic et al., 10.

28 National Research Council, 13, 161, 166.

29 Chairman of the US Joint Chiefs of Staff, 4.

30 Geers.

31 "Cyberwar," *Economist*, 3 July, 2010, 11.

32 Greg Day of McAfee, as quoted in 'War in the Fifth Domain,' *Economist*, 3 July, 2010, 26.

33 Bruce Schneier of Counterpane, as quoted in Rob Lever, 'U.S. May Use Cyberhackers as War Weapon,' *National Post*, 17 February, 2003.

34 Hollis, 51.

35 NATO official as quoted in 'A Cyber-riot: Estonia and Russia,' *Economist*, 12 May, 2007.

36 'Wales Summit Declaration', Issued by the Heads of State and Government participating in the meeting of the North Atlantic Council in Wales, 5 September 2014, para. 72.

37 James Adams, 'Virtual Defense,' *Foreign Affairs* 80: 3 (May/June 2001), 109.

38 National Research Council, 3, 21.

39 James Lewis, *A Note on the Laws of War in Cyberspace* (Washington, DC: Center for Strategic and International Studies, April 2010), 2.

40 Senior US military source paraphrased in 'War in the Fifth Domain,' 28.
41 Lynn, 104.
42 National Research Council, 164.
43 High-Level Panel on Threats Challenges and Change, *A More Secure World: Our Shared Responsibility* (New York: United Nations, 2004), 61-67.
44 Lynn, 99-100.
45 Jon R. Lindsay, 'Stuxnet and the Limits of Cyber Warfare', *Security Studies* 22 (2013), 402.
46 'War in the Fifth Domain,' 28.
47 以下からの引用。Ken Dilanian, 'Iran's Nuclear Program and a New Era of Cyber War,' *Los Angeles Times*, 17 January , 2011.
48 Amit Sharma, 'Cyber Wars: A Paradigm Shift from Means to Ends', *Strategic Analysis* 34:1 (January 2010), 72.
49 Erik Gartzke, 'The Myth of Cyberwar', *International Security* 38:2 (Autumn 2013), 43.
50 David Betz, 'Cyberpower in Strategic Affairs: Neither Unthinkable nor Blessed', *Journal of Strategic Studies* 35:5 (October 2012), 697.
51 Arquilla and Ronfeldt, 141.
52 John Arquilla and David Ronfeldt, *In Athena's Camp: Preparing for Conflict in the Information Age* (Santa Monica, CA: RAND Corporation, 1997), 5; John Arquilla and David Ronfeldt, *Networks and Netwars: The Future of Terror, Crime, and Militancy* (Santa Monica, CA: RAND Corporation, 2001), 1.
53 Kevin Soo Hoo *et al.*, 'Information Technology and the Terrorist Threat', *Survival* 30:3 (Autumn 1997), 138, 140-141.

54 James A. Lewis, *Cyber Attacks: Missing in Action* (Washington, DC: Center for Strategic and International Studies, 2003), http://csis.org/publication/cyber-attacks-missing-action/, accessed 21 December 2015.

55 Gartzke, 67.

56 Lewis, *Cyber Attacks*.

【参考文献】

Alexander, Keith. 'Warfighting in Cyberspace,' *Joint Force Quarterly* (Winter 2007).

Arquilla, John and David Ronfeldt. 'Cyberwar is Coming!' *Comparative Strategy* 12 (1993).

Arquilla, John and David Ronfeldt, *Networks and Netwars: The Future of Terror, Crime, and Militancy* (Santa Monica, CA: RAND Corporation, 2001)

Betz, David. 'Cyberpower in Strategic Affairs: Neither Unthinkable nor Blessed', *Journal of Strategic Studies* 35:5 (October 2012).

Bonner, E. Lincoln. 'Cyber Power in 21st Century Joint Warfare', *Joint Force Quarterly* (Autumn 2014).

Farwell, James P. and Rafal Rohozinski. 'The New Reality of Cyber War', *Survival* 54:4 (August/September 2012).

Foltz, Andrew C. 'Stuxnet, Schmitt Analysis, and the Cyber "Use-of-Force" Debate', *Joint Force Quarterly* (Winter 2012).

Gartzke, Erik. 'The Myth of Cyberwar', *International Security* 38:2 (Autumn 2013).

Hollis, David. 'Cyber War Case Study: Georgia 2008,' *Small Wars Journal* (January 2011).

Libicki, Martin. *What Is Information Warfare?* (Washington, DC: National Defense University Institute for National Strategic Studies, ACIS Paper 3, August 1995).

Libicki, Martin. *Conquest in Cyberspace: National Security and Information Warfare* (New York: Cambridge University Press, 2007).

Libicki, Martin. *Cyberdeterrence and Cyberwar* (Santa Monica, CA: RAND Corporation, 2009).

Lindsay, Jon R. 'Stuxnet and the Limits of Cyber Warfare', *Security Studies* 22 (2013).

Lynn, William J. III. 'Defending a New Domain: The Pentagon's Cyberstrategy,' *Foreign Affairs* 89: 5 (September/October 2010).

Schmitt, Michael N., ed. *Tallinn Manual on the International Law Applicable to Cyber Warfare* (Cambridge, UK: Cambridge University Press, 2013).

US Joint Chiefs of Staff. *National Military Strategy for Cyberspace Operations* (Washington, DC: Department of Defense, December 2006).

US Army Training and Doctrine Command. C*yberspace Operations Concept Capability Plan 2016-2028* (Fort Monroe, VA: United States Army, February 2010).

第9章 ❖ スペースパワー

一九五七年一〇月のスプートニク1号の打ち上げによって、宇宙空間は戦いが行われる可能性をもつ、陸海空に続く「第四の次元」となった。それから三〇年のうちに、高高度の軌道には通信衛星、中高度には航法衛星、そして低高度の観測衛星を含む、数百基の人工衛星が打ち上げられている。通信衛星と航法衛星の組み合わせによって、戦力の使用における精密度と情報伝達速度の劇的な向上が可能になり、これが一九九一年の湾岸戦争の成果となってあらわれた。これらの要因により、多くの人々が湾岸戦争のことを「史上初の宇宙戦争」だと見なすようになったが、ごく少数の人々は、この名称は冷戦にこそ当てはまるものだと述べている。ところが冷戦後に登場した数少ないスペースパワーの理論家のうちの一人は「この両者の言い分も疑わしい。地上部隊にたいして宇宙空間からのサポートが行われていた実例は豊富に存在するが、これらの紛争では、実際には宇宙空間での衝突があったわけではないからだ。したがって、後世になってからこの二つの例が〃宇宙戦争〃と呼ばれるようになるとは思えない」と主張している。[*1] 実際のところ、この次元における**戦争のやり方**についての戦略思考を検証する際に問題になるのは、(幸運なことに）その実例が欠如していることにある。それでもこれは、スペースパワーの範囲や性質、さらには宇宙空間の中、さらには宇宙空間から使用される戦力の潜在的な役割と任務についての議論が存在しないことを意味しているわけではない。

本章ではスペースパワーの戦略思想について検証していく。最初に「宇宙空間」（スペース）という言葉の意味や、この空間を特徴づけている特定の要素についての議論から始め、次に地球の周囲に存在し、宇宙空間の利用の際に大きな意味を持つ静止軌道帯（geostationary belt）について説明する。その後にスペースパワーの定義（軍事的な要素はこの内のたった一つだ）について議論してから、この次元における戦争の性質について、いくつかの見解を示す。この分野の理論家たちは、アメリカの国防関係者たちの中に多く、政府の公式文書や国防総省《ペンタゴン》の文書の執筆担当者や、さらには米空軍に関係する軍や文民の学者たちも含まれる。彼らの所属している組織は実に様々だが、「エアロ・スペース」（航空宇宙）という用語からもわかるように、このような思想家たちは「スペースパワーはエアパワーの延長ではなく、宇宙空間には独自の戦略思想の伝統を必要としている」という点では（逆説的かもしれないが）見解が一致しているのだ。

宇宙空間とは何か

一九五八年、アメリカの空軍参謀総長を務めていたトーマス・ホワイト（Thomas White）大将は、「空と宇宙の間には……境界線はない。空と宇宙というのは作戦行動を行う場所として分割することができない」と宣言している。[*2] これによって高度の境界線には制限されない「空と宇宙空間は、継ぎ目のない環境」という、いわゆる「スプートニク後の世界観」が造られた。もちろん大気は地表から離れるにしたがって緩やかに薄くなるという性質をもっているのだが、それでも空と宇宙空間を区別できる重要な境界はいくつか存在する。「空」(air) というのは、地表からおよそ五〇キロ上空のジェットエンジンが使用できる最も高いところまで広がっており、「宇宙空間」(space) というのはおよそ一五〇キロの、人工衛星が円周軌道を維持できる最低限の高度から始まる。米空軍のスペースパワーの理論家であるマイケル・〝コヨーテ〟・スミス (M. V. Smith) 大佐によれば、「航空の天井」と「宇宙航行の底」の間の一〇〇キロほどの空域には、航空力学的な飛行や軌道循環の双方とも不可能な「横断領域」(transverse region) が存在するという。[*3] この領域が「空」と「宇宙空間」を分けているのであり、航空と宇宙が連続的につながっているという考え方に疑問を投げかけている。

この「航空と宇宙が連続しているという誤り」は数十年間にわたって正しいものだと思われていたのであり、たとえば北米航空宇宙防衛司令部（ＮＯＲＡＤ）という組織の公式名称にも反映されているように、スペースパワーの理論の発展を阻害する効果を持っていた。一九五七年のスプートニクの打ち上げにもかかわらず、史上初の本格的なスペースパワーの研究書は、冷戦末期のディヴィッド・ラプトン (David Lupton) の『宇宙戦論』(*On Space Warfare*) の登場まで現れなかった。[*4] 米軍による他の作戦領域と似たようなスペースパワーの理論を構築するための試みは二〇〇六年に開始されたが、一貫したスペースパワーの理論を発展させることができなかった。その理由としては、意欲的な理論家が理論化しようにも、実証的な事例がほとんど存在しなかったことも大きい。[*5]

宇宙空間の「地形」

一見すると、宇宙空間というのは単なる広大な空間の広がりのように思える。ところが詳しく検証してみると、物理学の法則のおかげで、陸や海と同じように地球の地理的な特徴に影響を受けた、境界・領域化された環境であることがわかる。地球の軌道は、高度とその任務の実用性という観点から、四種類に分けることができる。低（高度）軌道というのは地表から上空一五〇キロ～八〇〇キロまで広がっており、地球と比較的近いため、とりわけ地表を見るための観測衛星や有人宇宙飛行、それに国際宇宙ステーションにとっては有用である。中（高度）軌道は地表から八〇〇キロ～三万五〇〇〇キロまでの範囲であり、たとえば上空二万キロを回るグローバル・ポジショニング・システム（全地球測位システム：ＧＰＳ）のように、上述したような航法（ナビ）用の人工衛星に使われている。人工衛星の軌道は低ければ低いほど地球にたいして動きが速くなるものであり、低軌道の人工衛星は一日で地球の周りを一四回から一六回も回る。それにたいして中軌道のものは、その回数が二回から一四回になる。

高軌道は上空三万五〇〇〇キロ以上であり、この人工衛星の周回は一日一回以内になる。もしその人工衛星の（軌道が三万六〇〇〇キロ弱で）軌道周期が地球の自転と全く同じであった場合には、この衛星は「静止軌道」（geostationary orbit）にあるということになり、地球上の一点で静止しているように見える。赤道上の静止軌道に等距離で配置することができれば、たった三基の人工衛星で地球上の北緯七〇度から南緯七〇度までのすべての場所を常に観測することができる。当然ながら、この軌道は軍や民間の通信衛星や、弾道ミサイルの発射を感知する衛星にとって好ましい位置となる。それ以外にも、楕円軌道に乗った人工衛星は地球を周回するときに常に同じ高度を飛ばず、一番近いときには二五〇キロ、遠い時には四万キロまで離れることになり、これによって北極と南極という極地を見ることも可能になる。今日ではおよそ一一〇〇機の運用中の人工衛星が軌道上にあり、そのほとんどが低軌道や静止軌道上にある人工衛星だが、理論上では以前まで地球にとって「唯一の衛星」であった月までの距離の二倍を越える、地球の重力圏の限界点の九〇万キロまで置くことができる。

ここでわれわれが考慮しなければならないのは、地球から四万キロまでの宇宙空間である。まず地球の周囲の空間の地形にとって最も重要な要素は「重力」(gravity) であり、これは地球上の「海洋チョークポイント」(maritime chokepoints) や「海上交通線」(sea lines of communication: SLOCs) と同じくらいの重要性をもつ「戦略隘路」(strategic narrows) と「天空交通線」(celestial lines of communication) を形成している。最初の戦略隘路は、地球周辺の狭い宇宙空間となる「低軌道」である。ここは人工衛星を比較的飛ばしやすい場所なのだが、その理由は、軌道に乗せるためにわざわざ三段ロケットのブーストを必要としないからだ。二つ目の戦略隘路は静止軌道のある高高度のものであり、とりわけ人工衛星にとって地球との位置関係が安定しているために、地球に向かってアンテナを固定できる静止軌道の通る、赤道上の帯が重要となる。

軌道以外にも、地球周辺の宇宙空間の「地形」から、人工衛星のような宇宙飛翔体に使われる「公道」が存在することがわかる。たとえば宇宙空間では、理屈の上では人工衛星の軌道を変えて移動させることは可能である。ところがこれを本気で実行するとなると、人工衛星の限られた燃料搭載量と比べてもはるかに大量の燃料が必要になってくる。地球の重力による引力というのは、地球に近ければ近いほどより多くのエネルギー、つまり宇宙航空の専門用語では「総推進力」(total velocity effort) が必要になるのだ。地表から一〇〇キロ上空まで人工衛星を飛ばすために使う量のエネルギーは、同じ高度から月まで行くときに使う量の二倍も必要になってくる。一つの軌道からもう一つの軌道に移動する最も効率の良いやり方は、エンジンを二回にわけてブーストするものだ。一回目は高い軌道に持ち上げる（もしくは低い軌道にまで下ろす）ためのもので、二回目は狙った軌道に交差した瞬間に吹かしてその軌道に乗せるものだ。二つの軌道の間を結ぶ曲がった経路は「ホーマン遷移軌道」（the Hohmann Transfer Orbit）という名で知られている。ある学者によれば、「宇宙空間における将来の交易線と軍の交通線は、（燃料面での効率の良さから）安定した宇宙港の間のホーマン遷移軌道になる」と指摘されているほどだ。[*6] これ以外にも、人工衛星が軌道上で、もしくは軌道に乗る途中で通過するのが「ヴァン・アレン帯」（the Van Allen radiation belts）である。これは宇宙空間にドーナツのような形をして浮かんでおり、一方は地表から低軌道と中軌道にまたがっていて、もう一方は中軌道から高軌道（そしてその外側）まで広がっており、帯電した粒子から構成されている。つまりヴァン・アレン帯は、宇宙飛翔体にとっては危険で避けなければならない空間なのだ。

スペースパワーの戦略地域は、地表上にも存在する。たとえば人工衛星を軌道に乗せるのに最適な場所がある。地球が西から東に向かって回っているという事情のおかげで、東向きに打ち上げればそれだけで発射の推進力を増すことになるからだ。ロケットのブースターは燃料を使い切ると落ちてくることになるため、打ち上げ場所は東側に海のある沿岸部（フロリダ州のケープ・カナベラル）や、人の住んでいない広大な土地の真ん中（カザフスタンのバイコヌール）にあるのが最適だということになる。緯度の高さも重要になってくる。地球の回転による勢いが一番増すのが赤道であるという事情から、赤道やその近くにまたがった領土（フランス領ギニアのクールー）を持っている国は、人工衛星を静止軌道に送り込むという点で明らかな優位をもつことになる。もし同じ燃料で人工衛星を静止軌道に送り込むのであれば、赤道からの打ち上げはカザフスタンからのものと比べて二倍の重量の荷物を持ち上げることが可能になるからだ。また、人工衛星からの情報を受け取ることができる地上の基地や、それをそのユーザーに受け渡すことができる場所も、スペースパワーにとっての戦略地点となる。

したがって、宇宙空間の物理的な性格は「共通ルート」や「チョークポイント」、「天体交通線」、作戦行動の際の「拠点」や「基地」を含む、多くの戦略的要素や、地形的な特徴を作り出すことになるのだ。宇宙空間でいう「共通ルート」とは、最も規格化された任務や役割で利用される軌道経路であり、これには気象衛星のための低軌道や、通信衛星のための静止軌道といったものが含まれる。「チョークポイント」とは、宇宙ロケットの打ち上げ施設や、低軌道から中軌道、そして高軌道への経路、ホーマン遷移軌道、そしてヴァン・アレン帯を避けるための共通経路を含む、交通量が多くて限定的なアクセスをもつ場所のことだ。「天体交通線」とは、衛星間や衛星とそのオペレーター間をつなぐ情報網を含む、宇宙空間の通り道のことである。作戦行動のための「拠点」や「基地」というのは、軌道上の人工衛星や、衛星との情報を常に受け渡しするための地上の通信伝達拠点のことだ。今日においてはいくつかの高価値の軌道が存在することが判明しているが、将来の宇宙航行のための戦略的なロケーションには、いわゆる「ラグランジュ点」(Lagrange Libration Points) が加わる可能性もある。このアイディアが最初に出てきたのは一七〇〇年代なのだが、宇宙空間に存在するこの五つのポイントは、理屈上では月と地球の重力が互いに相殺する可能性が高く、宇宙飛翔体は燃料を使わずにここで半永久的に安定してとどまることができる空間だとされている。

宇宙飛翔体の性質

グローバルなプレゼンスとアクセス

宇宙空間が特定の性質をもつということは、宇宙飛翔体にはその環境に影響されるいくつかの独特な特徴があることを意味する。そのうちの一つは、このようなプラットフォームが他の次元のものとは違って、グローバルなプレゼンスと行動範囲をもつという点だ。宇宙飛翔体の視界は地球上のかなりの部分の地域をカバーし、そのプレゼンスを維持しつづけながら、一旦軌道に乗ってしまえば、ほとんどあるは全く燃料を使わずに済むのだ。宇宙飛翔体の大きな特徴の一つは、空軍の場合は他の主権国家の領土内を「見る」際に上空通過の許可を得なければならないのにたいして、そのような許可を必要としないという点だ。スペースパワーのグローバルなプレゼンスが意味しているのは、ひとつの作戦目標から次の作戦目標へ非常に素早くシフトできるため、柔軟性があって、多彩な機能をもっているということだ。そのグローバルなプレゼンスのために、宇宙戦力というのはグローバルなレベルと戦域レベルの効果を同時に生み出すことができるのだ。

戦略思想家たちが指摘しているように、宇宙空間というのは太古から軍事ドクトリンで指揮官たちによって獲得し保持されるべきであるとされていた、究極の「高地」(high ground)である。「高地」、つまり敵よりも高い場所に位置する軍というのは優位に立ちやすいものであるが、これは敵の部隊を見下ろしつつ、自らは敵から手が届きにくい場所にいるので身を守りやすいからである。これと同様に、イギリスの学者であるコリン・グレイ(Colin Gray)は、宇宙空間というのは馴染み深い「高地」という概念を(劇的に）進化させたものとして考えることができると主張している。宇宙関連のシステムというのは、全世界を見渡せる視界をもちながら、それと同時に地球の「重力の井戸」のおかげで、地対衛星兵器（地上配備型対衛星兵器）の登場にもかかわらず、いまだに攻撃を受けにくいままなのだ。[*7]

「グローバルなプレゼンス」から導き出されるのは、「グローバルなアクセス」である。宇宙飛翔体は地上からも観測できるものであるし、その情報には一日の大部分の時間でアクセス可能であり、これが静止軌道に乗っている衛星の場合には一日中アクセス可能となる。さらにいえば、人工衛星ならばそれほど多くのアセット（戦力資源）を必要とせずに地球上のすべてのロケーションにたいして同時にアクセス可能になる。地球上のすべての場所を常に視野に入れるためには、イリジウム衛星ならば低軌道に六六基、ＧＰＳ衛星では中軌道に二四基、そして静止軌道ならば数基の人工衛星を投入して稼働させることが必要になる。他の領域から宇宙空間に機能を移すべき根本的な理由――たとえば地上の標的《ターゲット》を正確に狙うことができるＪ-ＳＴＡＲＳ（Joint Surveillance and Target Attack Rader System：統合目標攻撃監視レーダーシステム）のようなもの――は、スペースパワーの特性である「グローバルなプレゼンス」と「グローバルなアクセス」を活用できるからだと言えるだろう。

非機動性

他にも宇宙飛翔体がもつ特徴を挙げれば、それは「機動的」というよりも「半固定的」なプラットフォームであるという点にある。いったん軌道に乗ってしまえば、人工衛星というのは高速運動で周回し、停止することはなく、地上の乗り物のように機動や停止、それに逆戻りするようなことはできない。グレイが指摘しているように、「天体を律している運動法則は、スペースパワーの使用の柔軟性に永久的な制約をつけてくるもの」なのだ。[*8] 天体的な物体というのは、たとえば海軍の艦船のように、一箇所の作戦地域にとどまることができない。人工衛星の「持続性」は、空の領域で航空機が行うように、ある地域の上空を何度も通過することによって達成されるものだ。ところが天体間を航行する宇宙飛翔体が航空機と異なるのは、それが予測可能な軌道を通るという点だ。宇宙空間を移動する物体というのは地球の周りを絶え間なく定期的に周回するものであり、これは信頼度の高いグローバルなプレゼンスやアクセスという意味では有用な特質となっているが、これは同時に脆弱性《ぜいじゃくせい》を抱えていることにもなる。なぜなら敵にも味方にもその位置が知られてしまっているからだ（これこそがコスト以外に地上から宇宙空間への能力の移行が進まない理由のひとつである）。

また、宇宙飛翔体は「集合的」なものだ。その独特の地理条件のおかげで、宇宙空間にはいくつかの望ましい軌道や作戦領域が存在しており、これによって宇宙飛翔体が集中してしまうポイントが生まれてしまうからだ。とりわけその有用性のおかげで静止軌道帯は混み合っており、電波的な干渉を避けるために衛星同士をある程度離して位置させなければならない。静止軌道はあまりにも混雑してきたために、一九七〇年代後半から国際電気通信連合による規制が必要となってきている。

スペースパワー

このような宇宙空間や宇宙飛翔体の特徴を踏まえたところで、われわれはようやくスペースパワーについての戦略思考を検証できるようになる。ラプトンはスペースパワーを「ある国家が宇宙環境を国家目標や目的を追求する上で活用するための能力であり、これにはその国家のすべての宇宙航空能力が含まれる」と定義している。それに反してグレイは、自身の一九九九年の著作である『現代の戦略』(*Modern Strategy*)の中で、スペースパワーを「自らは宇宙を使用しつつ、敵にそのような使用を拒否できる能力」という狭い意味で定義している。[*9] ちなみにこの考え方は、後で説明するような「スペースコントロール」という考えに近い。

アメリカの公式文書ではスペースパワーについて、常に包括的なアプローチが提唱されてきた。たとえば「宇宙空間への統合ドクトリン」(The Joint Doctrine for Space)では、スペースパワーが「宇宙空間への、またそこから、もしくはそれを通じて目標を達成するために必要となる活動を実行して影響を与えることのできる、国家のもつ総合的な力」と定義されている。[*10] これに従えば、宇宙空間は国家的な努力を必要とするものであり、国ごとの事情にもよるが、これには四つの異なる(しかし互いに重なり合っている)宇宙空間の活動分野が含まれると言われている。一つは(宇宙ステーションのような)民生のものであり、二つ目は(通信関連のような)商用のもの、三つ目は(監視・偵察のような)インテリジェンスの分野であり、四つ目は(軍事通信や弾道ミサイルの探知など)軍事の分野である。このアプローチは二〇〇一年に発表された「米国家安全保障宇宙空間管理統括の査定のための委員会への報告書」(*Report of the Commission to Assess United States National Security Space Management and Organization*)の中でまとめられている。ちなみにこの超党派の委員会は、ブッシュ政権で国防長官に就任する前のドナルド・ラムズフェルド(Donald Rumsfeld)が議長を務めており、ここでも宇宙空間に関して上記のような四つの活動分野が指摘されていた。また、ある国が「スペースパワー国家」となるための要件としてこの四つの分野のすべてをカバーする必要がないことは、初期のラプトンの著作でも強調されている通りだ。[*11]

多くのスペースパワーの理論家たちは、アルフレッド・セイヤー・マハン(Alfred Thayer Mahan)がシーパワーについて述べていたように（第1章を参照のこと）、ある国が「スペースパワー国家」となるために必要な条件をいくつか提示している。実際のところ、シーパワーは、地球上のパワーの中では「スペースパワーに最も似ている」として、文献などで比較分析されることが多い。マハンによれば、ある国家のシーパワーの潜在力を決める条件は「地理的位置」「海岸線の形態」「領土範囲」「人口規模」「国民性」「政府の性格」の六つであり、これらはスペースパワーにおいてもそのまま当てはまる。あるスペースパワーの理論家は、宇宙での活動に最も積極的な国家の基本的な特徴として、地理的な規模と位置、国家の富、教育の行き届いた多数の国民、テクノロジーへの意欲が高いこと、そして何よりも政治的な意志があることを挙げている。地理的な規模と位置は宇宙ロケットの打ち上げに最適な場所があるかどうかを決定するし、国家の富は宇宙空間での活動に必要となる資源を供給する。そして人口規模が大きければ大きいほど、テクノロジーを重視する教育レベルの高い人材を多く擁することになる。ただしこれらの要素を超えて宇宙志向の国家の性格を決めるのが「すべての要素を剥ぎとって最後に残る、政治的な意志」なのだ。[*12]さらに加えて、商業志向と国民間のテクノロジーへの意欲の高さを含んだ国家の性格は、冷戦後の時代には特に重要なものとなっている。

宇宙戦力と宇宙での任務

スペースパワー全体における軍事的な構成要素は「宇宙戦力」（space forces）と呼ばれている。宇宙戦力は自分自身で破壊的な活動を行えるほか、他の陸海空の多くのプラットフォームと同じように、破壊的な活動を支援するような役割も担えるのだ。エアパワーの理論家で、スペースパワーについても多くの意見を書いているベンジャミン・ランベス（Benjamin Lambeth）は、宇宙戦力の任務を四つに分けている。その四つとは、「宇宙支援」（space support）、「戦力強化」（force enhancement）、「スペースコントロール」（space control）、そして「宇宙戦力の応用」（space force application）である。[*13]「宇宙支援」には、人工衛星の打ち上げや、軌道上のシステムの日常的な管理、それに見失ったり壊れたりした人工衛星を新たに補充するといったことが含まれる。

戦力強化

われわれが最もよく目にするのは、戦力強化（force enhancement）である。たとえば一九九一年の湾岸戦争は「最初の宇宙戦争」だと言われることがあるが、これが本当に意味しているのは、スペースシステムによる相乗的な支援を通じた、地上のシステムの有効性の強化という「戦力強化」的な任務のことだ。例えば通信衛星は、無人航空機（ＵＡＶｓ）からの音声、データ、さらにはイメージまでを、ほぼリアルタイムで使用可能なものにしている。航法衛星はエアパワーやシーパワー、そして次第に増えているランドパワーからの精密誘導攻撃のための正確な座標を指し示すことを可能にしており、画像衛星は有人飛行機や無人機からの伝送画像を飛躍的に強化している。

グレイはスペースパワーの戦力強化的な特質が、増大する軍事力に新たな「層」を加えたと指摘しており、「スペースパワーはエアパワーの軍事的な効率性を増大させたが、これはまさにエアパワーがシーパワーの潜在能力を増大させ、エアパワーとシーパワーが相乗的かつ統合的にランドパワーを強化したのと同じである」と述べている。[*14]したがってスペースパワーは根本的に「統合」的なものであり、その価値は他の軍事的な領域と協力して、それを相乗的に応用するところにある。冷戦後の数十年の間に、スペース

表9・1　宇宙空間における戦力強化

宇宙戦力による戦力強化的な任務、つまり宇宙空間のアセットによる地上の作戦への貢献は、冷戦期にまでさかのぼることができる。ところがあらゆる国際紛争におけるその役割が多くの国民にも意識されるほど次第に顕著になってきたのは、1991年の湾岸戦争以降のことである。戦力強化の機能や、それらを代表するアセットには、以下のようなものが含まれる。

■ミサイル警戒システム

宇宙戦力の最初の戦力強化任務は、大陸間弾道ミサイルの発射を探知することにあった。1970年にアメリカは国防支援計画（DSP）の最初の衛星システムを打ち上げた。このシステムは同時に8基から10基の衛星を静止軌道に乗せており、最後の衛星は2007年に打ち上げられた。これらは戦略ミサイルの発射を警戒するために計画されたもので、DSPの最初の実戦での活用は、湾岸戦争の際のスカッド戦術ミサイル発射の検知であった。このシステムは、将来において新しい「宇宙配備赤外線システム」（Space-Based Infrared System）に更新される予定である。

■衛星通信

音声、データ、そして現在では画像（たとえば無人機からのものを意思決定者に送ること）をほぼリアルタイムで地球の裏側まで送信できる能力は、現代の戦争の遂行において中心的な役割を果たしている。静止軌道に位置しているアメリカの軍事衛星通信システムには、1990年代から2000年代初期にかけて打ち上げられたMILSTARや、2010年に最初の衛星が打ち上げられた次世代の「先進EHF通信衛星システム」（Advanced Extremely High Frequency system）がある。イギリスやフランスのような国も軍事用の通信専用衛星を持っているが、軍が民間の商業衛星を間借りするパターンのほうが一般的だ。

■ナビゲーション

空軍、海軍、そして最近は陸軍の衛星誘導による精密誘導戦力の運用は、アメリカのGPSに依存している。地球の中軌道に配置されたGPSは、世界で唯一の完全に機能している衛星航法システムであるが、他のシステムもこれに追随している。たとえば、ロシアのグローバル・ナビゲーション・システム（GLONASS）や、中国の「北斗」衛星航法及び測位システムがあり、両国とも軌道上に多くの衛星を乗せている。ヨーロッパ連合（EU）も「ガリレオ」と呼ばれる衛星航法システムを構築しようとしているが、コストや財源をめぐり加盟国間で意見の相違があり、その進行は遅れている。

■地球観測
インテリジェンス、監視、偵察情報－これらは「次の丘の向こう側を覗く」能力のことだ－は有人・無人機から得られるものだが、最も戦略的な「絵」は人工衛星から供給される。アメリカのランドサット地球観測システムは、1970年代から低軌道を周回しており、地球の表面について絶えることなく画像を送り続けている。フランスやドイツもヘリオスⅡやSAR Lupeシステムという軍事監視衛星をそれぞれ持っており、それ以外の国々は画像に特化した商用衛星から画像を受け取っていることが多い。たとえばカナダのレーダーサット（RADARSAT）は、地球上のほぼすべての地表を数時間ごとに１メートルの解像度で映し出すことができる。後続のレーダーサットシステムでは、大西洋、太平洋、そして北極海を通って北米に向かってくる船舶を、ほぼ持続的に捕捉・監視することができるようになると言われている。

パワーのアセットは実際の戦闘活動における、敵の探知から攻撃までのループの中に完全に組み込まれてきたのだ。表９・１は、現在使用可能な、宇宙を基盤としたいくつかの戦力強化的な能力についてまとめたものだ。

スペースコントロール

米空軍は、公式文書の中でスペースコントロールの任務を「米国と友好国の宇宙における能力を防衛するとともに、敵の宇宙能力を拒否する作戦」と述べている。[*15] 宇宙をコントロールする、あるいは少なくても敵対勢力によりコントロールされることを妨げるというアイデアは、将来において制空（エアーコントロール）や制海（シーコントロール）と同じぐらい決定的な重要性をもつ可能性がある。これは一九七〇年代に軍事系の文献で最初に現れたのだが、皮肉なことにこのアイデアを最初に出したのは米陸軍だった。ところが冷戦直後から一九九〇年代のほとんどの時期には、おそらく競合者がいなかったためか、米国防総省《ペンタゴン》はスペースコントロールという概念について全く注目していなかった。ある宇宙専門家は、一九九五年に「アメリカは今日において、宇宙空間からの支援を受けた戦いの分野については圧倒的なリーダーとなっている……ところが敵が上空の軌道ハイウェイを自由に使えるようになったり、戦争の流れや帰結に決定的な影響を与えるアメリカの宇宙空間での任務を妨害できるようになると、スペースコントロールという概念がそれに見合うだけの注目を浴びるようになるのは間違いないだろう」と予言している。[*16] 当時のグレイは「もしアメリカが宇宙飛翔体の軍事使用というアイディアを時代遅れのものにしたくないのであれば、スペースコントロールという概念に〝支配的な地位〟を与えるべきだ」と強く主張している。[*17]

二〇〇〇年代初期までに、米国はこれまで以上に軌道上のアセットに投資すると同時に、これに依存するようになっていた。その一方で、潜在的な敵対者たちはこれらのアセットを妨害する能力を身に着けつつあった。米空軍と関係のある戦略思想家たちもスペースコントロールの本質的な重要性について強調し始めた。たとえば二〇〇二年にスミスは「スペースコントロールは選択肢の一つというわけではなく、**必ず確保しなければならないもの**となった。政府機関やビジネスコミュニティによるスペースパワー関連のアセットへの依存度の高まりによって、人工衛星のサービスの安全を確保することは決定的に重要になった。それと同じくらい重要なのは、非友好的なユーザーたちにこのアセットへのアクセスを拒否することである」と述べている。[*18] ランベスは、潜在的な対抗者が、嫌がらせや無力化、それに完全な破壊にいたるまで、実に様々な手段を使いながら、もうすぐアメリカの宇宙関連のアセットを脅かすようになると論じている。[*19] 潜在的な将来の脅威が明白な形で現れてきた分岐点は、中国が二〇〇七年初めに地対衛星ミサイルを使って、低軌道を周回していた旧式の気象衛星を破壊した事件である。これ以降、アメリカは自らの宇宙アセットに対する非敵対的な脅威（宇宙ゴミ《デブリ》や電磁波の干渉）と敵対的な脅威の、双方の増加を認識した。その結果、二〇一五年には国防総省《ペンタゴン》関係者が「以前は国防総省及び情報関係機関《インテリジェンスコミュニティ》は、主として宇宙から「能力」を提供することに集中していたが、今や我々は他の者の手になる対宇宙計画に対して、我々の宇宙能力を保証し、防衛することに焦点を当てなければならない」と述べている。[*20]

アメリカのスペースコントロールについての戦略思考の公式見解は、二〇一二年の空軍のドクトリンである「宇宙作戦」(*Space Operations*)、そして統合参謀本部のレベルでは二〇一三年の統合文書である「宇宙作戦」(*Space Operations*) の中に見て取ることができる。スペースコントロールの任務は、防衛的な作戦と攻撃的な作戦から構成されている。防衛的なスペースコントロール (Defensive space control: DSC) 作戦は、攻撃から味方のシステムを防衛するための受動的《パッシブ》、そして能動的《アクティブ》の双方の手段を含んでいる。システムの強化と、スペースシステムの単純な分散は受動的《パッシブ》な手段となりうるし、さらに能動的《アクティブ》な手段には軌道上における機動や敵が衛星を追尾または攻撃できる能力を拒否するための周波数変換などが含まれる。DSC作戦は宇宙能力への友軍のアクセスを保証するために敵のスペースコントロール能力をターゲットにすることを含むかもしれないが、この点に関しては、DSCは攻撃的なスペースコントロール (Offensive space control: OSC) の前奏曲となりうる。[*21]

OSCは敵による宇宙の利用を積極的に妨げるように計画されている。これには「地上結節点《ノード》や地上局に対する航空攻撃または陸上強襲、敵の衛星通信リンクに対する電波妨害、コンピュータープログラムに対するウィルス攻撃、敵の衛星の破壊等により、敵の宇宙へのアクセスを妨害し、遅延させ、拒否する」あらゆる領域の能力を含んでいる。[*22] OSC戦略には、情報の操作や歪曲による「欺騙《ぎへん》」(deception) や、物理的な損害を出さずに一時的にシステムの能力を損なわせる「妨害」(disruption)、同じく一時的にシステムの能力を排除する「拒否」(denial)、物理的な損害を伴いながら半永久的にシステムの能力を低下させる「劣化」(degradation)、そして半永久的にシステムの能力を排除する「破壊」(destruction) が含まれる。ＯＳＣについていえば、コントロールされている多くのものは宇宙空間に物理的に存在するわけではないということだ。目標には軌道上の衛星、地上局と衛星の間の通信リンク、地上局そのものと打ち上げ施設が含まれる。一九九一年の湾岸戦争中のイラクの衛星地上ステーションに対する多国籍軍の航空攻撃は、後に第一世代のＯＳＣの成功例として考えられるようになった。

ＤＳＣとＯＳＣは「宇宙における状況認識」、または宇宙に関係する条件および宇宙空間内の、あるいは宇宙からくる、ないしはそこを通っていく能力についての知識に依存している。加えて、スペースコントロールのためには、その時々にどのような類の宇宙飛翔体が軌道上にいて、どこに行こうとしているのか、どのような能力を持っているのか、彼らの作戦のために何を中継しているのかを監視する必要がある。これは宇宙の物体に対する情報・監視・偵察（ＩＳＲ）活動であり、その焦点は宇宙領域それ自体である。「宇宙における状況認識」は、「他の全てのスペースコントロール任務を完遂するためのカギないしは基盤」であると考えられており、米統合参謀本部では独立した宇宙任務として取り扱われている[*23]（表９・２参照）。

何人かの専門家は「敵の人工衛星を無力化する最適な方法は、それを軌道上で行うことだ」と主張している。人工衛星を地上発射型の対人工衛星兵器によって物理的に破壊するのもこの方法のうちの一つだ。米ソ両国は冷戦時にこのような能力の開発を行っていたが、この時代の唯一の成功例は、一九八五年にアメリカが低軌道を回る自国の人工衛星を破壊したものだ。二〇〇七年に中国が撃ち落とした人工衛星も低軌道を回っていた。ところが戦略思想家たちは人工衛星の軌道があまりにも予測可能なものであるという事実から、大きなロケットを使用すれば静止軌道を含む高軌道の人工衛星まで迎撃が可能であると主張している。将来は、宇宙空間に配備された物理的な運動エネルギーを使った対人工衛星能力によって人工衛

表9・2　アメリカの宇宙任務の分野

アメリカの公式の宇宙政策では、次の5つの分野における宇宙任務が定義されている。

1. 宇宙における状況認識：宇宙空間に存在する物体を探知・追尾し、これらの任務と国籍を確実に識別することを含めて、宇宙空間自体で何が起きているのかを理解することを指す。宇宙における状況認識のためのアセットは、それ自身が宇宙空間に配備されている場合もあるが、地上に配備されて宇宙を「見上げて」いることもある。

2. 宇宙戦力強化：これは地球上（その表面と空中）で何が起きているのかを理解するために宇宙を使用することを指す。宇宙戦力強化のためのアセットは、ジェット戦闘機や艦船が精密誘導攻撃を行うことを可能にする人工衛星等であり、宇宙から地球を「見下ろして」いる。

3. 宇宙支援：これには宇宙空間まで衛星を打ち上げ、軌道上で衛星を維持することを含む。

4. スペースコントロール：これは、宇宙において友軍の行動の自由を担保し、必要であれば敵による宇宙の使用を拒否することを指す。本質的に、この活動は防衛的にも攻撃的にもなりうる。OSC任務は宇宙空間でも地球上でも行われうる（例えば、衛星地上ステーションに対する空爆など）。宇宙空間で行われるOSC任務は、運動エネルギー的（キネティック）かもしれないが、本質的には非運動エネルギー的（ノンキネティック）な手段により行われるものだ。

5. 宇宙空間の戦力応用：これには地球上の目標に対する、宇宙配備兵器の使用も含まれる。これは宇宙空間の高さまで引き上げられたエアパワーの使用に似ている。この任務に関する情報は、文書のタイトル（国防総省指示第3100.13号「宇宙空間の戦力応用」）以上のことは、秘密文書を紐解かない限り入手できない。

参照: US Joint Chiefs of Staff, *Space Operations* (Washington, DC: Joint Publication 3-14, 29 May 2013), Chapter II.

星を物理的に破壊するようなことも可能になるだろう。アメリカ、ロシアそして中国は、この目的に使用できる小型人工衛星の開発を計画していると考えられている。二〇〇〇年代半ばにはアメリカのミサイル防衛局が、宇宙空間で運動エネルギーを利用した兵器を開発しようとしており、弾道ミサイルを中間段階（ミッドコース・フェイズ）で破壊することを計画していた。当時の専門家たちも、このような兵器が宇宙空間から発射される対人工衛星兵器として使用可能であることを指摘していた。

このような運動エネルギーによる人工衛星の破壊がもたらす大きな問題の一つは、宇宙ゴミ《デブリ》だ。その証拠に、二〇〇七年の中国の対衛星兵器実験による結果の一つが、数千個もの危険な宇宙ゴミ《デブリ》を低軌道や中軌道に永久に撒き散らせたことであり、これによって宇宙空間での人工衛星や中間段階の弾道ミサイルなどの運動エネルギー《キネティック》による破壊は実行可能なオプションではないことを確認したとも言えるほどだ。宇宙空間の特殊な物理環境、とりわけ「無重力状態」が示唆しているのは、将来の宇宙軍は陸海空の軍隊とは違って、運動エネルギーを使った交戦を実行できない（もしくは少なくともすべきではない）という事実だ。何人かのスペースパワーの専門家たちは、「宇宙空間での戦場というのは、陸海空のものとは根本的に異なる……宇宙空間の戦場の宇宙ゴミ《デブリ》は、数十年、数百年、さらには数千年もそのまま残る可能性があり、したがって衛星同士の交戦によって守ろうとする非常に高価値な人工衛星システムにたいする「無差別的な破滅的危険を構成することになる」と指摘している。*24

したがって、アメリカをはじめとする国々が対人工衛星能力を開発するとすれば、それらは非運動エネルギー《ノンキネティック》的な種類の能力になる可能性が高い。電磁波妨害以外のものでは、たとえば地上に配備されるレーザー兵器がその選択肢に入るだろう。だが実際に採用される可能性が高いのは小型の人工衛星などであり、ペイントボールのようなものを発射したり、レーザーによって配線を焼き切るなどして、相手の人工衛星を使用不能にするものが考えられる。それと似たような考えから、レーザー兵器を搭載した機動可能な人工衛星は、すでに一九七〇年代からその登場が予見されている。他にも非運動エネルギー的な手段で相手の人工衛星を軌道から外してしまうという方法を提案した者もいる。「人工衛星を役立たずにしたり、制御不能な軌道へと飛ばしてしまうためには、元々の軌道とは別方向に向かって、軽い衝突を起こしたり、押し出したりするだけで十分」だからだ。[*25]

宇宙空間の戦力の応用

宇宙戦力の四つ目の任務は「宇宙空間の戦力の応用」であり、これは二〇〇一年初頭に「ラムズフェルド委員会」(the Rumsfeld Commission)によって米国ではじめて提唱されたものだ。この委員会が作成した報告書では「多くの人々は宇宙空間というものを、受動的に画像や信号を収集する場所、もしくは長距離で情報をやりとりするためのスイッチボード的な役割を果たす領域として考えている。ところが宇宙空間から、そして宇宙空間を通して戦力投射をすることは可能なのだ」と指摘している。[*26] アメリカの統合参謀本部は、宇宙空間の戦力の応用を「宇宙空間の中や、そこを通過、もしくはそこから行われ、**地上のターゲットにリスクを与える状況を保持することによって**、紛争の流れと成り行きに影響を与える戦闘行動のこと」と定義している。[*27] 宇宙作戦に関する統合刊行物の中で、宇宙空間の戦力応用の任務の範囲は弾道ミサイル防衛と大陸間弾道弾のような戦力投射能力を含むと明言されている。

たしかにＩＣＢＭは中間段階で地球の中軌道（上空一五〇〇キロ）まで到達するために宇宙空間を「通過」するものであるし、中間段階で敵のミサイルを迎撃するＢＭＤは、宇宙空間の「中」で作戦行動を行うものである。このドクトリンは将来の宇宙「から」地表を攻撃する戦力投射については沈黙を守っているが、「宇宙の戦力応用」（Space Force Application）という名前の秘密ドクトリンの存在については認めている。

米空軍自身、エアパワーを用いた戦略攻撃に加え、宇宙の戦力応用任務について議論している。[*28] 空軍のドクトリン文書は、特定の能力を明らかにすることなく航空戦力と宇宙戦力の「シームレス」について暗にほのめかしている。例えば「戦略攻撃における航空能力と宇宙能力の役割は……航空と宇宙の資源《リソース》の特徴に基づいて」おり、これには射程、速力、精密性、柔軟性及び殺傷性が含まれる。さらに「戦略攻撃は、爆撃機、攻撃機、弾道ミサイル及び巡航ミサイル並びに攻撃的宇宙能力（ＯＳＣ）といったあらゆる攻撃手段により、核兵器もしくは「通常兵力によるグローバル打撃」（conventional global strike）能力を用いて遂行される」。[*29] 宇宙及び空に基盤を置いた戦力投射を同じ一文の中で議論していることは、宇宙から地表の目標に対して戦力を運用する可能性があることについての暗黙の了解があるということだ。

宇宙戦力応用兵器

宇宙空間からの対地能力についての初期の試みとしては、ソ連の「部分軌道爆撃システム」（ＦＯＢＳ）というものがある。これは低軌道にＩＣＢＭを一度乗せてから適当な位置で軌道からそらせて地上の標的《ターゲット》を攻撃するというものだ。一九六七年の「宇宙条約」では宇宙空間に大量破壊兵器を設置するのは禁止されたが、ソ連はそれから一〇年以上にわたって弾頭を積まないミサイルによってＦＯＢＳの試験を続けていた。さらに最近では、アメリカと中国が宇宙空間からの対地攻撃兵器を検討していると考えられている。その証拠に、アメリカの宇宙軍はすでに一九九八年の「長期計画」（Long Range Plan）において、宇宙から地上の標的《ターゲット》を確実に狙う際に必要となるテクノロジーの開発について検討している。

たとえば同計画（最近のものはすべて機密扱いになってしまった）の中で議論されていた四つの作戦概念のうちの一つが「グローバル・エンゲージメント」（global engagement）であり、これは二〇二〇年までに目指す明確な目標として「強靭かつ完全に統合化されて一本化された宇宙空間の能力であり、地上の任意の高価値の標的《ターゲット》を識別し、追尾し、危険な状態にさらしておく能力を提供する」ことが含まれていた。[*30]

宇宙からの対地攻撃兵器を提唱する人々が主張しているのは、この兵器が二つの種類の地上の標的《ターゲット》を攻撃できる意味で、他にはない独特の能力を持っているという点だ。一つが（攻撃までの）スピードが重視される移動式のスカッド・ミサイルや、生物兵器の実験施設である。そしてもう一つは「近接拒否」と見なされるもの、つまり地理的に遠隔地に設置されたり、強化されたり、地下深くに埋設されている目標だ。われわれはこのような宇宙空間から使用する兵器のリストの中に、弾道ミサイルを大気圏外の中間段階で陸や海から迎撃するのではなくて、大気圏内の発射段階や最終段階で破壊するという価値（宇宙ゴミ《デブリ》を避けるため）を加えてもいいかもしれない。

武装化についての議論

また前述の「長期計画」では、「宇宙空間に兵器を置くという考えは、アメリカの国家政策とそぐわない」と強調しており、そのような計画は政府が「宇宙からの戦力の使用が国益にかなうと判断」した場合にのみ実行されるべきだと記されている。[*31] したがって、戦力応用任務についてのすべての議論、つまり宇宙空間は武装化しているのか、それともすべきなのか、もしくは宇宙空間を聖域化できるのかどうかという考えは、いわば公然の秘密として認識されるようになった。後者のような「聖域学派」は、ある国家が他国に脅威を与えたり、「安全保障のディレンマ」が誘発されるのを阻止するために、宇宙空間を兵器の持ち込まれない領域にすることを求めている。冷戦時代にまで源流をさかのぼることができるこの学派の基本的な要則は、「非攻撃的なスペースパワーは核戦争を予防し、米ソ両国に相手国の主権の領域を監視して核攻撃を警戒できる手段を与えることによって、戦略的安定性を実現できる」というものであった。この「聖域学派」の人々は、冷戦後の時代に「軍事的にも商業的にも宇宙空間のアセットに最も依存している国であるアメリカは、いざ宇宙空間が武装化されて、そのアセットがリスクにさらされるようになれば、最も失うものが大きい」と論じている。

ところがスペースパワーの思想家たちの多くは、宇宙空間の武装化はおそらく望ましいものではないが、それでもそれは不可避だという視点に立っている。ロバート・ファルツグラフ（**Robert Pfaltzgraff**）は「人類は自らの権力欲を克服して互いに協力し合うことができるのだろうか？　それとも地上の競争が宇宙空間へ拡大するのは不可避なのだろうか？　あいにくだが宇宙空間における人類の行動が地球上のそれと大きく異なることを示す証拠はほとんどないと言っていい」と述べている。[*32] 二〇〇一年のアメリカの宇宙空間に関する委員会が発表した報告書でもこのような見方について直接言及がなされており、具体的には「われわれが歴史から知っているのは、陸海空というすべての地理環境で紛争が行われてきたということだ。そして現実から示されているのは、宇宙空間もこの例外ではないという点だ」と記されている。[*33] また、戦略家のノーマン・フリードマン（**Norman Friedman**）は、宇宙空間にある戦力強化の役割と、宇宙空間の最終的な武装化には直接的なつながりがあると考えている。彼はその理由として、人工衛星によって収集されて分配される情報は、地上での戦闘の勝利にとって中心的な役割を果たすようになったことを挙げている。「そうなると、戦争というのは最終的に宇宙空間で行われることになる。結局のところ、空での戦いは偵察から始まったのであり、最初の戦闘機は偵察された情報を阻止するために開発された」とフリードマンは述べている。[*34]

どのタイミングになるのかは不明だが、将来のある時点で、主権国家で構成された国際システムの性質と人類の性質が結びついた結果として、軌道上に兵器が乗る結末が予測できる。思想家たちは、宇宙空間に設置された兵器が、いずれ陸・海・空に向けて使用されることになると予測している。たとえばランベスは、戦力応用任務が「最終的には、統合的な地上での目的のための運動エネルギーや非運動エネルギー的な手段による、宇宙空間からの直接的な防御や攻撃を伴うものになる」と主張しており、これには強化された様々な掩体や、水上艦、装甲車両、それに敵のリーダーシップというターゲットまでが含まれる。[*35]他には宇宙軍が、その空間の特殊な環境に対応して戦力強化の役割を維持しながら、伝統的な戦闘――ターゲットの殺害や敵からの砲火にさらされるなど――に参加するようになると主張する人々もいる。宇宙空間に設置された兵器は、特定の隙間（ニッチ）を埋める役割を果たすようになる可能性があり、ある軍事行動の特定の段階（フェーズ）におけるいくつかの任務にとって理想的なものとなるだろう。

何人かの理論家たちは「宇宙空間は軍事活動にとって支配的な領域になる」と論じており、宇宙空間からの戦力の応用は、地上での紛争にたいして決定的な効果を持つことになるかもしれないと主張している。この観点から見れば、スペースパワーというのは高価値のものや防御の厚い標的《ターゲット》を宇宙からの攻撃によってリスクにさらすことで、相手の指導者たちに我が方の意志を強要できるようになるかもしれないのだ。ところがほとんどの戦略思想家たちが認めているように、スペースパワーというのはエアパワーと同様に、単独で地上の紛争の流れを決めたり、政治目標を確実に達成することはできない。グレイはこのような宇宙空間に関する議論にたいして、スペースパワーは軍事力の「最先端《リーディング・エッジ》」を行くものであるとしており、この「最先端」とは、戦闘（一九九一年の湾岸戦争の時のエアパワーのように）で敵と対峙する際に大きな役割を果たす軍事的な能力であったり、その能力が直接戦闘に関するものではなくても、紛争の勝敗を決するものであるという意味だと述べている。[*36] このような視点から言えば、スペースパワーというのはそれが攻撃力を備えた戦闘的なものではなくても、ある種の紛争の流れや勝敗を決する可能性をもっていることになる。スミスも同様に「スペースパワー単独で従来型の戦争における決定力になると論じている人はいないが、それでもそれがある一定の条件下では勝利の条件を形成する助けになることはあるだろう」と主張している。[*37] 最新の「高地」は主導権を握り、地球の低軌道を抑えた国家によって確保されるであろう。[*38]

戦争の遂行

ランベスによれば、ある国が本物の「スペースパワー」を入手するためには、宇宙空間から敵の陸、海、空、そして宇宙空間の標的《ターゲット》にたいして直接危害を加えることができるようになる必要があるという。今日の軍の宇宙空間における活動は、実際の戦闘を行うというより、それを支援する程度の限定的なものである。宇宙空間の武装化への懸念とあいまって、この事実は、宇宙空間から、そして宇宙空間内での戦闘活動が一体どのように行われ、そしてこれがなぜ行われなければならないのかという点についての戦略の考え方がほとんど提唱されていない（機密扱いになっているものを除いて）ことを意味している

宇宙空間から……

宇宙空間からの戦闘作戦、つまり宇宙空間の戦力応用任務における戦力投射的な要素というのは、概念的には空対地攻撃と似たものとして考えることができるだろう。スペースパワーの使用とその価値につい

ての戦略思想というのは、少なくともエアパワーの理論家たちが戦略爆撃（第3章を参照）の使用とその価値について論じたものと同等、もしくは少なくともいくつかの面で類似性があるといえるかもしれないのだ。たとえば、「スペースパワーが敵の高価値な標的《ターゲット》をリスクにさらすことによって敵の指導者たちに強要できる」という主張があるが、宇宙空間の戦力の応用について論じる理論家たちは、将来においても「宇宙空間からの戦力の応用は重要ではなく、政治的な目標を達成するためには陸上兵力（ブーツ・オン・ザ・グラウンド）が必須となる」と判断する可能性もある。それ以外にも（これもエアパワーについての議論と似ているが）、「宇宙空間からの戦力の応用は、地上での戦闘が始まる前に多くの戦場での任務を終わらせてくれるので、戦闘から出る犠牲者を減らすことになる」と論じる者も出てくるだろう。いずれにせよ、このような議論が本格化するのはまだ何年も先の話だろうが、このような主張が議論に活用されるであろうことは想像に難くない。

宇宙空間内で……

スペースパワーの戦略思想において最も革新的な出来事は、おそらく**宇宙空間内での**戦闘活動の分野において起こるはずだ。理論家たちは宇宙空間における戦闘のことを、地表の重要な結節点《ノード》への攻撃（これは建物への攻撃と似ている）や、地球と宇宙空間のアセットの間にある交通線の妨害について論じているだけでなく、他の人工衛星そのものを狙うことまで含めて論じている。アメリカの空軍や海軍の思想家たちは、すでに宇宙空間における戦争の遂行について、いくつかのアイディアを出している。

宇宙領域での戦闘についての戦略思想では、防御の難しさが議論されている。地球の「重力の井戸」による保護があるにもかかわらず、宇宙空間における戦力というのは大きな脆弱性を抱えている。たとえば人工衛星というのは暗い背景の中で明るく光る物体であり、予測可能な軌道を通過し、地上にある部隊とは違って、国家の主権によって守られた避難できるような場所をもたない。宇宙空間に浮かぶ戦力というのは、オープンで統治されていない海に浮かぶ船のようなものであり、さらには味方の水域に戻ることによって受けられるような保護が得られないのだ（この例外は、宇宙と大気圏の間を行き来することができる宇宙飛翔体である。中国は大気圏の上層と宇宙空間の間を行き来することができる宇宙飛翔体を開発するための理論的な検証を行っていると考えられている）。スミスは人工衛星のことを「デリケートでこわれやすい装置」であると述べており、レーザーや電波妨害、物理的な力を使った兵器、それに地上発射型の運動エネルギーを使った対衛星兵器によって簡単に餌食にされてしまうことを指摘している。低軌道にある人工衛星は、対人工衛星的手段にたいして最も脆弱性が高いが、「静止衛星軌道や長楕円軌道のような距離の離れたところにある人工衛星も、無線周波数妨害や電磁波を用いた力業の攻撃に同じように弱い」のである。[*39] 人工衛星をある種の電磁妨害にたいして防備するのは可能かもしれないが、たとえば戦車のように物理的な攻撃にたいして装甲を厚くするといったことは実現の可能性が低い。宇宙に向かって余計な重量を持ち上げる際にかかるコストを考えれば、人工衛星には任務に必要なもの以外の荷物の積載量は限られてくるからだ。

空軍の公式ドクトリンには、宇宙空間で人工衛星が防御するための一つの手段として、スペースシステムを分散化することが提案されている。米海軍の戦略思想家も、これが分散と集中を組み合わせた柔軟性を維持していることから、この提案に同意している。クラインは「宇宙空間の戦力やシステムは、一般的に分散化してなるべく広い範囲をカバーしつつも、決定的に力を集中させるための能力は維持しなければならない。戦力の分散化によって国家の宇宙アセットは保護できるが……重大な脅威から身を守ったりそれを無力化するためには、宇宙空間の戦力は火力を迅速に集中させなければならない」と述べている。[*40] ラプトンはさらに防御側についても言及しており、宇宙空間での戦力の集中――宇宙空間はその地勢的な特徴からこういう傾向が出てきやすい――は、実際は防御の問題を単純化させる可能性があるために防御側に有利に働くかもしれないと示唆しており、「高価値のアセットは個別に守ることができるし、戦略的チョークポイントでは領域防衛を行うことができるかもしれない」と述べている。[*41]

攻撃の重要性を強調する意見が多いのは、このような宇宙空間における防御の難しさに原因がある。スミスによれば、「宇宙の戦力にとっての第一の、そして常に求められる任務は、敵よりも相対的に高いスペースコントロールを獲得して、宇宙空間での攻撃を可能にすること」だ。[*42] 思想家たちは、攻撃的な宇宙戦力にとって決定的な勝利を収めるのは容易ではない可能性があり、したがって宇宙空間のアセットを「無謀な攻撃」で失うことについては慎重であるべきだと指摘している。[*43] ところが攻撃的な対宇宙措置は、効果を発揮するために完全である必要はない。なぜなら、敵の保有する人工衛星が味方の戦闘能力に特に影響を及ぼさない場合もあるからだ。「必要とされる攻撃的なスペースコントロールの度合いというのは、その状況と戦略によって変わる」のである。[*44] 攻撃的な手段の選択肢は、味方も敵も同等に悪影響を与える宇宙ゴミ《デブリ》の懸念があるために制限がかかってくるが、何人かの理論家たちは、このような戦場の問題を解決するための戦術的な方策を提案している。小型衛星に関するテクノロジーの進歩のペースは早いため、宇宙開発を行うだけの国力のある国が、相手国の宇宙飛翔体を運動エネルギーによって破壊するための十分な数の飛翔体を最も低い低軌道に乗せて――物理的には運動エネルギーによって破壊された衛星の宇宙ゴミ《デブリ》が大気圏内に落ちてくる可能性が高い――いかなる国も宇宙空間に入ってこないようにすることはありうるかもしれない。将来この軌道帯は、宇宙空間という領域における「接近阻止・領域拒否」（Ａ２／ＡＤ）の戦略の中心的な存在になるかもしれないのである。

また、戦略家たちは「宇宙空間における攻撃と防御の二つの軍事行動は相互補完的なものである」とも主張している。たとえば宇宙空間において制限戦争を開始したいと考えている国は、いかなる無制限の反撃措置にたいしても対処できる防御的な能力を必要とするのだ。さらにいえば、宇宙空間のいくつかの特徴は、攻撃と防御を等しく苦しめることがある。たとえば電磁波は宇宙空間をスムーズに伝わっていくものだが、飛翔物体間における運動エネルギーやレーザーの相互作用には、軌道上の経路を調整したり交差させたりする作業が必要となってくる。軌道速度で進行方向を変えるのは、燃料が限られていることから困難、もしくは不可能である。したがって、攻撃か回避に関係なく、宇宙飛翔体というのは、任務を遂行したり残存性を上げようとする際に、自身の機動性に頼ることはできない。また、それが可能であったとしても、それは比較的予測がつきやすい遷移軌道で行うことになってしまうのだ。

今日の宇宙空間の領域における戦いでは、攻撃のほうが有利だと考えられているが、常にこれが正しいというわけではない。たとえば人工衛星の小型化にともなって、そのステルス化が進んでいる。そして宇宙空間の監視ネットワークでは、それらを追跡することが段々と難しくなってきているのだ。追跡を逃れる手段には、たとえば戦時に衛星を未公表の軌道に移動させたり、安価な人工衛星を多数打ち上げて冗長性を生み出すとともに、「群れ」を作るような効果を生み出すものもある。そして、人工衛星が民生・軍事の両方に利用されるようになったため、敵がどのターゲットを狙えばよいのかわからなくするという手段もある。このような事情から、「二一世紀におけるスペースシステムの防御として最適な方法は、幅広い国際的なパートナーによって保有され、管理され、そして利用されている、軍民共用のシステムだ」といえるのかもしれない。[*45]

まとめ

　スペースパワーに関する戦略思想は比較的新しいものであり、少なくとも機密指定されていない領域では、いくつかのスペースパワーの任務しか情報公開されていない。一九九一年の湾岸戦争をきっかけとして、一九九〇年代半ばから宇宙空間のアセットを通じた戦力強化、つまり宇宙空間を取り込んで陸海空の軍事力を強化する能力の価値について、かなりの数の論文が書かれてきた。冷戦後のすぐの時期の戦力強化の能力についてはアメリカが圧倒的な存在であったが、新しいスペースパワーのプレイヤーが台頭してアメリカの能力に対抗してくる可能性が出てくるにしたがって、その戦略思想も発展してきた。そこでの論点には、スペースコントロールや、紛争や危機が起こっている最中に宇宙アセットへのアクセスを維持しつつも敵のそれを拒否することの重要性を説くようなものまでが含まれるようになった。九・一一事件以降の時期には、米空軍とそれに関係する学者たちが、スペースコントロールや（防御と攻撃の両方を含む）対宇宙作戦について広く書いている。とくに後者に関する戦略は、比較的おとなしい欺騙《ぎへん》や拒否から、あからさまに敵対的な破壊行為と言える宇宙空間内での戦闘活動のような対宇宙任務まで拡大しており、「対宇宙作戦」と「宇宙戦力の応用」の間の境界線、つまりスペースパワーの戦略思想の中で出てきた四つ目の軍事的任務の区別を不明瞭なものにしてしまったのだ。

　スペースパワーの理論家の中には、敵の陸海空軍にたいして宇宙空間にあるアセットを通じて直接的な危害を与えることができるようになったときになってはじめて「スペースパワー」が登場すると考える人もいる。これは実質的に「宇宙対宇宙」、もしくは「宇宙対地上」という能力のことだ。公開されている文献の戦略思想の中では、いまだに地上の標的《ターゲット》にたいする宇宙戦力の応用については何も書かれていないが、このような能力の価値と使用についてはは、戦略エアパワーの価値と使用についての議論と似たようなものになることが予想されている。それとは対照的に「宇宙対宇宙」の戦闘に関する戦略思想では、われわれがいままで見てきたようなものからかけ離れたものが出てくることが予見されている。そしてこの理由の大部分は、宇宙には重力が存在せず、その結果として出てくる「軌道の力学」という宇宙空間の最も重要な地勢的特徴にあるのだ。

すでに理論家たちは宇宙空間の地勢的な特徴がその中で行われる戦闘行為にどのような影響を与えるようになるのかについて、いくつかのアイデアを出している。たとえば宇宙戦力の脆弱性《ぜいじゃくせい》を強調したものや、防御の難しさを説いたもの、攻撃の比較的優位を説いたもの、いくつかの新たな「接近阻止・領域拒否」(A2/AD)のアイデア、そして攻撃・防御にかかわらず機動が制限されるというものが含まれる。また、見る側の視点によって宇宙戦力を防御しやすくしたり難しくしたりする、人工衛星などが集まりやすくなる空間やチョークポイント、そして防御を強化するために採用される方策もある。もちろんこのリストには、スペースパワーに関するすべての項目が含まれているわけではない。未来の宇宙空間での戦いは、宇宙空間の武装化についての議論に関係なく、少なくとも一方にとって宇宙空間が決定的に重要な領域であると考えられていて、しかももう一方が宇宙空間での戦闘力を持っているような、二つ以上の国家の間で行われることになるはずだ。そのような事態が発生するまでに、宇宙空間という領域での戦争のやり方については、今までのものよりもはるかに多くの戦略に関する議論がなされる必要が出てくるのは間違いない。

【質問】

1　宇宙とは何か、また、地球から宇宙に至る全般的な地勢的特徴とは何か？
2　宇宙に配備されたアセットに固有の特徴とは何か？
3　スペースパワーをどのように定義できるか？
4　「一九九一年の湾岸戦争が最初の宇宙戦争であった」とはどういう意味か？
5　スペースコントロール任務のカギとなる要素や、これを制約する特色とはなにか？
6　宇宙空間の戦力応用を取り巻く議論とは何か？
7　宇宙空間、そして宇宙から地球に対して行われる戦争の遂行に関する戦略思考において、カギとなる要素は何か？　また、エアパワーの戦略思想とのつながりは何か？

註

1　James E. Oberg, *Space Power Theory* (Colorado Springs, CO: US Air Force Academy, Department of Astronautics, March 1999), 123.
2　以下からの引用。Mark E. Harter, 'Ten Propositions Regarding Space Power', *Air & Space Power Journal* (Summer 2006), 77, fn 13.
3　M.V. Smith, *Ten Propositions Regarding Spacepower* (Maxwell Air Force Base, AL: Air University Press, 2002), 5.
4　David E. Lupton, *On Space Warfare: A Space Power Doctrine* (Maxwell Air Force Base, AL: Air University

Press, 1988). ラプトンの引用は彼の文章から直接とったものだが、ここでは引用ページが記されていない。なぜならその文書にはページ番号がないからだ。

5 Charles D. Lutes and Peter L. Hays with Vincent A. Manzo, Lisa M. Yambrick and M. Elaine Bunn, eds., *Toward a Theory of Spacepower* (Washington, DC: National Defense University Press, 2011), xv-xvii.

6 Everett C. Dolman, 'Geostrategy in the Space Age: An Astropolitical Analysis', *Journal of Strategic Studies* 22:2 (1999), 96. 同論文は、コリン・グレイほか編著『進化する地政学：陸、海、空、そして宇宙へ』五月書房、二〇〇九年に、エヴェレット・C・ドールマン著『宇宙時代の地政戦略：アストロポリティクスによる分析』一八三〜二二六頁として収録。該当箇所は二〇六頁。

7 Colin S. Gray, *Modern Strategy* (Oxford: Oxford University Press, 1999), 260.（コリン・グレイ著、奥山真司訳『現代の戦略』中央公論新社、二〇一五年、三七四頁）

8 Colin S. Gray, 'The Influence of Space Power Upon History', *Comparative Strategy* 15 (1996), 301.

9 Gray, *Modern Strategy*, 244.（グレイ著『現代の戦略』、三五七頁）

10 US Joint Chiefs of Staff, *Space Operations* (Washington, DC: Joint Publication 3-14, 29 May 2013), GL-8.

11 *Report of the Commission to Assess United States National Security Space Management and Organization* (Washington, DC: January 2001), chapter 2, p. 10.

12 Oberg, 136.

13 Benjamin S. Lambeth, 'Airpower, Spacepower, and Cyberwar', *Joint Force Quarterly* 60:1 (2011), 48.

14 Gray, 'The Influence of Space Power Upon History', 300.

15 US Air Force, *Space Operations* (Washington, DC: Air Force Doctrine Document 3-14, 19 June 2012), 38.

16 Steven Lambakis, 'Space Control in Desert Storm and Beyond', *Orbis* (Summer 1995), 418.

17 Gray, 'The Influence of Space Power Upon History', 306.

18 M.V. Smith, 'Some Propositions on Spacepower', *Joint Force Quarterly* (Winter 2002/2003), 57. 太字強調は原文ママ。

19 Benjamin S. Lambeth, ‘Airpower, Spacepower, and Cyberwar’, *Joint Force Quarterly* 60:1 (2011), 49.

20 Douglas Loverro, Deputy Assistant Secretary of Defense (Space Policy), Testimony before the House Committee on Armed Services, 25 March 2015, http://docs.house.gov/meetings, accessed 5 January 2016.

21 US Air Force, 39; US Joint Chiefs of Staff, II-9.

22 Lambakis, 431.

23 US Joint Chiefs of Staff, II.1.

24 Michael Krepon, Theresa Hitchens and Michael Katz-Hyman, ‘Preserving Freedom of Action in Space: Realizing the Potential and Limits of U.S. Spacepower’, in Lutes et al., *Toward a Theory of Spacepower*, 121, 128.

25 Everett C. Dolman and Henry F. Cooper, Jr., ‘Increasing the Military Uses of Space’, in Lutes et al., *Toward a Theory of Spacepower*, 107.

26 *Report of the Commission*, chapter 3, p. 33.

27 US Joint Chiefs of Staff, *Space Operations*, II-9. 太字強調は引用者による。

28 US Air Force, *Space Operations*, 21.

29 US Air Force, *Strategic Attack* (Washington, DC: Air Force Doctrine Document 3-70, 1 November 2011), 11, 28.

30 Howell M. Estes III, ‘The Aerospace Force of Today and Tomorrow’, in Peter L. Hays *et al.*, *Spacepower for a New Millennium* (New York: McGraw-Hill, 2000), 171.

31 US Space Command Long Range Plan, April 1998, http://fas.org, accessed June 2011.

32 Robert L. Pfaltzgraff, Jr. *Space and U.S. Security: A Net Assessment* (Cambridge, MA: Institute for Foreign Policy Analysis, January 2009), 3.

33 *Report of the Commission*, executive summary p. 10 and conclusion p. 100.

34 Norman Friedman, *Seapower and Space* (London: Chatham Publishing, 2000), 311.

35 Benjamin S. Lambeth, 'Airpower, Spacepower, and Cyberwar', *Joint Force Quarterly* (Spring 2011), 48-49; これについては以下も参照のこと。 Benjamin S. Lambeth, *Mastering the Ultimate High Ground: Next Steps in the Military Uses of Space* (Santa Monica, CA: RAND Corporation, 2003), 113.

36 Gray, 'The Influence of Space Power Upon History', 303.

37 Smith, 'Some Propositions on Spacepower', 64.

38 Everett C. Dolman, 'U.S. Military Transformation and Weapons in Space', *SAIS Review* 26:1 (Winter/Spring 2006), 171.

39 M.V. Smith, 'Spacepower and Warfare', *Joint Force Quarterly* 60:1 (2011), 43.

40 John J. Klein, 'Corbett in Orbit: A Maritime Model for Strategic Space Theory', *Naval War College Review* 57:1 (Winter 2004), 69.

41 http://citeseerx.ist.psu.edu/viewdoc/download;jsessionid=811B2B7A01B5362E3BE68774176C9860?doi=10.1.1.182.6911&rep=rep1&type=pdf (accessed 21 July 2016)

42 Smith, 'Some Propositions on Spacepower', 61.

43 Klein, 67.

44 Smith, 'Some Propositions on Spacepower', 61.

45 Smith, 'Spacepower and Warfare', 44.

【参考文献】

DeBlois, Bruce M., Richard L. Garwin, R. Scott Kemp and Jeremy C. Marwell. 'Space Weapons: Crossing the U.S. Rubicon', *International Security* 29:2 (Autumn 2004): 50-84.

Lambeth, Benjamin S. *Mastering the Ultimate High Ground: Next Steps in the Military Uses of Space* (Santa Monica, CA: RAND Corporation, 2003).

Lupton, David E. *On Space Warfare: A Space Power Doctrine* (Maxwell Air Force Base, AL: Air University

Press, 1988).
Lutes, Charles D. *et al.Toward a Theory of Spacepower* (Washington, DC: National Defense University Press, 2011).
Lynn, William J. 'A Military Strategy for the New Space Environment', *Washington Quarterly* 34:3 (Summer 2011).
Oberg, James E. *Space Power Theory* (Colorado Springs, CO: US Air Force Academy, Department of Astronautics, March 1999).
Pfaltzgraff, Robert L., Jr. *Space and U.S. Security: A Net Assessment* (Cambridge, MA: Institute for Foreign Policy Analysis, January 2009).
Smith, M.V. *Ten Propositions Regarding Spacepower* (Maxwell Air Force Base, AL: Air University Press, 2002).
US Air Force. *Space Operations* (Washington, DC: Air Force Doctrine Document 31-14, 19 June 2012).
US Joint Chiefs of Staff. *Space Operations* (Washington, DC: Joint Pub. 3-14, 29 May 2013).

あとがき

戦略とは、政治目標の達成のための軍事力の行使のことであり、これに関する戦略思想とは、政治の目的のために、この軍事力をどのように利用する（すなわちどのように戦争を遂行する）のが最適なのかというアイディアに関係したものだ。冷戦終結から四半世紀以上にわたったこの期間は、国際システムのどこかのレベルでほぼ継続的に紛争や戦争が発生していた時代であった。国家主体《ステートアクター》と非国家主体《ノンステートアクター》が関与する戦争や、頻度は低いながらも継続、もしくは増加しつつある国家間戦争など、このような戦争の蔓延《まんえん》が意味しているのは、戦略と戦略思想がこれからも死活的に重要であり続けるということだ。このような戦略思想は、軍事力の現代的な役割と貢献に光を当てることで、国家指導者が安全保障戦略に関する政策の内外で危機に取り組み管理するのを、手助けできるはずだ。

ベルリンの壁が崩壊してからすでに三〇年近くたったが、この間に民間の学者や軍の実務家たちは、海、陸（通常兵力と非正規的なもの）、空、宇宙、そしてサイバーという一つあるいは複数の戦闘領域や、統合理論や核戦力並びに抑止理論、加えて平和維持、安定化ミッションや人道的介入といった単独の領域にとどまらない軍事的なトピックに関する、実に多くの文献を生み出してきた。もちろんその中には、戦争の遂行についての論述や、原則に関する理論を構築しようと試みたものもある。しかしそのほとんどの例では、それぞれ異なる領域に関する文献の要素をまとめて論じる必要があった。幅広い分野の著名な学者たちが様々な戦闘領域についてこのようなことを行うことで、軍事的なツールの最適な使用法についてわれわれを導く教訓が明らかになる。冷戦期以前の初期の理論家の視点からこれらのアイデアを見ることは、われわれにいまだに深い理解を与えてくれるものだ。

アルフレッド・セイヤー・マハンのシーパワーに関する戦略思想は、外洋における他国の海軍力に対する戦いに焦点を当てており、一方のジュリアン・コーベット卿の思想は、海洋領域の持つ価値と、海から陸へと海軍力を投射する価値を組み合わせたものだ。このコーベットの視点は、一九九〇年代のアメリカの戦略思想——米海軍の文献である「フロム・ザ・シー」など——や、一九九三年から一九九五年にボスニアで実際に行われたミッションにおいて顕著に見られた。コーベット的な視点はその後の数十年間においても妥当なものであり続けており、イラク戦争（二〇〇三年）、リビア内戦（二〇一一年）、イラク・シリアにおける「イスラム国」（ＩＳＩＳ）に対するミッション（二〇一四年以降継続中）にも見てとることができる。ところが同時に、マハン的な視点も復活している。当初は、二〇〇〇年代半ばから後半にかけての海賊の増加と、それに対して開かれた海上交通線を維持する必要が出てきたことによるが、さらに最近では、大国間で海上戦闘の可能性が出てきたという状況が背景にある。もちろん海から陸上へと作戦を行う必要性は継続しているのだが、中国やロシアといった国によって行われると想定される「接近阻止・領域拒否」（Ａ２／ＡＤ）戦略は、潜在的な海上の戦闘領域を（沿岸から）外洋へと押し出している。そのため、公海上での戦闘に関する理論の必要性が復活し、外洋ミッションに適したアセットとドクトリン（例えば対艦ミサイルや対潜水艦戦）に新たな関心が生まれてきたのだ。

カール・フォン・クラウゼヴィッツの陸上戦闘に関する戦略思想とは、究極的には軍事力の直接対峙を通して解決される「意思をめぐる血まみれの競争」であり、これに対して孫子は、理想的には一発の弾も撃つことなく戦闘の狙いを達成するために、策略と欺騙《ぎへん》によって特徴づけられる間接的アプローチの戦闘を提唱したと対比されることが多い。ランドパワーに関する現代の戦略思想は、孫子の戦場における戦略と、クラウゼヴィッツによって強力に示された「戦争の本質」（the nature of war）に関する古典的な洞察を、それぞれ取り入れたものだ。今日のランドパワーは、戦場に分散し情報技術を通して接続《リンク》された小規模で機動力のある部隊によって用いられることが多い。その特徴は、本質的に非線形《ノンリニア》でありながら、同時かつ同期した状態で精密誘導技術を用いて集中の効果を狙いつつ、全期間を通じて海、空、宇宙の部隊と緊密に連携した作戦を行うというものだ。特殊作戦部隊（ＳＯＦ）には特に重点が置かれており、これは機動力が高く、足跡をほとんど残さずに奇襲を仕掛けるという、いわば典型的な「孫子的ツール」だ。現代の戦略思想では、兵器の殺傷能力の劇的な向上に伴って、敗北を避けるためにはクラウゼヴィッツ的な直接戦闘から、孫子のより複雑な間接アプローチへ移行しなければならないことが語られている。それでもプロイセンの将軍であったクラウゼヴィッツが明らかにした「戦争の本質」は不滅だ。技術の進歩にかかわらず、敵に対する勝利を保証する唯一の道は、やはり直接対決と「ブーツ・オン・ザ・グラウンド」（戦場の兵士）であることが多い。「非線形の戦い」は混沌《カオス》になりうるのであり、これは相変わらずクラウゼヴィッツが戦争と等しいものとみなしたゲームにおける偶然性《チャンス》に似ている。そして戦場の無数の動きによって発生する「摩擦《フリクション》」は、先進的な軍事システムでも除去できず、実際にはそれがかえって悪化させる可能性もあるのだ。

ジュリオ・ドゥーエにとって、政治目標達成のためのエアパワーの価値とは「制空」を確保することや、恐怖を与えるツールとして一般市民や産業の中心部に向けて独立した形でエアパワーを使用することにあった。ウィリアム・ミッチェルの思想でも「制空」に重点が置かれていたが、航空部隊は戦闘目標の達成のために友軍の地上部隊と海上部隊と協働すべきであるという考えが含まれていた。現代のエアパワーの戦略思想ではドゥーエの手法が否定されることが多く、その理由として、市民や指導者を目標とした戦略爆撃の非有効性や、軍需産業に対する爆撃には限定的な効果しかないことが指摘されている。これまでのところ「エアパワーだけで戦争に勝てる」というドゥーエ的な情熱が実現した可能性のあるものは、一九九九年のコソボ紛争だけだ。冷戦後に明らかになったエアパワーの真の価値は、海上、そしてとりわけ陸上部隊と連携した場合の有用性にあることが証明されたのであり、これはまさにミッチェルの思想に沿ったものであった。敵地上兵力に対する戦域攻撃と、味方部隊に対する「近接航空支援《CAS》」（すなわち、エアパワーとランドパワーの融合）は、冷戦後の多くの戦争の中で決定的に重要であることが証明された。エアパワーに関する戦略思想は、対反乱作戦への貢献や、エアパワーで現地勢力の地上部隊を支援する概念を取り入れるなど、ドゥーエとミッチェルの思想を大きく超えて発展した。ドゥーエ（そしてミッチェル）のエアパワーに関する初期の思想にはいくつかの欠点があったにも関わらず、彼らの最後から二番目の指摘は真実であり続けている。それは「制空」の持つ死活的な重要性だ。冷戦終結後のほとんどすべての戦闘環境で、軍は米国の航空優勢を背景に作戦を実施してきた。この状況は、地上・海上・航空作戦の本質に、強い影響を与えてきた。たとえば無人航空機（ＵＡＶ）などは、航空優勢が争われている状況下ではまだ行動できないのである。米国の対等な競争者が台頭するにつれて、「制空」を確保しているという前提は崩れていくだろう。第二次世界大戦から冷戦期における空対空ドクトリンは再検証され、ロボット・無人化技術を反映してアップデートされ、新たな世代のエアパワーの戦略思想と融合されるべきであろう。

　バーナード・ブロディやトーマス・シェリングのような古典的な冷戦時代の核戦略家は、古くからある概念――抑止《よくし》――に取り組み、これを第二次世界大戦後の核兵器をめぐる現実に適用した。このプロセスにおいて、この二人を始めとする核戦略家たちは、「第一撃」「第二撃」「相互確証破壊」「拒否的抑止」、そして「懲罰的抑止」といった、全く新しい「抑止」に関する言語体系を生み出している。冷戦が終わりを告げたとき、核抑止の理論に関する議論の多くが時代にそぐわないものとなってしまったのだが、これは抑止論そのものを時代遅れにしたわけではなかった。新たな世代の戦略思想家たちが、抑止戦略は孫子の「敵を知れ」という格言を出発点として、自らが念頭に置いている敵に適合《テイラード》されなければならないと指摘して、冷戦後の環境に抑止論を順応させたのだ。抑止の信頼性の向上のためには核戦力と通常戦力を組み合わせることも可能であり、信頼性の高い抑止戦略には新型の精密誘導核兵器も含むべきだと主張する者もいる。冷戦後、特に米国での同時多発テロ事件後には、防勢と攻勢の双方の戦略（冷戦期にはもっぱら攻勢に焦点が当たっていたのと比較して）が、抑止論に含まれることになった。現在の戦略思想では、「拒否的抑止」という条件であれば、抑止は的外れどころか、非国家主体《ノンステートアクター》やテロリストに対しても効果的になる可能性があることを教えてくれている。

米国同時多発テロ事件後のアフガニスタン及びイラクにおける戦争で火花を散らした対反乱作戦《COIN》の戦略思想に関する議論は、意識的には前世紀の反乱及び対反乱作戦についての考えを前提とすることによって始められた。反乱側と対反乱側の双方の視点からとりわけ重要なのは、現地住民からの支持である。当時は「革命戦争」として知られていた反乱に関する思想において、アラビアのローレンスや毛沢東は、敵の殲滅《せんめつ》ではなく、現地住民からの支持を追求することの必要性を強調した。後にダヴィッド・ガルーラは、住民からの支持は反乱側と同様に対反乱側にも必要であり、反乱側に打撃を加えてこれを除去しようという対反乱戦略は、反乱側が単にどこか別の場所に移って再建するだけであることから非効果的であると主張した。それよりも対反乱戦略は、反乱側を住民から孤立させねばならないが、その際に反乱側が外部からの支援を受け取れる穴だらけの国境を封鎖することが重要となるという。その四〇年後に、ガルーラのアイデアは米国の「対反乱野外教令」に示された戦略思想の出発点となった。ＦＭ３‐24（対反乱野外教令）は、反乱軍を皆殺しにすることは不可能であり、反乱側をその大義と支持から孤立させなければならないと主張している。ＦＭ３‐24は同様に、住民の欲求と安全に焦点を当て、穴だらけの国境に対応してこれを塞《ふさ》ぐことで、安全地帯を徐々に拡大し確立することを推奨している。

ガルーラの提唱した「心をつかむ」(hearts and minds)の要素や、それ以前の理論家の思想への理論面での信頼にも関わらず、米国はアフガニスタンで使っていたアプローチの変更を余儀なくされた。住民中心の取り組みでは何の影響も持たないような、明確に識別された一部の反乱者たちに対する、直接的な武力攻撃の実行が必要になったからだ。ＦＭ３‐24には書かれていないが、限定的な武力の行使は、初期の対反乱の戦略思想と完全に一致している。ローレンスは「反乱の成功に必要となるのは蜂起を積極的に支持しているたった二％の住民だけであり、残りは静観していてもよい」と論じる一方で、ガルーラも「革命戦争では動機に対して同調的な積極的な少数派だけが必要で、残りは中立あるいは反対である」と指摘している。対反乱作戦における最大の問題は、ローレンスの指摘する「二％の少数派」を力ずくで排除できるかどうかにかかっている。

平和維持は、大国間における大規模な戦争を予防するために、進行中の国家間紛争を停止させる「その場しのぎの手段」として始まった。後に「従来型の平和維持活動」として知られるようになった「戦争の指揮」は、当事者間の同意、公平性、自衛における武力の行使の原則に従ったものであった。冷戦後の新たな環境は、これら三原則を放棄するか、あるいは少なくともこれらに挑戦状を突き付けることになった。本質的に矛盾したアプローチの中で、部隊は公平という立場を強要されながら、戦略的には当事者間に同意があっても戦術的には同意がないという環境下で活動しつつ、自衛を超えた武力を行使する必要が生じているのだ。このような状態は、昔も今も相変わらず続いている。

一九八〇年代後半からの新たなミッションには、外交・開発・政府の再建・兵器の回収や選挙の監視に携わる、多くの文民からなる幅広い参加者《プレイヤー》や活動家たちが組み込まれてきた。この活動は、その当初は専門用語で「第二世代平和維持」、次に「3D」、さらに「全政府アプローチ」、そして最終的には「包括的アプローチ」と呼ばれた。これらはいわば「安定化・復興ミッション」であり、このような軍民的なアプローチは、軍事指導者たちからは「戦争で荒廃した社会の治安問題に効果的に取り組むためには死活的に重要である」と認知された。「人道的介入」はこれとは異なるカテゴリーの作戦であり、（理想的には）安定化・復興ミッションを開始できるような状況を作り出すために、特定の当事者側に立って軍事力を行使することが含まれている。人道的介入は、理論面では過去二〇年間で大幅に進歩しているのだが、その名のもとに正当化されたミッションは、コソボとリビアのたった二か所でしか実行されていない。そのようなシナリオでは、精密誘導エアパワーと特殊作戦部隊が最も使われやすい軍事的なツールのように見える。この両国のその後の状況は大きく異なるのだが、それでも共通して言えるのは、人道的介入の後には安定化・復興ミッションに着手する必要があるということだ。

統合、宇宙、とりわけサイバー戦争に関する戦略思想は、主に冷戦後の時代に特有のものだ。戦闘における統合化は、ある作戦領域が戦場において他の一つ以上の作戦領域と協働することであり、歴史的に見れば、その完全な進化と必要性の高まりは情報革命と密接に結びついたものだ。この革命は一九七〇年代に本格的に始まり、一九九一年の湾岸戦争ではじめてその力を発揮した。そして過去四半世紀の間には、軍事力が効果を発揮して政治的目標を促進するためには、海、陸、空、宇宙そして（二〇〇〇年代後半からは）サイバー能力の融合を含まねばならないことが、ますます明らかになってきたのだ。サイバー戦争の戦略思想はまだ生まれたばかりだが、それでも紛争の開始の段階では、攻撃的に、しかも状況によっては先制攻撃的な形で使用されるべきであることをわれわれに教えている。またサイバー攻撃は、通常兵力による攻撃とほぼ同期的、もしくは同時並行的に行われるべきであるという。そして「青天《せいてん》の霹靂《へきれき》」のような形で突然激しく使用すべき、もしくはその反対に、長期にわたって密かに、ステルス的に、そして根気強く情報を操作する形でのサイバー攻撃も必要だというのだ。奇襲と欺瞞《ぎまん》はサイバー戦争の典型的な要素だが、戦略目標を達成し得るサイバー手段を開発することは困難であることから、それらを最も効果的に実行できるのは国家主体《ステイトアクター》だけであることになる。

　スペースパワーは、今ではすっかりおなじみとなった、海・陸・航空システムの軍事的効果を強化するための「宇宙に配備されたシステム」を含んだものだ。軍が宇宙に配備されたシステムにますます依存するようになったおかげで、「スペースコントロール」の任務――友軍にはアクセスを確保し、敵にアクセスを拒否する――は重要性を増す一方である。宇宙の持つユニークな物理的特性から、スペースコントロールは防御的な手段、あるいは敵のアセットに対する非運動エネルギー《ノンキネティック》的な手段が最適となる。したがって、非運動エネルギー《ノンキネティック》的戦闘の原則は、アセットの集中する地帯や「隘路《チョークポイント》」に対する地域《エリア》的防衛を含むものとなるであろう。運動エネルギー《キネティック》的な手段によるスペースコントロールは、宇宙ゴミ《デブリ》が軌道上に残り、最終的には自らのアセットも危険にさらされることになるため、本質的には自滅的なものだ。とはいうものの、低軌道の最下層帯では宇宙ゴミ《デブリ》が大気圏内に落下する可能性が高いことから、運動エネルギー《キネティック》的な「接近阻止・領域拒否」（A２／AD）戦略が使われる可能性もある。さらに将来的に見れば、宇宙から陸への兵力運用の原則（仮にこれが実際に存在したとしてもまだ定義されてはいないが）は、戦略及び戦術攻撃の価値に対する、エアパワーの思想を応用したものになるはずだ。

軍事力を行使すること無く世界の危機を解決できればいいのだが、歴史にはこのような実例はないし、人類の将来においてもその実現は――国際連合の創設や集団安全保障の概念の普及によって戦争の惨禍を和らげたり、あるいは消滅させようという懸命の努力にもかかわらず――厳しいだろう。交渉、仲裁、そしてその他の幅広い外交努力などは、国際社会における危機管理の第一歩であり、これらが不成功に終われば、経済制裁が行われるべきである。また、強制の一形態である制裁であっても、それが常に十分な効力を発揮するわけではなく、限定的あるいは大々的な軍事力の行使が必要になることが多い。そしていざ戦争となったときには、政治指導者は軍事的手段をどのように行使するのが最適なのかを知る必要があるが、これは軍事力の行使と、彼らが追及している政治的ゴールの間のつながり《リンク》を理解する必要があるということだ。このため、政治指導者とその補佐官《アドバイザー》たちは、現存する戦略思想に向き合わねばならないのである。

陸上領域における戦略思想は一九世紀初頭に出現し、同世紀末には海上領域がこれに続いた。二〇世紀には海上領域の戦略思想のさらなる発展が認められ、さらにはエアパワーに関する戦略思想、そのあとで核戦力に関する思想が花開いた。反乱・対反乱についての戦略思想は二〇世紀を通して散発的に現れ、さらに二〇世紀中盤以降の今日まで、平和維持に関する数多くの考え方が生まれた。冷戦後の時代は依然として複雑で、統合、宇宙、そして二一世紀にはサイバー領域に跨る、まったく新しい戦略思想が必要になるとともに、従来型の領域（陸、海、空及び核）についても再検討し、さらには平和維持と対反乱といった任務を、現代社会に適合させる必要がある。

冷戦の終結から四半世紀の間に、実に多くの戦略思想が現れた。その結果として出てきたのが、各章の終わりに記したように、紛争の行く末に影響を与えるために特定の種類の軍事力をいかに運用するのが最適なのかを示す、数多くの原則である。それでも相変わらず重要なのは、今日の戦争において戦略的効果を追求する上では「統合《ジョイント》」が必須であるという知識だ。すなわち戦争計画では、それが戦闘であれ、平和維持であれ、対反乱であれ、任務《ミッション》の政治目標を共に達成する海、陸、空、宇宙そしてサイバー部隊の全てを勘定に入れなければならないということだ。特に最も新しい領域である宇宙とサイバーでは、さらなる考察が必要とされている。その合間にも、国家の安全保障政策における軍事力の役割に関する現代の理解——つまり「現代の軍事戦略」——はその進化に向けてますます前進を続けているのである。

訳者あとがき

本書は、カナダ人学者エリノア・スローン（Elinor C. Sloan）教授が二〇一二年に出版した*Modern Military Strategy: An Introduction*（邦訳『現代の軍事戦略入門』芙蓉書房出版、二〇一五年）の第二版（二〇一七年刊）の完全日本語訳である。スローン教授はカナダの首都であるオタワにあるカールトン大学で国際関係論を教えており、専門は戦略研究、米国及びカナダの国防政策、ＮＡＴＯと国連平和維持活動等となっている。

まず、既に初版を手にした方に対して、第二版の主な変更点を紹介したい。最大の変更点は、「平和維持」に関する章が新たに加わったという点であり、訳者（平山）も一九九四年にモザンビークで行われたＰＫＯに「ブルーヘルメット」の一員として参加（第二次モザンビーク派遣輸送調整中隊）したが、この分野はスローンが述べているように「冷戦終結後の四半世紀の間に国際社会が劇的に学習効果を上げている」分野である。この新たに加わった第6章の中で、冷戦中は常任理事国の拒否権で国連憲章第七章の強制行動の実施が不可能になるという機能不全に陥っていた安全保障理事会が「平和維持」に乗り出し、その後この分野の活動が「平和執行」「安定化」「国家再建」等へと発展し、さらには「全政府アプローチ」「包括的アプローチ」などが加わる流れが検証されている。ＰＫＯの変遷がコンパクトにまとまっており、自分がＰＫＯに行く前にこのテキストで勉強したかったなと思わせる内容になっている。

第二の変更点は第一版（二〇一二年）から第二版（二〇一七年）の間の五年間の安全保障環境の変化を反

映して、既存の章にも加筆修正が加えられている点である。たとえば、シーパワーではロシア海軍の再興や中国海軍の台頭（接近阻止・領域拒否〈Ａ２／ＡＤ〉戦略を含む）に米国がどのように対応しようとしているのかということが新たに論じられている。ランドパワーには、特殊部隊（ＳＯＦ）に関する記述が加えられ、エアパワーはドローン及びＵＡＶに関するパラグラフが加わるなど、現代の軍事情勢をより反映したものとなっている。その他の「統合」「スペースパワー」「核」「サイバー」等も過去五年間の変化を反映して、内容に加筆修正が加えられており、既に第一版を手に取った方にとっても新しい内容となっている。

著者スローン教授の略歴

スローン教授の略歴を簡単に紹介すると、カナダの王立軍事大学を卒業し、カナダ陸軍で女性陸軍士官として勤務し、カールトン大学のノーマン・パターソン国際関係大学院で国際関係論の修士課程（ＭＡ）を修了した。その後に、アメリカのタフツ大学のフレッチャー法律外交学院で修士号と博士号（PhD）を取得している。母国にもどってからはカナダ軍の国防司令部（National Defence Headquarters）で文民の分析員として勤務した後、現在は母校のカールトン大学で教鞭を執っている。スローンは日本ではあまり知られていないが、戦略研究の分野では名の知られた人物であり、著作としては、本書のほかに*Military Transformation and Modern Warfare*（2008）、*Why Delays Are the New Reality of Canada's Defence Procurement Strategy*（2014）、*Canada and NATO: A Military Assessment*（2012）などがあるが、残念なことにいずれもまだ日本語に訳されてはいない。

入門書としての本書

本書の内容を簡潔に言うならば、古典戦略から現代戦略に至る変遷を、軍事作戦の領域別に簡明にまとめたものである。軍事戦略というと、孫子やクラウゼヴィッツといった古典戦略が研究・学習の中心になりがちであり、それは実は訳者（平山）が勤務する防衛大学校でも例外ではないのだが、本書では過去二〇年ほどの「現代」に焦点を当てている点が優れて新しい点と言える。本書は戦略研究の分野での入門書として高い評価を初版からすでに得ており、今回訳出された第二版はさらにそれを見直し、加筆修正を加えたものである。このため、安全保障、軍事戦略に知見があり、興味関心のある方にとっては極めて有用な入門書となるであろう。

ただし、ここでお断りしておかなければならないのは、スローンがまえがきで触れているように、執筆の理由は「修士課程のゼミ」で学生から「現代の戦略思想家はいないのですか？」と質問されたことがきっかけであるという点である。すなわち、本書は戦略・安全保障についてある程度理解のある人（大学院生）が出発点なのである。私が勤務する防衛大学校で、四学年と一学年の学生に本書（初版）を推薦したことがあるのだが、四学年の学生の反応はおおむね「面白い」「ためになる」というものであったのに対し、一学年の反応は「難しい」「よくわからない」というものであった。この差は、防大で防衛学の授業を通じて「戦略」や「作戦」といった知識と理解を積み重ねてきた四学年と、高校卒業後間もない一学年の知識の積み上げの差であろう。しかし、これは本書が「軍事の入門者」に不適であると言うことではない。本書には懇切丁寧な注がついており、主要な軍事文献のほとんど全てを網羅していると言っても良い。本文をまずは一読し、興味を惹《ひ》かれた部分があれば注で示された文献にさらに当たるという読み方ができる。「大学院生のゼミ」の教科書としては、そのような読み方こそが適当ではないか。

戦略思想と本書

スローンは、戦略思想の重要性を強調し、その理由として「われわれの生きる不確実で変化しやすい世界にたいしていかに対処していけばよいのかを教えてくれる」ことを挙げている。このために、本書では特に冷戦と九・一一後に注目して、戦争の実践、総合理論を導いている。日本では意識されることが少ないが、「戦略」「作戦」「戦術」の階層に加えて、戦略にも複数の階層があり、たとえば米国では、大統領が示す「国家安全保障戦略」、国防長官が示す「国家防衛戦略」、統合参謀本部議長が発刊する「国家軍事戦略」と複数の戦略がある。これは世界史的に見れば最近のトレンドであり、たとえば、エドワード・ルトワックの著作（『エドワード・ルトワックの戦略論（*Strategy*）』毎日新聞社、二〇一四年）などを見ても、大戦略と戦域戦略という垂直構造が描かれている。ちなみに、マハンやコーベットと同時代に作られた日本海軍の教科書（『兵語界説』海軍大学校、明治四〇年第四版）を見ると、「兵術を大別して戦略及び戦術の二種とす」「戦略は戦争若しくは戦役等に於いて敵と離隔して我兵力を運用する兵術なり」とあり、これは今日でいう「軍事戦略」に相当するのだが、国家安全保障戦略（英国風に言えば大戦略）に該当する記述はない。一方で、『英和海語辞典』（水交社、大正一五年）には、大戦略、海軍戦略といった用語があるので、戦略の分化はこのころには進んでいたようであるが、米国が国家安全保障戦略を初めて発表したのは、一九八七年（外務省資料による）からである。

本書は、標題からも明らかなように、「軍事戦略」が中心テーマであり、このため、ベトナム戦争をどう戦ったのかは議論されるが、ベトナム戦争をなぜ戦ったのかは俎上《そじょう》にあがってこない。すなわち、国益、国家目標、外交政策、世界的なコミットメントは本書のテーマではないのである。そのかわり、軍事戦略として、ベトナム戦争を「どう」戦うことが、上位戦略である国家安全保障戦略に資するやり方だったのかは議論される。

ただし、「戦略」は、政府・議会・国民に対して示すという側面もあり、現実の国家実行と一致しないこともある。現実の戦略立案は純軍事的な要求と様々な要素、たとえば、政治レベルの意向、同盟国の思惑、国防省と他省庁との力関係、陸海空軍の間のパイの奪い合い等のせめぎ合いなのである。本書はシンプルさを優先して執筆したと著者も述べており、こういったドロドロした政治の現実には踏み込んでいないが、それは軍事戦略の入門書という本書の性格上、適切な取捨選択であり、本書の欠点ではないであろう。

なぜ後継者がいないのか?

本書の執筆のきっかけとなったのは「なぜ現代には偉大な軍事理論家」がいないのかという学生の質問であったのはすでに述べたとおりだが、本書にはさまざまな戦略理論家と呼ばれる軍人や学者（特に冷戦後および九・一一後）が紹介されて、分析されている。たとえば、シーパワーであれば、マハンとコーベットという海軍士官なら誰でも知っている二人の巨人の後、「フロム・ザ・シー」を書いた無名の士官たちの後に、セブロウスキーやマレンが続いている。しかし、セブロウスキーやマレンは過去の人として忘れ去られつつある。彼らはなぜマハンになれなかったのだろうか。日本で言えば秋山真之（彼はどちらかと言えば作戦家、名文家として名が高いが）、佐藤鐵太郎の後継者はなぜ現れなかったのか?

この質問に対して、英国の戦略学のコリン・グレイ（Colin S. Gray）は、『現代の戦略（*Modern Military Strategy*）』（中央公論新社、二〇一五年）のなかで、現代の戦争は範囲と複雑さがあまりにも拡大しているために、いくら才能にあふれ、努力をしていて、しかも活動年数が十分であっても、この分野の「復興」や、ましてやその後の啓蒙的な活動までは期待できないと指摘している。グレイはこれに対する反論も展開しており、それはそれで興味深いのであるが、海上自衛隊幹部学校の元戦略研究室長として思うのは、戦略研究（及び理論の提唱）と現実の戦略の構築とは別の次元に属しているという点である。戦争の複雑さが増加していることは否定できない事実であり、たとえば孫子とクラウゼヴィッツの時代ならば、海軍について何も触れていないことは決定的な問題ではなかったが、今日のクラウゼヴィッツを志すのであれば、本書が9章に分けて詳述しているように、海や空に加えてサイバーや宇宙に触れざるを得まい。本書が明らかにしたように、争われてきた歴史としての戦闘空間である陸・海・空と、使用されなかったことで成功したと見なされている核戦略、いまこの瞬間にも生起しつつあるサイバー空間をめぐる争いは、それぞれに著しく性格を別にしつつも、戦略理論としては統一したものが望まれているのである。新たな戦略理論を構築するとすれば、このような統一的かつ多角的な視点、クラウゼヴィッツに迫る天賦の才と、「発見」されるまでの一定の熟成期間（クラウゼヴィッツだって、生前はジョミニの方が高名であった）を待たねばならない。これはあまりに厳しい条件である。

　加えて、我々に求められるのは長期的処方箋である戦略理論ではなく、即効薬としての戦略の構築である（ことが多い）。上位組織（自衛隊の場合は政治）の示す目標にたいして、これを達成するための目的（Ends）、方法（Ways）、手段（Means）を編み出して、これをアクションにつなげることが求められる。ここではあらゆる要素が考慮されるが、「奇襲」や「摩擦」等、孫子やクラウゼヴィッツの時代より不変の要素から、サイバーや宇宙等、現代の軍事作戦に固有の戦力増強要素も含まれる。この意味で、戦略の各要素を幅広くカバーする本書の価値は高い。本書は、軍事作戦というメニューに立ち向かうにあたって、必要な具材を幅広く提供してくれるのである。このため、本書は安全保障を学ぶ学生（大学院生）だけでなく、陸海空の自衛官、そして軍事戦略に興味関心のある全ての方に読んでいただきたいと考えている。

謝　辞

本書の刊行にあたっては、適切な訳語の選択に関し、防衛大学校の同僚の助けを借りるところ少なくなかった。また、生煮えの訳文を我慢して読んでくれた、防衛大学校四学年のゼミ生にも感謝したい。もちろん本書に散見されるいかなる間違いも訳者である我々にすべての責任のあることは改めて申すまでの無いことである。また、本書におけるいかなる主張や意見も、原著者及び訳者の属する組織の見解とは無関係であることをお断りしておきたい。

最後に、遅れに遅れた原稿を辛抱強く待っていただいた芙蓉書房出版の平澤公裕氏に記して感謝する次第である。

平成三〇年一二月

平山　茂敏

著　者

エリノア・スローン　（Elinor C. Sloan）

1965年生まれ。カナダの首都オタワのカールトン大学国際関係学科教授。専門は戦略研究、カナダとアメリカの安全保障・国防政策。カナダの王立軍事大学を卒業し、同国陸軍の士官を務める。カールトン大学の国際関係大学院で修士号（MA）を取得した後にアメリカのマサチューセッツ州にあるタフツ大学のフレッチャー法律外交大学院で博士号（PhD）を取得。オタワにあるカナダ軍司令部で分析員として働いた後に現職。本書の他にも軍事戦略に関する本をすでに３冊出版している。

訳　者

奥山　真司（おくやま　まさし）

1972年生まれ。カナダのブリティッシュ・コロンビア大学卒業後、英国レディング大学大学院で博士号（PhD）を取得。戦略学博士。国際地政学研究所上席研究員、青山学院大学非常勤講師。

著書は『地政学：アメリカの世界戦略地図』（五月書房）、訳書に『平和の地政学』（N.スパイクマン著、芙蓉書房出版）、『戦略論の原点』（J.C.ワイリー著、芙蓉書房出版）、『米国世界戦略の核心』（S.ウォルト著、五月書房）、『自滅する中国』（E.ルトワック著、芙蓉書房出版）、『南シナ海：中国海洋覇権の野望』（R.カプラン著、講談社）、『大国政治の悲劇』（J.ミアシャイマー著、五月書房）、『ルトワックの“クーデター入門”』（E.ルトワック著、芙蓉書房出版）、『現代の戦略』（C.グレイ著、中央公論新社）、『戦略の未来』（C.グレイ著、勁草書房）などがある。

平山　茂敏（ひらやま　しげとし）

1965年生まれ。防衛大学校を卒業後、海上自衛隊で勤務。英国統合指揮幕僚大学（上級指揮幕僚課程）卒業。ロンドン大学キングスカレッジで修士号（MA）を取得。防衛学修士。護衛艦ゆうばり艦長、在ロシア防衛駐在官、海上自衛隊幹部学校防衛戦略教育研究部戦略研究室長などを経て、現在、防衛大学校防衛学教育学群教授（戦略教育室）。

監訳書に『アメリカの対中軍事戦略』（A.フリードバーグ著、芙蓉書房出版）がある。

現代《げんだい》の軍事《ぐんじ》戦略入門《せんりゃくにゅうもん》〔増補新版〕
——陸海空からPKO、サイバー、核、宇宙まで——

2019年 3月25日 第1刷発行
2024年 9月30日 第4刷発行

著 者
エリノア・スローン

訳 者
奥山真司《おくやままさし》・平山茂敏《ひらやましげとし》

発行所
㈱芙蓉書房出版
(代表 奥村侑生市)
〒162-0805東京都新宿区矢来町113-1
TEL 03-5579-8295 FAX 03-5579-8786
http://www.fuyoshobo.co.jp

印刷・製本/モリモト印刷

ISBN978-4-8295-0757-5

【芙蓉書房出版の本】

海洋戦略入門
平時・戦時・グレーゾーンの戦略

ジェームズ・ホームズ著　平山茂敏訳　本体 2,500円

海洋戦略の双璧マハンとコーベットを中心に、ワイリー、リデルハート、ウェゲナー、ルトワック、ブース、ティルなどの戦略理論まで取り上げた総合入門書。軍事戦略だけでなく、商船・商業港湾など「公共財としての海」をめぐる戦略まで言及。

クラウゼヴィッツの「正しい読み方」
『戦争論』入門

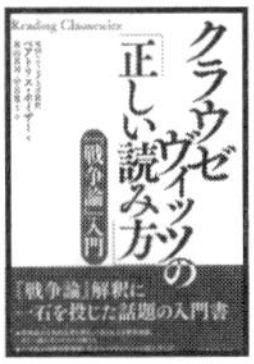

ベアトリス・ホイザー著　奥山真司・中谷寛士訳　本体 2,900円

『戦争論』解釈に一石を投じた話題の入門書 *Reading Clausewitz* の日本語版。戦略論の古典的名著『戦争論』は正しく読まれてきたのか？従来の誤まった読まれ方を徹底検証し正しい読み方のポイントを教える。

『戦争論』レクラム版

カール・フォン・クラウゼヴィッツ著　日本クラウゼヴィッツ学会訳
本体 2,800円

西洋最高の兵学書といわれる名著。原著に忠実で最も信頼性の高い1832年の初版をもとにした画期的な新訳。

戦略の格言　《普及版》　戦略家のための40の議論

コリン・グレイ著　奥山真司訳　本体 2,400円

“現代の三大戦略思想家”コリン・グレイが、西洋の軍事戦略論のエッセンスを40の格言を使ってわかりやすく解説。

戦略論の原点　《新装版》

J・C・ワイリー著　奥山真司訳　本体 2,000円

軍事理論を基礎とした戦略学理論のエッセンスが凝縮され、あらゆるジャンルに適用できる「総合戦略入門書」。

ジョミニの戦略理論
『戦争術概論』新訳と解説

今村伸哉編著　本体 3,500円

これまで『戦争概論』として知られているジョミニの主著が初めてフランス語原著から翻訳された。ジョミニ理論の詳細な解説とともに一冊に。

【芙蓉書房出版の本】

バトル・オブ・ブリテン1940

ドイツ空軍の鷲攻撃と史上初の統合防空システム

ダグラス・C・ディルディ著　橋田和浩監訳　本体 2,000円

オスプレイ社の“AIR　CAMPAIGN”シリーズ第１巻の完訳版。ドイツの公文書館所蔵史料も使い、英独双方の視点からドイツ空軍の「鷲攻撃作戦」を徹底分析する。写真80点のほか、航空作戦ならではの三次元的経過が一目で理解できる図を多数掲載。

アメリカの対中軍事戦略

エアシー・バトルの先にあるもの

アーロン・フリードバーグ著　平山茂敏監訳　本体 2,300円

「エアシー・バトル」で中国に対抗できるのか？　アメリカを代表する国際政治学者が、中国に対する軍事戦略のオプションを詳しく解説した書 *Beyond Air-Sea Battle: The Debate Over US Military Strategy in Asia* の完訳版。

ドイツ海軍興亡史

創設から第二次大戦敗北までの人物群像

谷光太郎著　本体 2,300円

陸軍国だったドイツが、英国に次ぐ大海軍国になっていった過程を、ウイルヘルム２世、ティルピッツ海相、レーダー元帥、デーニッツ元帥ら指導者の戦略・戦術で読み解く。ドイツ海軍の最大の特徴「潜水艦戦略」についても詳述。

終戦の軍師　高木惣吉海軍少将伝

工藤美知尋著　本体 2,400円

海軍省調査課長として海軍政策立案に奔走し、
東条内閣打倒工作、東条英機暗殺計画、終戦工作に身を挺した高木惣吉の生きざまを描いた評伝。安倍能成、和辻哲郎、矢部貞治ら民間の知識人を糾合して結成した「ブレーン・トラスト」を発案したり、西田幾多郎らの“京都学派”の学者とも太いパイプをつくった異彩の海軍軍人として注目。

敗戦、されど生きよ

石原莞爾最後のメッセージ　　早瀬利之著　本体 2,200円

終戦後、広島・長崎をはじめ全国を駆け回り、悲しみの中にある人々を励まし日本の再建策を提言した石原莞爾晩年のドキュメント。終戦直前から昭和24年に亡くなるまでの４年間の壮絶な戦い。